普通高等教育物联网工程专业系列教材

无线传感器网络技术原理及应用

青岛英谷教育科技股份有限公司　编著

西安电子科技大学出版社

内 容 简 介

本书以无线传感器网络基础知识为出发点，详细介绍了无线传感器网络体系结构以及实现无线传感器网络所需要的相关技术，旨在让读者更清楚地了解无线传感器网络原理和目前所流行的各种与其相关技术的关系。本书深入讲解了无线传感器网络的基本原理及各层协议，介绍了与无线传感器网络相关的主要技术原理，并使用相关技术搭建起无线传感器网络应用平台，完整地体现了无线传感器网络体系的整体结构。

本书分为两篇：理论篇和实践篇。理论篇共有 10 章，分别讲解了 WSN 概述、物理层、MAC 层协议、路由层协议、服务支撑技术、Zigbee 网络技术、RFID 技术、蜂窝移动通信、WIFI 技术和网关技术。实践篇共包括 6 个实践，对应于理论篇中的内容，利用 Zigbee 开发套件、RFID 开发套件、GPRS 开发套件、Cortex 开发套件完成本书实验。

本书偏重理论，采用理论与实践相结合的方法，使无线传感器网络技术运用于实践中，为物联网的学习奠定了基础。本书适用面广，可作为本科物联网工程、通信工程、电子信息工程、自动化、计算机科学与技术、计算机网络等专业的教材。

图书在版编目（CIP）数据

无线传感器网络技术原理及应用/青岛英谷教育科技股份有限公司编著.
—西安：西安电子科技大学出版社，2013.7(2022.5 重印)
普通高等教育物联网工程专业系列教材
ISBN 978-7-5606-3122-6

Ⅰ. ① 无⋯　Ⅱ. ① 青⋯　Ⅲ. ① 无线电通信—传感器—高等学校—教材
Ⅳ. ① TP212

中国版本图书馆 CIP 数据核字(2013)第 153237 号

策　　划　毛红兵
责任编辑　张　玮　毛红兵
出版发行　西安电子科技大学出版社(西安市太白南路 2 号)
电　　话　(029)88202421　88201467　　　邮　　编　710071
网　　址　www.xduph.com　　　　　　电子邮箱　xdupfxb001@163.com
经　　销　新华书店
印刷单位　陕西天意印务有限责任公司
版　　次　2013 年 7 月第 1 版　　2022 年 5 月第 5 次印刷
开　　本　787 毫米×1092 毫米　1/16　印　张　17.5
字　　数　403 千字
印　　数　11 001～12 000 册
定　　价　43.00 元

ISBN 978-7-5606-3122-6/TP

XDUP 3414001-5

如有印装问题可调换

普通高等教育物联网工程专业

系列教材编委会

主　　任：　韩敬海

副主任：　于仁师

编　　委：　崔文善　　王成端　　孔祥木

薛庆文　　孔繁之　　吴明君

李洪杰　　刘继才　　吴海峰

张　磊　　孔祥和　　王　蕊

王海峰　　张金政　　窦相华

前　言

随着物联网产业的迅猛发展，企业对物联网工程应用型人才的需求越来越大。"全面贴近企业需求，无缝打造专业实用人才"是目前高校物联网专业教育的革新方向。

本系列教材是面向高等院校物联网专业方向的标准化教材，教材内容重理论且突出实践，强调理论讲解和实践应用的结合，覆盖了物联网的感知技术、通信技术、网络技术以及应用技术等物联网架构所包含的关键技术。教材研发充分结合物联网企业的用人需求，经过了广泛的调研和论证，并参照多所高校一线专家的意见，具有系统性、实用性等特点，旨在使读者在系统掌握物联网开发知识的同时，着重培养其综合应用能力和解决问题的能力。

该系列教材具有如下几方面的特色。

1. 以培养应用型人才为目标

本系列教材以应用型物联网人才为培养目标，在原有体制教育的基础上对课程进行深层次改革，强化"应用型技术"动手能力，使读者在经过系统、完整的学习后能够达到如下要求：

- 掌握物联网相关开发所需的理论和技术体系以及开发过程规范体系；
- 能够熟练地进行设计和开发工作，并具备良好的自学能力；
- 具备一定的项目经验，能够完成嵌入式系统设计、程序编写、文档编写、软硬件测试等工作；
- 达到物联网企业的用人标准，实现学校学习与企业工作的无缝对接。

2. 以新颖的教材架构来引导学习

本系列教材从整个教材体系到具体的教材内容都体现出知识普及、基础理论、应用开发、综合拓展等四个层面，应由浅入深、由易到难地开展教学。具体内容在组织上划分为理论篇和实践篇：理论篇涵盖知识普及、基础理论和应用开发；实践篇包括企业应用案例和综合知识拓展等。

- **理论篇**：学习内容的选取遵循"二八原则"，即重点内容由企业中常用技术的 20%组成，以"任务驱动"的方式引导知识点的学习，以章节为单位进行组织。章节的结构如下：
  - ✓ 本章目标：明确本章的学习重点和难点；
  - ✓ 学习导航：以流程图的形式指明本章在整本教材中的位置和学习顺序；

✓ **任务描述**：给出驱动本章教学的任务，所选任务典型、实用；

✓ **章节内容**：通过小节迭代组成本章的学习内容，以任务描述贯穿始终。

■ **实践篇**：以接近工程实践的应用案例贯穿始终，力求使学生在动手实践的过程中，加深对课程内容的理解，培养学生独立分析和解决问题的能力，并配备相关知识的拓展讲解和拓展练习，拓宽学生的知识面。

本系列教材借鉴了软件开发中"低耦合、高内聚"的设计理念，组织架构上遵循软件开发中的 MVC 理念，即在保证最小教学集的前提下可根据自身的实际情况对整个课程体系进行横向或纵向裁剪。

3. 以完备的教辅体系和教学服务来保证教学

为充分体现"实境耦合"的教学模式，方便教学实施，保障教学质量和学习效果，本系列教材均配备可配套使用的实验设备和全套教辅产品，可供各院校选购。

■ **实验设备**：与教材体系相配套，并提供全套的电路原理图、实验例程源程序等。

■ **立体配套**：为适应教学模式和教学方法的改革，本系列教材提供完备的教辅产品，包括教学指导、实验指导、视频资料、电子课件、习题集、题库资源、项目案例等内容，并配以相应的网络教学资源。

■ **教学服务**：教学实施方面，提供全方位的解决方案(在线课堂解决方案、专业建设解决方案、实训体系解决方案、教师培训解决方案和就业指导解决方案等)，以适应物联网专业教学的特殊性。

本系列教材由青岛东合信息技术有限公司编写，参与本书编写工作的有韩敬海、孙锡亮、李瑞改、袁文明、李红霞、刘晓红、赵克玲、张幼鹏、张旭平、高峰等。参与本书编写工作的还有青岛农业大学、潍坊学院、曲阜师范大学、济宁学院、济宁医学院等高校的教师。本系列教材在编写期间得到了各合作院校专家及一线教师的大力支持和协作。在本系列教材出版之际要特别感谢给予我们开发团队大力支持和帮助的领导及同事，感谢合作院校的师生给予我们的支持和鼓励，更要感谢开发团队每一位成员所付出的艰辛劳动。

由于水平有限，书中难免有不当之处，读者在阅读过程中如有发现，可以通过访问公司网站(http://www.dong-he.cn)或以邮件方式发至我公司教材服务邮箱(dh_iTeacher@126.com)。

高校物联网专业 项目组

2013 年 5 月

目 录

理 论 篇

实　践　篇

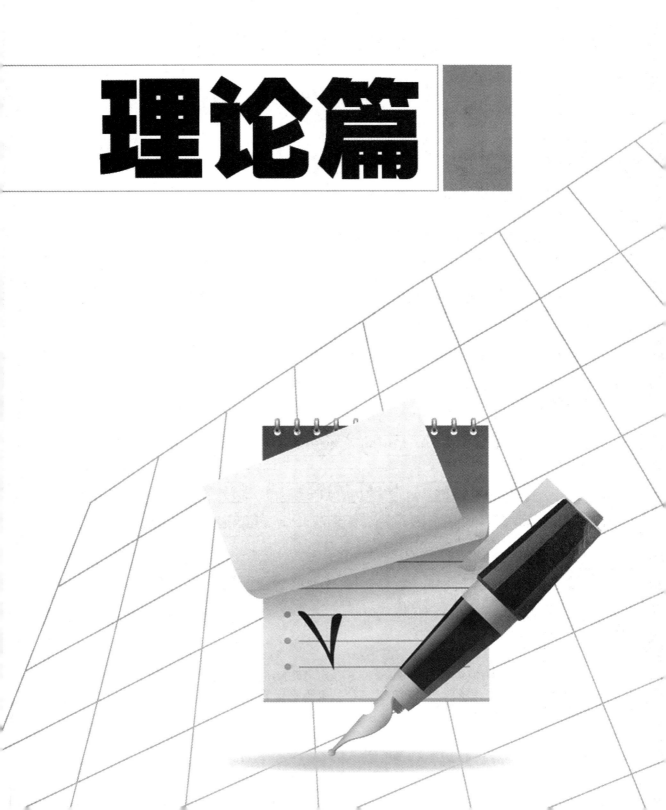

理论篇

第 1 章 WSN 概述

本章目标

- ◆ 理解无线传感器网络的定义。
- ◆ 理解物联网的概念。
- ◆ 理解无线传感器网络与物联网的关系。
- ◆ 了解传感器的分类。
- ◆ 了解传感器与传感器网络之间的关系。
- ◆ 掌握无线传感器网络的体系结构。
- ◆ 了解无线传感器网络的特点及应用。
- ◆ 了解无线传感器网络操作系统。
- ◆ 了解与无线传感器网络相关的技术。

学习导航

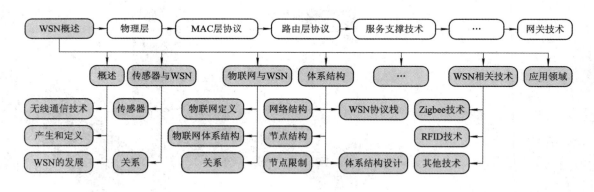

1.1 概 述

无线传感器网络(Wireless Sensor Network，WSN)是一种全新的信息获取和处理技术，是集微机电技术、传感器技术和无线通信技术为一体的技术，而无线通信技术是无线传感器网络的支撑技术之一。

1.1.1　无线通信技术

本小节将介绍无线通信技术几个重要的概念：电磁波与信道、调制解调以及几种短距离无线通信技术。

1. 电磁波

电磁波由同相振荡且互相垂直的电场和磁场在空间以波的形式传递能量和动量，其传播方向垂直于电场与磁场构成的平面。18 世纪物理学家麦克斯韦预言了电磁波的存在，后由赫兹用实验证明了电磁波的存在。俄国的波波夫和意大利业余无线电研究者马克尼同时独立地发明了天地线制(当把发射电磁波的天线与接收机的天线及地线相互连接时，电磁波将转化为脉冲电流)，至此无线电通信开始进入实用阶段。电磁波的频率范围为 3 Hz～300 GHz，对应的波长为 100 km～1 mm。电磁波波段的划分如表 1-1 所示。

表 1-1　电磁波波段划分

波　段		波　长	频　率	传播方式	主要用途
超长波		100～10 km	3～30 kHz	空间波	对潜通信
长波		10～1 km	30～300 kHz	地波	
中波		1000～100 m	0.3～3 MHz	地波或天波	调幅无线电广播
短波		100～10 m	3～30 MHz	天波	
微波	米波	10～1 m	30～300 MHz	空间波	调频无线电广播
	分米波	1～0.1 m	300～3000 MHz	空间波	电视、雷达、导航
	厘米波	10～1 cm	3～30 GHz		
	毫米波	10～1 mm	30～300 GHz		

无线电波的传播方式因波长的不同产生不同的传播特性，可以分为如下三种形式：

◇ 地波：沿地球表面空间向外传播的无线电波，中、长波均利用地波方式传播。

◇ 天波：依靠电离层的反射作用传播的无线电波，短波多利用这种方式传播。

◇ 空间波：沿直线传播的无线电波，它包括由发射点直接到达接收点的直射波和经地面反射到达接收点的反射波。电视和雷达利用的微波多采用空间波方式传播。

2. 信道

信道可以从狭义和广义两方面理解。狭义信道即信号传输的媒质，分为有线信道和无线信道；广义信道除包括传输媒质外还包括有关的转换器，如发送设备、接收设备、馈线与天线、调制器、解调器等。本小节将详细讲解广义信道。

广义信道按功能可以分为模拟信道(即调制信道)和数字信道(即编码信道)。广义信道模型如图 1-1 所示。

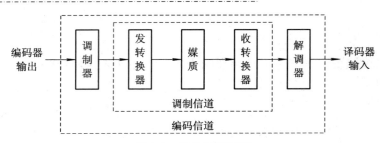

图 1-1 广义信道模型

◇ 调制信道(模拟信道)：传输模拟信号的信道称为模拟信道，模拟信号的电平随时间连续变化，语音信号是典型的模拟信号。

◇ 编码信道(数字信道)：数字信道是一种离散信道，它只能传送离散的数字信号。

另外，模拟信道传送数字信号必须经过数字信号和模拟信号之间的 D/A 和 A/D 转换器，调制/解调器就是完成此项工作的。

3. 调制/解调

调制/解调主要通过调制/解调器使模拟信号与数字信号相互转换。调制就是把数字信号转换成有线设备传输的模拟信号；解调则是把模拟信号转换为数字信号。两者合称调制/解调。

调制/解调的分类有多种方式，按照调制方式可分为：

◇ 模拟调制：包括三种调制方法，即传统模拟调制、脉冲调制和复合调制。

■ 传统模拟调制：调幅(AM)、调频(FM)、调相(PM)。

■ 脉冲调制：脉冲幅度调制(PAM)、脉冲相位调制(PWM)、脉冲编码调制(PCM)。

■ 复合调制：正交幅度调制(QAM)。

◇ 数字调制：包括通断键控(ASK)、频移键控(FSK)、相移键控(PSK)。

调制/解调按照解调方式可分为：

◇ 检波法：适合调幅(AM)。

◇ 同步解调：适合大部分调制。

4. 短距离无线通信技术

随着通信技术的发展，出现了许多短距离无线通信技术，而它们往往带有自己的通信协议，不同的通信协议有着不同的应用。目前最常见的短距离无线通信技术有 IrDA/红外、蓝牙、WIFI(802.11 标准)和 Zigbee 技术。

IrDA/红外技术最早应用于红外探测仪。1800 年 F·W·赫歇尔使用水银温度计发现了红外辐射，这是最原始的热敏型红外探测仪，从此掀起了红外热潮。红外应用产品种类繁多，有红外热像、红外通信、红外光谱仪、红外传感器，且应用范围广泛，应用于工业、农业、军事、医疗以及与人们的生活息息相关的各方面。但是红外对指向性要求较高，要求点对点通信且中间不能有阻碍物，并且红外无线传输对于发射功率要求较高，使得红外应用有一些局限性。但是在某些应用场合，红外技术仍然占据着主导地位，例如家电的遥控器。

蓝牙通信是一种基于 2.4G 技术的无线传输协议通信方式，由于采用的协议不同于其他2.4G 技术协议，因而称为蓝牙技术。就目前来说，蓝牙技术较广泛的应用是手机的蓝牙通信和蓝牙耳机，由于大部分的手机和音频设备都集成了蓝牙功能，并且蓝牙设备不需要设置发射机，仅需要蓝牙耳机这个接收机就可以工作，因而降低了成本。蓝牙相对于 WIFI 的缺点是它的传输数据率小，仅能达到每秒 1M 左右，并且没有实现真正意义的组网。

WIFI 是基于 802.11 标准的通信技术，工作在 2.4G 频段，带宽比较大，802.11b 标准 WIFI 的最高带宽达到 11 Mb/s，802.11n 标准已经将传输速率提高到 300 Mb/s。其主要特点为速度快，可靠性高，方便与现在的有线以太网整合。WIFI 与蓝牙相比，优势在于无线电波的覆盖范围广，但是无线通信传输的质量不是很好，数据安全性相对于蓝牙差一些，传输质量也有待于改善。

Zigbee 是一种新兴的短距离、低复杂度、低数据速率、低成本的无线网络技术，同样工作在 2.4G 频段。Zigbee 联盟于 2001 年 8 月成立。Zigbee 联盟认为 Zigbee 和蓝牙的关系是互为补充，而不是相互竞争。Zigbee 技术的特点是可靠、时延短、网络容量大、安全保密、高度的灵活性和低成本，可以形成星型、树型、网状及其共同组成的复合结构，可通过互联网或者移动网相连。蓝牙、WIFI、Zigbee 三种技术的比较如表 1-2 所示。

表 1-2　蓝牙、WIFI、Zigbee 三种技术的比较

特点 \ 种类	蓝牙	WIFI	Zigbee
单点传输距离	10 m	50 m	50～200 m
网络扩展性	无	无	自动扩展
复杂性	高	高	低
传输速率	1 Mb/s	>11 Mb/s	250 kb/s
频段	2.4 GHz	2.4 GHz	868 MHz / 915 MHz / 2.4 GHz
网络节点数	8	50	65536
集成度和可靠度	高	一般	高
使用成本	高	高	低
安装使用难易	一般	难	简单

1.1.2　WSN 的产生和定义

1. 无线传感器网络的产生

无线传感器网络(简称无线传感网)的研究起源于 20 世纪 70 年代，是一种特殊的无线网络，最早应用于美国军方，例如空中预警控制系统。这种原始的传感器网络只能捕获单一信号，传感器节点也只能进行简单的点对点通信。

1980 年，美国国防部高级研究计划局提出了分布式传感器网络项目，开启了现代无线传感器网络研究的先例。此项目由美国国防部高级研究计划局信息处理技术办公室主任 Robert Kahn 主导，并由卡耐基·梅隆大学、匹兹堡大学和麻省理工学院等大学研究人员配合，建立一个由空间分布的低功耗传感器节点构成的网络，这些节点之间相互协作并自主运行，将信息送达处理的节点。

20 世纪 80～90 年代，无线传感器网络的研究依旧主要应用于军事领域方面，并成为网络中心站思想中的关键技术。1994 年，加州大学洛杉矶分校的 Willian J.Kaiser 教授向

DARPA(Defense Advanced Research Projects Agency，美国国防部先进研究项目局)提交了研究建议书《Low Power Wireless Integrated Microsensors》。1998 年，G .J.Pottie 从网络的研究角度重新阐释了无线传感器网络的科学意义。同年，DARPA 投入巨资启动 SensIT 项目，目标是实现"超视距"战场监测。

1999 年 9 月，美国《商业周刊》将无线传感器网络列入 21 世纪最重要的 21 项技术之一，被预见为 21 世纪人类信息研究领域所面临的重要挑战之一。

2. 无线传感器网络的定义

进入 21 世纪后，随着无线通信技术、计算机技术和传感器技术的发展，无线传感器网络有了更明确的定义。

无线传感器网络是大量的静止或移动的传感器以自组织和多跳的方式构成的无线网络。其目的是协作地感知、采集、处理和传输网络覆盖地理区域内感知对象的监测信息，并报告给用户。

在这个定义中，无线传感器网络实现了数据采集、处理和传输三种功能，对应着现代三大基础信息技术，即传感器技术、计算机技术和通信技术。由于无线传感器网络技术具有低功耗、低成本、分布式和自组织的特点，因此被广泛应用于工业、农业、军事、医疗等方面。无线传感器网络的发展无疑给信息感知带来了一场意义重大的变革。

1.1.3　WSN 的发展

2000 年以后，无线传感器网络的出现引起了全世界范围的广泛关注，被誉为是全球未来的四大高新技术产业之一。2001 年，美国陆军提出了"灵巧传感器网络通信计划"，并在 2001～2005 财政年度期间批准实施，其基本思想是：在战场上布设大量的传感器用于收集和传输信息，并对相关的原始数据进行过滤，把重要的信息传送到各数据融合中心，将大量的信息集成为一副战场全景图，使参战人员对战场态势的感知能力大大提高。

2002 年 10 月 24 日，英特尔公司发布了"给予微型传感器网络的新型计算机发展规划"，计划宣称英特尔公司将致力于微型传感器网络在医学、环境监测等方面的应用。

2003 年，美国自然科学基金委员会制定无线传感器网络研究计划，并在加州大学洛杉矶分校成立了无线传感器网络研究中心，联合周边的康奈尔大学伯克利分校、南加州大学等，开展"嵌入式智能传感器"的研究项目。

目前，美国大多数知名院校几乎都有课题组在从事传感器网络相关技术的研究，日本、英国、加拿大等国家的科研机构也加入了传感器网络的研究。这表明无线传感器网络开始深入人们生活的各个方面。

从无线传感器网络的发展过程来看，可以划分为如下四个阶段：

◇ 第一代传感器网络是将传统的传感器采用点对点传输、连接传感控制器来构成。

◇ 第二代传感器网络在第一代传感器网络的基础上增加了获取多种信息信号的综合处理能力，并通过与传感控制器的相连，组成了具有信息综合和信息处理能力的传感器网络。

◇ 第三代传感器网络是指基于现场总线的智能传感器网络，它是连接智能化现场设备和控制室之间的全数字、开放式的双向通信网络。现场总线技术的发展最终使得现场总线控制系统取代第二代传感器网络。

◇ 21 世纪，微机电系统(Micro-Electro-Mechanical Systems，MEMS)技术、低功耗的模拟和数字电路技术、低能耗的无线射频技术的发展使得开发小体积、低成本、低功耗的微传感器成为可能。将成千上万个体积小、重量轻的传感器协同工作，就构成了第四代无线传感器网络。

1.2　传感器与 WSN

传感器是一种装置或器件，国家标准 GB 7665—87 对传感器的定义是："能够感受规定的被测量并按照一定的规律转换成可用输出信号的器件或装置，通常由敏感元件和转换元件组成。"无线传感器网络通过传感器来识别物体，并采集数据。传感器不仅数量多，品种也比较复杂，是无线传感器网络的重要组成部分。

1.2.1　传感器

传感器的作用主要是感受和测量物理世界的被测量物，将采集量按一定规律转换成有用输出：将非电量转换为电量。传感器的组成原理如图 1-2 所示。

图 1-2　传感器的组成原理

◇ 敏感元件：传感器的重要组成部分，其作用是感受物理世界的信息并将其转变为电信息，完成非电量的预变换。

◇ 变换器：将感受的非电量变换为电量的器件。例如电阻变换器和电感变换器，可将位移量直接变换为电容值、电阻值及电感值。变换器也是传感器不可缺少的重要组成部分。

在具体实现非电量到电量的变换时，并非所有的非电量都能利用现有的手段直接变换为电量，有些必须进行预变换，将待测的非电量变为易于转换成电量的另一种非电量。

在实际情况中，由于一些敏感元件直接可以输出变换后的电信号，所以经常无法严格区分敏感元件和变换器。

传感器的种类繁多，分类方法也比较多。通常可以按被测物理量、工作原理、信号变换特征、能量转换情况等分类。

1.2.2　传感器与传感器网络的关系

顾名思义，无线传感器网络离不开传感器，传感器负责在传感器网络中感知和采集数据。它处于无线传感器网络的感知层，是获识物体、采集信息的设备。

传感器与传感器网络的关系如下：

◇ 传感器是传感器网络中的感知部件。传感器网络中部署了多种类型的传感器，每个传感器都是一个信息源，不同类别的传感器所捕获的信息内容和信息格式不同。传感器获得的数据具有实时性，按一定的频率周期性地采集环境信息，不断更新数据。

◇ 传感器网络为传感器提供网络连接，使传感器具有智能处理的能力，能够对物体实施智能控制。

◇ 无线传感器网络中传感器的应用是物与用户(包括人、组织和其他系统)的接口。它与行业需求相结合，实现传感器网络的智能应用。

无线传感器网络采用各种传感设备，对任何需要监控、连接、互动的物体或过程，实施采集声音、光、电、力学等各种需要的信息，并与互联网结合，形成一个巨大的网络。其目的就是实现物与物以及所有物品和网络之间的连接，方便识别、管理和控制。

 ## 1.3 物联网与WSN

近年来兴起的物联网成为各国构建经济社会发展新模式和重塑国家长期竞争力的先导领域。尤其是发达国家通过国家战略指引、政府研发投入、企业全球推进、政策法律保障等措施加快物联网的发展，以抢占战略主攻权和发展先机。本节将详细阐述物联网与无线传感器网络的关系。

1.3.1 物联网定义

物联网(Internet Of Things，IOT)的概念 1999 年由美国麻省理工学院提出。早期的物联网是指依托射频识别(Radio Frequency Identification，RFID)技术和设备，按约定的通信协议和互联网相结合，实现物品的智能化识别和管理。随着技术的发展，对物联网的理解不断扩展，现代意义的物联网可以实现对物的感知识别控制，以及网络化互联和智能信息处理的有机统一，从而形成高智能决策。物联网的发展关键要素包括感知、网络和应用组成的网络架构。

在 2011 年我国工信部发表的《物联网白皮书》(下称白皮书)中，对物联网的定义为："物联网是通信网和互联网的拓展应用和网络延伸，它利用感知技术与智能装置对物理世界进行感知识别，通过网络传输互联进行计算、处理和知识挖掘，实现人与物、物与物的信息交互和无缝链接，达到对物理世界实时控制、精确管理和科学决策的目的。""物联网技术和标准包括服务业和制造业在内的物联网相关产业、资源体系、隐私和安全以及促进和规范物联网发展的法律、政治和国际治理体系。"

1.3.2 物联网体系结构

在白皮书中，物联网网络架构由感知层、网络层和应用层组成，如图 1-3 所示。

其中各层的含义如下：

◇ 感知层实现对物理世界的智能感知识别、信息采集处理和自动控制，并通过通信模块将物理实体连接到网络层和应用层。

◇ 网络层主要实现信息的传递、路由和控制，包括延伸网络、接入网和核心网络。

◇ 应用层包括应用基础设施/中间件和各种物联网的应用。应用基础设施/中间件为物联网应用提供信息处理、计算等通用基础服务设施、能力及资源调用接口，以此为基础实现物联网在众多领域的各种应用。

物联网涉及感知、控制、网络通信、微电子、计算机、软件、嵌入式系统、微机电等技术领域。因此物联网体系划分为感知关键技术、网络通信关键技术、应用关键技术、共性技术和支撑技术。

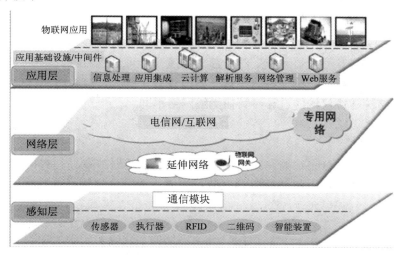

图 1-3　物联网网络架构

1.3.3　物联网与传感器网络的关系

目前常有人把无线传感器网络与物联网的概念混为一谈，认为无线传感器网络就是物联网，从 1.3.2 节中可以了解到物联网是通信网和互联网的拓展应用和网络延伸，利用感知技术与智能装置对物理世界进行感知识别，通过网络传输互联进行计算、处理和知识挖掘，实现人与物、物与物的信息交互和无缝链接。

无线传感器网络是利用各种传感器加上中低速的近距离无线通信技术构成的传感器模块和组网模块独立网络。传感器只感知周围的信号，并不对物体进行标识。所以无线传感器网络是一个比较小的概念，仅仅提供小范围内物与物之间的信息传递。

传感器网络与物联网的对比如表 1-3 所示(表中提到的"基础网络"如移动网、联通网的基站等)。

表 1-3　传感网与物联网对比

比较项	传感器网络	物联网
定义	大量的静止或移动的传感器以自组织和多跳的方式构成的无线网络	通信网和互联网的拓展应用和网络延伸，它利用感知技术与智能装置对物理世界进行感知识别
终端	大量的传感器节点	传感器、RFID、二维码、GPS、内置移动的各种模块
基础网络	无	传感网、互联网、电信网、移动网等
通信对象	物对物	物对物、物对人

由此可见，物联网的概念比传感器网络概念大一些，无线传感器网络是构成物联网感知层和网络层的一部分，是物联网的重要组成部分。

物联网把我们的生活拟人化，在物物相连的世界中，物品能够彼此进行"交流"，而无需人的干预。物联网和无线传感器网络与我们的生活都是密切相关的，让我们的生活变得更加快捷、更加人性化，社会更加和谐。

1.4 WSN 体系结构

无线传感器网络具有覆盖区域广泛、监测精度高、可远程监控、可快速部署、可自组织和高容错性能的优点。传感器网络中传感器节点数量庞大，节点分布比较密集，使得无线传感器网络结构和协议栈的设计与其他无线网络不同。

1.4.1 网络结构

无线传感器网络由分布在监测区域内的大量无线传感器节点、具有接收和发射功能的汇聚节点、互联网或通信卫星和任务管理节点构成。无线传感器网络的体系结构如图 1-4 所示。

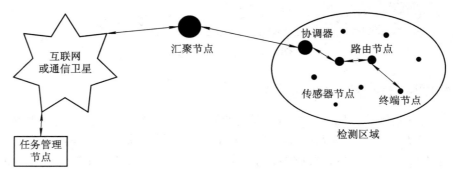

图 1-4 无线传感器网络的体系结构

♦ 传感器节点：用于监测数据并沿着传感器节点逐跳地进行传输。

♦ 汇聚节点：用于连接传感器网络、互联网等外部网络，各方面能力相对于传感器节点来说较强，可实现几种通信协议之间的转换；同时发布管理节点的监测任务，并把收集的数据转发到外部网络。汇聚节点可以是一个具有增强功能的传感器节点(如协调器)，有足够的能量和更多的内存与计算资源，也可以是没有监测功能仅带有无线通信接口的特殊网关设备。

♦ 任务管理节点：直接面向用户，汇聚节点通过外部网络将传感器节点采集的数据传递给任务管理节点，用户就可以管理数据，并发布监测信息。

检测区域内的传感器节点具有以下特点：

♦ 大量的传感器节点以分布式随机部署在监测区域内部或者附近，能够通过自组织的方式构成网络。

♦ 传感器节点通常是一个微型的嵌入式系统，处理能力、存储能力和通信能力相对较弱。

♦ 传感器节点在传输过程中，其监测数据可能被多个节点处理，经过多跳后路由到汇聚节点。所以传感器节点不仅要对本地的信息进行采集和处理，同时要协助其他节点完成数据的转发功能。

检测区域的传感器节点类型一般包括：

　　◇ 终端节点：只负责数据信息的采集和环境的检测，一般数量比较多。

　　◇ 路由节点：负责数据的转发功能，一个路由节点可以与若干个路由节点或终端节点通信。

　　◇ 协调器：网络的控制中心，负责一个网络的建立，可以与此网络中的所有路由节点或终端节点通信。

1.4.2　节点结构

　　传感器节点负责监测区域内数据的采集和处理，一般的传感器节点由五部分构成，即能量供应模块、传感器模块、处理器模块、无线通信模块和嵌入式软件系统。传感器节点的结构如图 1-5 所示。

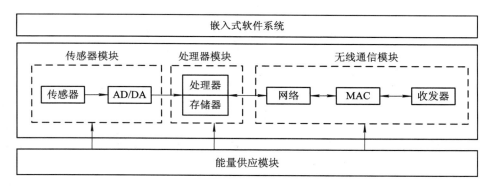

图 1-5　传感器节点的结构

　　传感器节点各组成部分的作用：

　　◇ 能量供应模块为传感器节点的其他模块提供运行所需的能量，可以采取多种灵活的供电方式，通常采用微型电池。

　　◇ 传感器模块包括传感器和 AD/DA 模块。传感器负责监测区域内信息的采集，在不同的环境中，被监测物理信号的形式决定了传感器的类型。AD/DA 负责数据的转换。

　　◇ 处理器模块包括处理器和存储器，负责控制整个节点的操作、存储和处理本身采集的数据以及其他节点转发来的数据。处理器模块通常采用通用的嵌入式处理器。

　　◇ 无线通信模块负责与其他节点进行无线通信、交换控制信息和收发采集数据。数据传输的能量占节点总能耗的绝大部分，所以通常采用短距离、低功耗的无线通信模块。

　　◇ 嵌入式软件系统是无线传感器网络的重要支撑，其软件协议栈由物理层、数据链路层、传输层和应用层组成。

　　传感器节点的设计要符合低成本、低功耗、微型化的特点，这是因为无线传感器网络的重要设计目标是将大量可长时间监测、处理和执行任务的传感器节点嵌入到物理世界中。

1.4.3　节点限制

　　传感器节点具有的处理能力、存储能力、通信能力和电源能力都十分有限，所以传感器节点在实现各种网络协议和应用控制中存在以下约束条件。

1. 电源能量有限

传感器节点体积微小，通常携带能量十分有限的电池。由于传感器节点个数多、成本低、分布区域广、部署区域环境复杂，有些区域甚至人员不能到达，所以传感器节点通过更换电池的方式来补充能源是不现实的。

传感器的能耗模块包括传感器模块、处理器模块和无线通信模块。随着电路工艺的进步，处理器和传感器模块的功耗变得很低，绝大部分能量消耗在无线通信模块上，如图 1-6 所示。

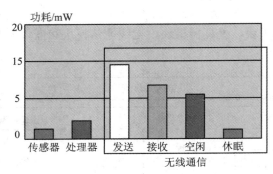

图 1-6　传感器节点能耗情况

无线通信模块存在发送、接收、空闲和休眠四种状态。无线通信模块在空闲状态一直监听无线信道的使用情况，检查是否有数据发送给自己，而在休眠状态则关闭通信模块。从图 1-6 中可以看出，无线通信模块在发送状态的能量消耗最大，在空闲状态和接收状态的能量消耗接近，比发送状态的能量消耗少一些，在休眠状态的能量消耗是最小的。所以在设计无线传感器网络时，如何让网络通信更有效率，减少不必要的转发和接收，在不需要通信时传感器节点尽快进入休眠状态，是传感器网络协议设计需要重点考虑的问题。

2. 通信能力有限

无线通信的能量消耗与通信距离的关系为

$$E = kd^n \tag{1-1}$$

式中：k 为一个常数；d 为通信距离；参数 n 满足关系 $2 < n < 4$，n 的取值与很多因素有关，例如传感器节点的部署环境、天线的质量等。

由式(1-1)可知，在参数 n 一定的情况下，随着通信距离的增加，无线通信的能量消耗急剧增加。因此，在满足通信连通度的前提下，应尽量减少单跳(即一跳)的通信距离。考虑到传感器节点的能量限制和网络覆盖区域大，无线传感器网络采用多跳的传输机制。

3. 计算和存储能力有限

传感器节点通常是一个微型的嵌入式系统，它的处理能力、存储能力和通信能力相对较弱。每个传感器节点兼顾传统网络的终端和路由器双重功能。为了完成各种任务，传感器节点需要完成监测数据的采集和转换、数据管理和处理、应答汇聚节点的任务请求和节点控制等多种工作。如何利用有限的计算和存储资源完成诸多协同任务成为传感器网络协议设计的挑战。

1.4.4　WSN 协议栈

随着对无线传感器网络的深入研究，研究人员提出了
多个无线传感器网络的协议栈。早期提出的协议栈包括物
理层、数据链路层(随着后来的发展又称为介质访问控制
层，即 MAC 层)、网络层、传输层和应用层，与互联网协
议栈的五层协议相对应。另外，无线传感器网络的协议栈
还包括能量管理平台、移动管理平台和任务管理平台，如
图 1-7 所示。

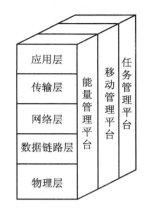

图 1-7　早期的协议栈

各层和各管理平台的功能如下：

◇ 物理层负责载波频率的产生、信号的调制解调和
无线收发技术。

◇ 数据链路层负责数据成帧、帧校验、媒体接入和
差错控制。

◇ 网络层负责路由的发现与维护，使得传感器节点可以进行有效的数据通信。

◇ 传输层负责数据流的传输控制，保证通信服务的质量。

◇ 应用层根据不同应用的具体要求，负责任务调度、数据分发等具体业务。

◇ 能量管理平台负责管理传感器节点如何使用能源。在各个协议层都需要节省能源。

◇ 移动管理平台负责监测并传输传感器节点的移动信息，维护其到汇聚节点的路由，
使得传感器节点能动态跟踪邻居节点的位置。

◇ 任务管理平台负责平衡和调度监测任务。

随着对无线传感器网络协议栈的深入研究，研究人员在原始模型上细化并改进了早期
的协议栈。由于基于时分复用的 MAC 协议和基于地理位置的路由协议等很多传感器网络
协议都需要定位和同步信息，所以在早期的协议栈中添加了时间同步和定位子层。它们在
协议栈中的位置比较特殊，依赖于数据传输通道进行协作定位和时间同步协商，同时又要
为网络协议各层提供信息支持。改进的协议栈模型如图 1-8 所示。

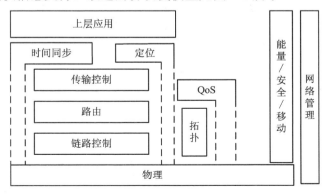

图 1-8　改进的协议栈模型

改进的协议栈模型将原始的协议栈模型融入到各层协议中，并且具有以下特点：

◇ 协议栈模型一部分用于优化和管理协议流程，另一部分独立在协议层外，通过各种

收集和配置接口对相应的机制进行配置和监控，如能量管理平台和移动管理平台。

　　◇　QoS 管理各协议层设计、队列管理、优先级机制或者带宽预留等机制，并对特定应用的数据给予特别处理。

　　◇　拓扑控制利用物理层、链路层或者路由层完成拓扑生成，反过来又为它们提供基础信息支持。

　　◇　优化 MAC 协议和路由层协议的协议过程，提高协议效率，减少网络能量消耗。

　　◇　网络管理要求协议各层嵌入各种信息接口，并定时收集协议运行状态和流量控制信息，协调控制网络中各个协议组件的运行。

1.4.5　体系结构设计

由于无线传感器网络目前还处于起步阶段，在技术上尚不成熟，所以在设计无线传感器网络体系结构时需要注意以下几个方面。

1. 有效利用节点资源

由于节点(大量、低成本和微型)的资源有限，怎样有效地管理和使用这些资源，并最大限度地延长网络寿命是无线传感器网络研究面临的一个关键技术挑战，需要在体系结构的层面上给予系统性的考虑。可以从以下几个方面考虑：

　　◇　选择低功耗的硬件设备，设计低功耗的 MAC 协议和路由协议。

　　◇　各功能模块间保持时间同步，即同步休眠和唤醒。

　　◇　从系统的角度设计能耗均匀的路由协议，而不是一味追求低功耗的路由协议，这需要体系结构提供跨层设计。

　　◇　由于节点计算能力和存储能力有限，不适合进行复杂计算和大量数据的缓存。

2. 支持网内数据处理

无线传感器网络是以数据为中心的，网络不仅要实现传输的功能，还要实现"网内数据处理"。例如：多个路由节点可能同时监听到同一终端节点发送的数据，分别产生数据向汇聚节点发送，汇聚节点只需要收到它们其中一个分组即可，其余分组都是多余的。如果能在中间节点(如路由节点等)上进行一定的聚合、过滤和压缩，就可以有效地减少重复发送数据的可能，从而减少频繁传送分组造成的能量开销，也可以有效地协助处理拥塞控制和流量控制。网内数据处理示意图如图 1-9 所示。

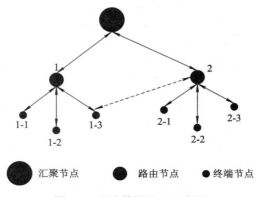

图 1-9　网内数据处理示意图

假如终端节点 1-3 发送的数据被路由节点 2 监听到(如图 1-9 中虚线部分所示)，路由节点 2 先诊断是不是它的子节点发送的数据，如果不是，路由节点 2 将会把数据过滤掉，这样可有效地减少汇聚节点收到重复数据。

3. 支持协议跨层设计

在无线传感器网络系统的开发过程中，各个层次的研究人员为了统一性能优化目标(如节省能耗、提供传输效率、降低误码率等)而进行的协作非常普遍，这种优化工作使传感器网络体系结构中各个层次之间的耦合变得更加紧密，上层协议需要了解下层协议(不仅仅限于相邻的下层)所提供服务的质量，下层协议的运行需要上层协议(不仅仅限于相邻的上层)的建议和指导，这违背了传统分层网络体系结构中只有相邻两层之间才可以进行消息交互的约定。这种协议的跨层设计无疑会增加体系结构设计的复杂度，但是实践证明它是提高系统整体性能的有效方法。

4. 增强安全性

由于无线传感器网络采用无线通信的方式，信道缺少必要的屏蔽和保护，更容易受到攻击和窃听，所以无线传感器网络体系结构设计过程中要将安全方面的考虑提升到一个重要的位置上，设计一定的安全机制，确保所提供服务的质量、安全性和可靠性。这些安全机制必须是自下而上地贯穿于体系结构的各个子层。

5. 支持多协议

与"互联网依赖于统一的 TCP/IP 协议实现端到端的通信"相比，无线传感器网络的形式与应用具有多样性，除了转发分组外，更重要的是负责将监测区域内无线通信子网采集到的数据通过互联网等外部网络传输给用户，这需要多协议的支持。例如，在监测区域内部子网工作时，采用 Zigbee 协议广播或者组网的方式，但是当接入外部互联网时需要屏蔽 Zigbee 协议，提供与外部网络互联网实现无缝信息交互的手段。

6. 支持有效的资源发现机制

在设计无线传感器网络时，需要考虑提供定位监测信息的类型、覆盖区域的范围，并获得具体监测信息的访问接口。传感器网络资源发现包括网络自组织、网络编址和路由等。自动生成拓扑结构是无线传感器网络的一个特点，部署大规模的无线传感器网络不可能预先知道网络拓扑，而依据单一符号(如 IP 地址或者节点 ID)来编址，其效率不高，因此可以考虑根据节点采集数据的多种属性(如温度、湿度等)来进行编址。这种编址方案本身就应该属于无线传感器网络的体系结构研究内容之一。当然，在新的编址方案下，无线传感器网络体系结构还需对相应的资源发现机制给予必要的支持。

7. 支持可靠的低延时通信

各种类型的传感器网络节点工作在监测区域内时，物理环境的各种参数动态变化很快，需要网络协议的实时性，因此，无线传感器网络体系结构必须支持低延时的可靠传输。

8. 支持容忍延时的非面向连接通信

由于传感器应用需求不一样，有些任务对实时性要求不高，如海洋监测、生态环境监测等。有些应用随时都可能出现拓扑动态变化，在这种情况下节点的移动性使得节点保持长期稳定的连通性比较困难，因此，引入非面向连接的通信，其目的是即使在连通无法保持的状态下也能进行通信。

9. 开放性

近年来无线传感器网络衍生出来的水声传感器网络和无线地下传感器网络，要求无线传感器网络应该具备充分的开放性，来包容这些已经出现或未来可能出现的新型同类网络。

1.5 WSN 特 点

本节从无线传感器网络与现有无线网络的区别出发，详细介绍无线传感器网络的特点。

1.5.1 与现有无线网络的区别

目前，无线网络可以分为两种：一种是有基础设施的网络，此类网络需要有固定的基站；另一种是无基础设施的网络，又称无线自组织网络(Ad Hoc Network)。前一种网络比较常见，如移动、联通和电信网络，需要高大的天线和大功率基站来支持，常见的有基础设施的网络为无线宽带网，包括 GSM、CDMA、3G、Beyond3G、4G、WLAN(WIFI)和 WMAN(WiMax)等。这些网络都有固定的基站，网络的规划、部署、配置、管理、维护和运营一般需要管理员的干预来完成。

无线自组织网络(即 Ad Hoc 网络)的特点是分布式的，没有专门的固定基站，但能够快速、灵活和方便地组网。无线传感器网络和 Ad Hoc 网络作为快捷灵活的组网方式，基本不需要人的干预，大部分工作是以自组织的方式完成的，因此可以将它们统称为自组织网络。虽然无线传感器网络和 Ad Hoc 网络存在着相似之处，同时也存在很大的差别。这些差别主要集中在三个方面：节点规模、节点部署和工作模式。

1. 节点规模

就节点规模而言，Ad Hoc 网络与无线传感器网络的差别如下：

◇ Ad Hoc 网络节点数量比较少，一般由几十个到上百个节点组成，采用无线通信方式、动态组网、多跳方式组成移动性的对等网络，大多数节点是移动的。

◇ 无线传感器网络是集成了监测、控制以及无线通信的网络系统，节点数目庞大，可以达到成千上万，且节点分布密集。通常情况下，大多数传感器节点是固定不动的(或者只有少数节点移动)，节点具有的能量、处理能力、存储能力和通信能力都是有限的。由于环境影响和能量耗尽，节点容易出现故障，环境干扰和节点故障容易造成网络拓扑结构的变化。所以传感器节点在设计上要考虑能源的节约与优化。

2. 节点部署

就节点部署而言，早期的无线传感器网路研究借用了 Ad Hoc 网络中较成熟的自组织路由协议。随着研究的深入，逐渐发现无线传感器网络与 Ad Hoc 网络的拓扑结构和工作模式各不相同。主要表现如下：

◇ Ad Hoc 网络中的节点具有强烈的移动性，网络拓扑结构是动态变化的，给路由技术的设计带来了很大的局限性。

◇ 无线传感器网络节点在部署完成之后大部分节点不会再移动，网络拓扑结构是静态的。虽然部分节点会因调度机制(如拓扑控制)，或者失效等原因改变网络拓扑结构，但依然可以认为无线传感器网络的拓扑结构是静态的。

3. 工作模式

就工作模式而言，Ad Hoc 网络与无线传感器网络的差别如下：

◇ Ad Hoc 网络中任意两节点之间都是可以互相通信的，路由协议是以传输为目的的。

◇ 无线传感器网络中终端节点将数据传输给上一层路由节点或者汇聚节点，即多对一通信，而终端节点之间是不通信的，所以路由协议是以数据为中心的。

综上所述，Ad Hoc 网络路由协议在设计上比无线传感器网络的路由协议要复杂很多。

1.5.2　特点

1. 大规模网络

为了获取精确信息，在监测区域通常部署大量传感器节点，其数量可能达到成千上万甚至更多。传感器网络的"大规模"包含两层含义：

◇ 传感器节点分布地理区域大。例如，原始大森林采用无线传感器网络进行森林防火和环境监测。

◇ 传感器节点部署密集，在面积不是很大的空间内部署大量的传感器节点。

传感器网络的大规模具有如下优点：

◇ 通过不同空间视角获得的信息具有更大的信噪比。

◇ 通过分布式处理大量的采集信息能够提高监测的精确度，降低对单个传感器节点精度的要求。

◇ 大量冗余节点的存在，使得系统具有很强的容错性能，可以增大覆盖的监测区域，减少洞穴或者盲区。

2. 自组织网络

在传感器网络应用中，通常情况下传感器节点被放置的环境没有基础网络结构，传感器节点的位置不能预先精确地设定，节点之间的相互邻居关系预先也不知道。这样要求传感器节点具有自组织的能力，能够自动进行配置和管理，通过拓扑控制机制和网络协议自动形成转发监测数据的多跳无线网络系统。

在传感器节点网络使用过程中，部分传感器节点由于能量耗尽或者环境因素而失效，一些节点为了弥补失效节点，增加监测精度而补充到网络中，这样在传感器网络中的节点个数就动态地增减，从而使网络的拓扑结构随之动态地变化。传感器网络的自组织性要能够适应这种网络拓扑结构的动态变化。

3. 动态性网络

传感器网络的拓扑结构可能因为下列因素而发生改变：

◇ 环境因素或电能耗尽造成传感器节点出现故障或失效。

◇ 环境条件变化可能造成无线通信链路带宽发生变化，时断时通。

◇ 传感器网络的传感器、感知对象和观察者这三要素都可能具有移动性。

◇ 新节点的加入。

◇ 这就要求无线传感器网络要能够适应这种变化,具有动态系统的可重构性。

4. 可靠的网络

传感器网络特别适合部署在恶劣环境或人类不宜到达的区域。传感器节点可能工作在露天环境中,被破坏的可能性极大,并且传感器节点往往采用随机部署,如通过飞机随机散播,这就要求传感器节点非常坚固,不易损坏,适应各种恶劣的环境条件。

由于监测区域环境的限制以及传感器节点数目巨大,网络的维护十分困难,甚至不可维护。传感器网络的通信保密性和安全性也十分重要,要防止监测数据被盗取和获取伪造监测信息,因此,传感器网络的软硬件必须具有鲁棒性(稳定性或可靠性)和容错性。

5. 应用相关网络

无线传感器网络用来感知客观物理世界、获取物理世界的信息量。客观世界的物理量多种多样,不同的传感器关心不同的物理量,多传感器的应用系统也有多种多样的要求。

不同的应用背景对传感器网络的要求不同,硬件平台、软件系统和网络协议也会有很大差别。在开发传感器网络应用中,要关心传感器网络的差异,让系统贴近应用才能做出高效的目标系统。针对每一个具体应用来研究传感器网络技术,这是传感器网络设计不同于传统网络的显著特征。

6. 以数据为中心

传感器网络是任务型网络,脱离传感器网络谈论传感器节点没有任何意义。由于传感器网络节点随机部署,构成传感器网络与节点编号之间的关系完全是动态的,与节点位置没有必然的联系。用户使用传感器网络查询事件时,直接将事件通告给网络,而不是通告给某个确定编号的节点(即将数据广播到整个网络中),网络在指定时间内将数据汇报给用户。由此可以看出无线传感器网络是以数据本身作为查询或传输线索,所以通常说传感器网络是一个以数据为中心的网络。

1.6 WSN 操作系统

无线传感器网络的操作系统是无线传感器网络的基本软件环境,是无线传感器网络应用软件开发的基础。它定义了一套通用的界面框架,允许应用程序选择服务的实现;另外还提供框架的模块化,以适应硬件的多样性。本小节主要讲述现阶段广泛应用的三种操作系统,并作出比较。

1.6.1 现有的操作系统

随着无线传感器网络的发展,目前已经出现了好几种应用于无线传感器网络的操作系统,比较有突出代表性的操作系统有以下三种。

1. TinyOS 操作系统

TinyOS 操作系统是加州大学伯克利分校(UC Berkeley,UCB)的 David Culler 领导研究小组为无线传感器网络量身定制的嵌入式操作系统。TinyOS 系统的核心代码和数据大概有

400 字节左右，能够突破传感器资源少的限制。TinyOS 系统现阶段已经成为无线传感器网络领域事实上的标准平台。

2. MANTIS 操作系统

MANTIS OS(MultimodAl NeTworks of In-situ Sensors OS，MOS)是由美国科罗拉多大学 MANTIS 项目组为无线传感器网络开发的源代码公开的多线程操作系统。它的内核和 API 采用标准 C 语言，提供熟悉的类 UNIX 的编程环境。

MOS 系统采用经典的分层式多线程结构，如图 1-10 所示。

MOS 系统包括内核/调度器、通信层(COMM)、设备驱动层、网络栈以及命令服务器。应用程序线程和底层操作系统 API 相互独立，所以 MOS 通过提供不同平台的 API 可以实现对多个平台的支持。

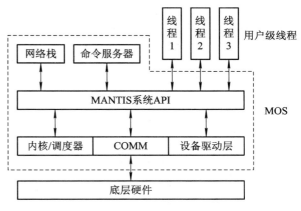

图 1-10　MOS 系统架构

3. SOS 操作系统

SOS 操作系统由加州大学洛杉矶分校的网络和嵌入式实验室(NESL)为无线传感器网络开发的操作系统。SOS 系统与 TinyOS 系统一样，也是一个事件驱动操作系统，可以实现消息传递、动态内存管理、模块装载和卸载。

SOS 系统由可以动态加载的模块和静态的系统内核组成，静态内核可以先被烧录到节点上，节点运行过程中用户还可以根据任务的需要动态地增删模块。静态内核实现了最基本的服务，包括底层抽象、灵活的优先级消息调度器、动态内存分配等功能。其中，简单的动态内存分配机制减小了编程的复杂度，并增加了内存的重用度；而可以动态加载的模块则实现了系统大多数的功能，包括驱动程序、协议和应用程序等。这些模块本身都是独立的代码实体，可以实现一项具体的任务和功能，并且对模块的修改不会中断操作系统。SOS 的系统架构如图 1-11 所示。

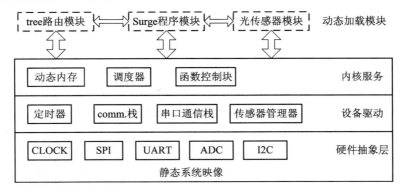

图 1-11　SOS 系统架构

下面将三种操作系统作一比较。

目前无线传感网络节点操作系统的调度系统可以分为事件驱动单线程系统和多线程系统。

◇ 事件驱动单线程系统以 TinyOS 为代表，其基本特点是：任务由中断产生，任务持续运行直至结束。

◇ 多线程系统以 MOS 为代表。

从理论分析看，事件驱动单线程系统与多线程系统的比较如表 1-4 所示。

表 1-4 操作系统比较

系统特点＼系统类型	TinyOS	MOS	SOS
事件驱动	√		√
线程驱动		√	
处理器能量管理	√	√	√
外设能量管理	√	√	
优先级调度		√	√
实时服务		√	
动态重编程服务	√		√
外设管理	√	√	
模拟服务	√	√	√
内存管理	静态	静态	动态
系统执行模型	组件	线程	模块

1.6.2 TinyOS 技术特点

TinyOS 操作系统本身在软件上体现了一些已有的研究成果，如组件化编程、事件驱动模式、轻量级线程技术、主动消息通信技术等。TinyOS 的技术优势主要体现在以下几个方面：

◇ 组件化编程，TinyOS 提供一系列可重用的组件，一个应用程序可以通过连接配置文件将各种组件连接起来，以完成它所需要的功能。

◇ 事件驱动模式，TinyOS 的应用程序都是基于事件驱动模式的，采用事件触发去唤醒传感器工作。事件相当于不同组件之间传递状态信息的信号。当事件对应的硬件中断发生时，系统能够快速调用相关的事件处理程序。

◇ 轻量级线程，即任务。任务之间是平等的，不能相互抢占，应按先入先出的队列进行调度。轻线程是针对节点并发操作比较频繁且线程比较短的问题提出的。

◇ 两级调度方式，任务(即一个进程)一般都用于事件要求不是很高的应用中。通常每一个任务都很短小，系统的负担较轻，事件一般用在对于时间要求很严格的应用中，且它可以先优于任务和其他事件执行。在 TinyOS 中一般由硬件中断处理来驱动事件。

◇ 分阶段作业，为了让一个耗时较长的操作尽快完成，TinyOS 没有提供任何阻塞操作，而是一般将这个操作的请求和这个操作的完成分开实现，以便获得较高的执行效率。

◇ 主动消息通信，每一个消息都维护一个应用层的处理程序。当节点收到消息后，把消息中的数据作为参数，传递给应用层的处理程序，由其完成消息数据的解析、计算处理和发送响应消息等任务。

1.6.3　TinyOS 体系结构

TinyOS 操作系统最初通过汇编语言和 C 语言编写，但 C 语言不能有效、方便地支持面向无线传感器网络的应用程序和操作系统的开发。因此，科研人员对 C 语言进行扩展，提出了支持组件化编程的 nesC(C language for network embedded system)语言，把组件化、模块化思想和基于事件驱动的执行模式结合起来。

TinyOS 操作系统采用组件的结构，它是一个基于事件的系统。系统本身提供了一系列的组件供用户调用，其中包括主组件、应用组件、执行组件、感知组件、通信组件和硬件抽象组件，如图 1-12 所示。

图 1-12　TinyOS 体系结构

组件由下到上通常可以分为三类：硬件抽象组件、综合硬件组件和高层软件组件。

◇　硬件抽象组件是将物理硬件映射到 TinyOS 的组件模型。

◇　综合硬件组件则模拟高级的硬件行为，如感知组件、通信组件等。应用组件实现控制、路由以及数据传输等应用层的功能。

◇　高层软件组件向底层组件发出命令，底层组件向高层组件报告事件。

TinyOS 的层次结构就如同一个网络协议栈，底层的组件负责接收和发送最原始的数据位，而高层的组件对这些数据进行编码、解码，更高层的组件则负责数据打包、路由选择以及数据传输。

调度器具有两层结构，第一层维护着命令和事件，主要是在硬件中断发生时对组件的状态进行处理；第二层维护着任务，负责各种计算，只有当组件状态维护工作完成后，任务才能被调度。TinyOS 调度模型主要有以下特点：

◇　任务单线程运行结束，只分配单个任务栈，这对内存受限的系统很有利。

◇　没有进程管理概念，对任务按简单的 FIFO 队列进行调度。

◇　FIFO 的任务调度策略具有能耗敏感性，当任务队列为空时，处理器进入休眠状态，随后由外部中断事件唤醒 CPU 进行任务调度。

◇　两级的调度结构可以实现优先执行少量相同事件相关的处理，同时打断长时间运行的任务。

◇　基于事件的调度策略，只需要少量空间就可获得并发性，并允许独立的组件共享单个执行上下文。与事件相关的任务可以很快被处理，不允许阻塞，具有高度并发性。

◇　任务之间相互平等，没有优先级的概念。

1.7 WSN 相关技术

无线传感器网络以低功耗、低成本、分布式和自组织的特点著称,要求具有较低的传输延时和极低的功率消耗。目前的无线传感器网络的几个技术都各有特点,互为补充。

例如 IEEE802.15.4/Zigbee 标准把低功耗、低成本作为主要目标,为传感器网络提供了一种互联互通的平台;RFID 技术存在通信距离短等缺点,无线传感器网络可以弥补 RFID 技术的这些缺点,而 RFID 可以准确地为无线传感器网络节点赋予 ID 号;无线传感器网络通过汇聚节点接入互联网等外部网络,而 GPRS 技术和 WIFI 技术正好解决了此项难题。所以 Zigbee 技术、RFID(Radio Frequency Identification)技术、GPRS(General Packet Radio Service)技术和 WIFI 技术是与无线传感器网络息息相关的几种技术。

1.7.1 Zigbee 技术

无线传感器网络的应用,一般不需要很高的带宽,但对功耗要求却很严格,大部分时间必须保持低功耗。传感器节点通常使用存储容量不大的嵌入式处理器,对协议栈的大小也有严格的限制,另外无线传感器网络对网络安全性、节点自动配置和网络动态重组等方面也有一定的要求。无线传感器网络的特殊性对应用于该技术的协议提出了较高的要求,目前最广泛使用的无线传感器网络的物理层和 MAC 层协议为 IEEE802.15.4.

IEEE802.15.4 描述了低速率无线个人局域网的物理层和媒体接入控制协议,属于 IEEE802.15.4 工作组。Zigbee 技术是基于 IEEE802.15.4 标准的无线技术,IEEE802.15.4 只负责 Zigbee 的物理层和 MAC 层,Zigbee 网络协议架构分层如图 1-13 所示。

图 1-13 Zigbee 网络协议架构分层

Zigbee 技术适用于通信数据量不大、数据传输速率相对较低、成本较低的便携或移动设备。这些设备只需要很少的能量,以接力的方式通过无线电波将数据从一个传感器传到另外一个传感器,并能实现传感器之间的组网,具有无线传感器网络分布式和自组织的特点。

Zigbee 协议的表现形式有多种,如 TIZstack 协议、Freakz 等。TI ZStack、Freakz 协议栈只是 Zigbee 协议的一种实现方式,TIZStack 也是目前最常用的协议。

Zigbee 技术是无线传感器网络实现的一种形式。无线传感器网络可以借助 Zigbee 技术实现无线传感器网络检测区域大范围的节点分布、路由传输和数据采集。

1.7.2 RFID 技术

RFID 即射频识别技术,是一种非接触式自动识别技术。该技术通过射频信号识别目标对象并获取相关数据,具有精度高、适应环境能力强、操作快捷且同时可识别多个标签等优点。但是 RFID 抗干扰能力比较弱,且有效距离较小;而无线传感器网络的传输距离比较远,且可以提供物品及环境的相关信息,如温度、湿度等。如果将 RFID 与无线传感器网络结合起来，形成 RFID 传感器网络，就可以更完整地知道物品的相关信息。

因此，RFID 技术可以看成是一个短距离的 WSN 网络，WSN 可以看成是一个长距离的 RFID 网络。

1.7.3　其他技术

GPRS 即通用分组无线业务，是在 GSM 基础上发展起来的一种无线分组交换技术，提供端到端的广域无线、IP 连接。WIFI 是一种可以将个人电脑、手持设备(如手机)等终端以无线方式互相连接的技术，目的是改善基于 IEEE802.11 标准的无线网络产品之间的互通性。

无线传感器网络中的汇聚节点将传感器节点采集的数据通过 GPRS 和 WIFI 技术传输给用户管理节点，汇聚节点相当于传感器网络网关，实现协议之间的转换。GPRS 和 WIFI 技术在传感器网络数据传输过程中有着重要的作用，是无线传感器网络的网络接入技术之一。

1.8　应用领域

无线传感器网络技术的特点和潜力已得到广泛的宣传，各国的商家也在如火如荼地进行着技术的产业化和商品化。无线传感器网络的应用领域主要集中在以下几个方面。

1. 军事方面

无线传感器网络具有可快速部署、可组织、隐蔽性强、高容错性等特点，适合在军事上应用，利用无线传感器网络能够实现对敌军兵力和装备的监控、战场的实时监视、目标的定位、战场评估、核攻击和生物化学攻击的监测和搜索等功能。美国军方成功测试了由 Crossbow 产品 MICA2 组建的枪声定位系统，将传感器节点安置在建筑物周围，能够有效地按照一定的程序组建网络进行突发事件(如枪声、爆炸源等)的检测，为救护、反恐提供有力的辅助手段。图 1-14 所示是枪声定位系统 100 m × 100 m 的实验场地俯瞰图及节点分布示意图；图 1-15 所示为枪声定位系统中的传感器节点。

图 1-14　枪声定位系统

图 1-15　枪声定位系统中的传感器节点

2. 环境、生态观测和智能农业

无线传感器网络可用于气象和地理的研究以及洪水、火灾检测；可用于监视农作物的灌溉情况、土壤空气变更、牲畜和家禽的环境状况以及大面积的地表检测；还可以通过跟踪珍稀鸟类、动物和昆虫进行濒临种群的研究等。

2002 年，美国的科学家把无线传感器网络技术应用于监视大鸭岛海鸟的栖息情况。他们使用了包括光、湿度、气压计、红外传感器、摄像头在内的近 10 种传感器类型，系统通过自组织无线网络，将数据传输到 300 英尺外的基站计算机内，再由此经卫星传输至加州的服务器。该系统使用的器件包括上百个 MICA2 节点，经过定制的传感器模板、笔记本电脑、Stargate 信号接收处理板及卫星通信传输系统等。图 1-16 所示为大鸭岛生态环境监测系统示意图；图 1-17 所示为传感器节点封装实物图。

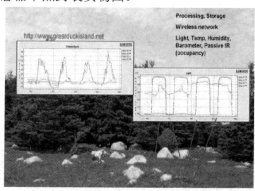

图 1-16　大鸭岛生态环境监测系统

图 1-17　传感器节点封装实物图

3. 医疗护理

无线传感器网络在检测人体生理数据、老年人健康状况、医院药品管理以及远程医疗等方面具有重要的应用。例如一种基于多个加速度传感器的无线传感器网络系统，用于进行人体行为模式监测，如坐、站、躺、行走、跌倒、爬行等，如图 1-18 所示。

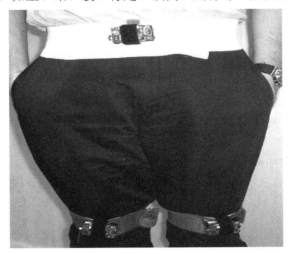

图 1-18　人体运动模式分析与监测

该系统使用多个传感器节点，安装在人体几个特征部位上。系统实时地把人体因行动而产生的三维加速度信息进行提取、融合、分类，进而由监控界面显示受检测人的行为模式。这个系统稍加产品化，便可成为一些老人及行动不便的病人的安全助手。

4. 智能家居

无线传感器网络在智能家居上的应用，使得人们的生活更加舒适和便利。智能家居控制系统可以对家居内的任意电器进行数字化控制，无线传感器网络可以对家电控制系统、灯光控制系统、影音控制系统、人脸识别系统、门窗控制系统和安防控制系统进行统一管理，如图 1-19 所示。

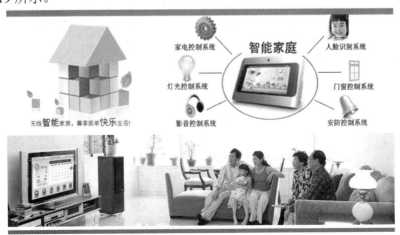

图 1-19　智能家居

无线传感器网络已经深入人们生活的方方面面，在军事、工业、农业、医疗、交通等各方面都得到广泛的应用。

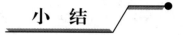

小 结

通过本章的学习，学生应该掌握：

◆ 无线传感器网络是大量的传感器节点以自组织或者多跳的方式构成的无线网络。

◆ 无线传感器网络是构成物联网感知层和网络层的一部分，是物联网的重要组成部分。

◆ 传感器通常可以按被测物理量、工作原理、信号变换特征、能量转换情况等分类。

◆ 传感器负责在传感器网络中感知和采集数据，它处于无线传感器网络的感知层，是识别物体、采集信息的设备。

◆ 无线传感器网络由传感器节点、汇聚节点和任务管理节点等几部分构成。

◆ 无线传感器网络协议栈主要分为五层：物理层、MAC 层、网络层、传输层和应用层。

◆ 无线传感器网络具有成本低、覆盖面积大、节点能量有限、自组织和动态等特点。

◆ TinyOS 系统现阶段已经成为无线传感器网络领域事实上的标准平台。

◆ Zigbee 技术、RFID 技术、GPRS 技术、WIFI 技术是构成无线传感器网络重要的关键技术。

习 题

1．电磁波是由同相振荡且互相垂直的_____在空间以波的形式传递能量和动量，其传播方向垂直于_____构成的平面。

2．信道可以从狭义和广义两方面理解，狭义信道_____，分为_____；广义信道_____，广义信道按功能可以分为_____和_____。

3．_____、_____、_____、_____是构成无线传感器网络的关键技术。

4．简述无线传感器网络的定义。

5．简述无线传感器网络的特点。

6．简述无线传感器网络与物联网的关系。

第2章 物 理 层

本章目标

◆ 理解频率分配。
◆ 掌握通信信道的概念。
◆ 理解信号的调制与解调。
◆ 理解物理层的帧结构。
◆ 理解物理层的功能和服务原语。
◆ 了解物理层的非理想特性。
◆ 了解射频前端低功耗设计。

学习导航

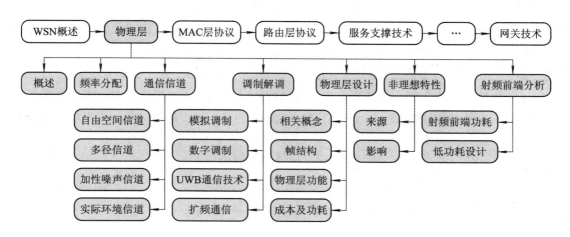

2.1 概述

WSN 协议栈的五层模型，分别对应 OSI 参考模型的物理层、数据链路层、网络层、传输层和应用层。OSI 的物理层为设备之间的数据通信提供传输媒质及互联设备，为数据的传输提供可靠的环境。WSN 的物理层主要负责传输媒质的选择、频段的选择、数据的调制与解调及数据的发送与接收，是决定 WSN 节点体积、成本以及能耗的关键因素，是无线传感器网络协议性能的决定因素。

本章主要研究物理层的一些关键问题，并进行节能优化的探讨，所以本章首先介绍无线通信的基础知识：频段的划分、无线信道的调制解调，然后对物理层帧结构和射频前端低功耗性能进行深入的分析。

2.2 频率分配

在无线通信系统中，频率波段的选择非常重要。由于 6 GHz 以下频段的波形可以进行很好的整形处理，能较容易地滤除不期望的干扰信号，所以目前大多数射频系统都选择采用这个范围的频段。

无线电频段的划分和无线电波段的划分相对应。各个国家和地区对无线电设备使用的频段、特定应用环境下的发射功率等作了严格的规定。中国无线电管理机构对无线电频段的划分如表 2-1 所示。

表 2-1　频段划分及主要用途

频 段	符 号	频 率	波 段	波 长	传播特性	主 要 用 途
甚低频	VLF	3～30 kHz	超长波	100～10 km	空间波为主	对潜通信
低频	LF	30～300 kHz	长波	10～1 km	地波为主	对潜通信
中频	MF	0.3～3 MHz	中波	1000～100 m	地波与天波	通用业务，无线电广播
高频	HF	3～30 MHz	短波	100～10 m	天波与地波	远距离短波通信
甚高频	VHF	30～300 MHz	米波	10～1 m	空间波	空间飞行器通信
超高频	UHF	0.3～3 GHz	分米波	1～0.1 m	空间波	微波通信
特高频	SHF	3～30 GHz	厘米波	10～1 cm	空间波	卫星通信
极高频	EHF	30～300 GHz	毫米波	10～1 mm	空间波	波导通信

无线传感器网络在频段的选择上也必须按照相关的规定来使用。目前，无线传感器网络节点基本上都采用 ISM(工业、科学、医学)波段。ISM 频段是对所有无线电系统都开放的频段，发射功率要求在 1W 以下，无需任何许可证，其波段频率说明如表 2-2 所示。

表 2-2　波段频率说明

频　　率	说　　明
13.553～13.567 MHz	—
26.957～27.283 MHz	—
40.66～40.70 MHz	—
433～464 MHz	欧洲标准
902～928 MHz	美国标准
2.4～2.5 GHz	全球 WPAN/WLAN
5.725～5.875 GHz	全球 WPAN/WLAN
24～24.25 GHz	—

尽管频段的选择由很多因素决定，但对于无线传感器网络来说，必须根据实际应用场合来选择。因为频率的选择决定了无线传感器网络节点的天线尺寸、电感的集成度以及节点功耗。

2.3 通信信道

信道是信号传输的媒质。通信信道包括有线信道和无线信道。有线信道包括同轴电缆、光纤等。无线信道是无线通信发送端和接收端之间通路的形象说法，它以电磁波的形式在空间传播。无线传感器网络物理层主要采用无线信道。

2.3.1 自由空间信道

自由空间信道是一种理想的无线信道，它是无阻挡、无衰落、非时变的自由空间传播信道，如图 2-1 所示。

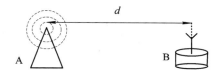

图 2-1 自由空间信道模型

自由空间信道模型，假定 A 点是信号的发射源，B 点是接收机，d 是发射源与接收机之间的距离，信号发射源的天线辐射功率为 P_t。在距离发射源 A 点 d 处的接收机 B 点的空间上任意一点(相当于面积为 $4\pi d^2$ 的球面的单位面积)的发射功率密度为 P_0：

$$P_0 = \frac{P_t}{4\pi d^2}(\mathrm{W/m^2}) \tag{2-1}$$

式中，$P_t/P_0 = 4\pi d^2$，称为传播因子。

在实际无线通信系统中，真正的全向性天线是不存在的，实际天线都带有方向性，一般用天线的增益 G 来表示。如发射天线在某方向的增益为 G_1，则在该方向的功率密度增加 G_1 倍。在图 2-1 中相距 A 点 d 处单位面积接收功率可表示为 $\frac{P_t G_1}{4\pi d^2}(\mathrm{W/m^2})$。

对于接收天线，增益可以理解为天线接收定向电波功率的能力，接收天线的增益 G_2 与有效面积 A_e 和工作的电磁波长 λ 有关，接收天线增益与天线有效面积 A_e 的关系为

$$A_e = \frac{\lambda^2 G_2}{4\pi} \tag{2-2}$$

则与发射机相距 d 的接收机接收到的信号载波功率为

$$P_r = \frac{P_t G_1 A_e}{4\pi d^2}(\mathrm{W}) \tag{2-3}$$

将式(2-1)代入式(2-3)中得

$$P_r = \frac{P_t G_1 G_2 \lambda^2}{4\pi d^2 \cdot 4\pi} = \frac{P_t G_1 G_2}{(4\pi d / \lambda)^2} \text{ (W)} \qquad (2\text{-}4)$$

令 $L_{fs} = (4\pi d / \lambda)^2$，那么式(2-4)可以变形为

$$P_r = \frac{P_t G_1 G_2}{L_{fs}} \text{ (W)} \qquad (2\text{-}5)$$

这就是著名的 Friis 传输公式，它表明了接收天线的接收功率和发射天线的发射功率之间的关系。其中 L_{fs} 称为自由空间传播损耗，只与 λ 和 d 有关。考虑到电磁波在空间传播时，空间并不是理想的，例如气候因素的影响。假设由气候影响带来的损耗为 L_a，此时接收天线的接收功率可以表示为

$$P_r = \frac{P_t G_1 G_2}{L_a L_{fs}} \text{ (W)} \qquad (2\text{-}6)$$

收、发天线之间的损耗 L 可以表示为

$$L = \frac{P_t}{P_r} = \frac{L_a L_{fs}}{G_1 G_2} \qquad (2\text{-}7)$$

2.3.2　多径信道

多径传播是指无线电波在传播时，通过两个以上不同长度的路径到达接收点，接收天线检测的信号是几个不同路径传来的电磁强度之和，如图 2-2 所示。

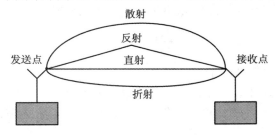

图 2-2　无线多径传输示意图

在无线通信领域，多径是指无线电信号传输过程中会遇到障碍物的阻挡，从发射天线经过几个路径抵达接收天线的传播现象(这种现象多出现在分米波、厘米波和毫米波段)，例如楼房或者高大的建筑物、山丘等，对电波产生反射、折射或者衍射等，如图 2-3 所示。

图 2-3　造成多径传播的原因

对于无线传感器网络来说，其通信大都是以节点间短距离、低功耗传输，且一般离地

面较近，所以对于一般的场景(如走廊)，可以认为它主要存在三种路径，即障碍物的反射、直射以及地面反射。

因为多径传播的不同路径到达的电磁波射线相位不一致，引起信号在信道中传输时变形(多径信道)，导致接收信号呈衰落状态(衰落或者相移)，使信号产生误码，所以在设计无线传感器网络物理层时要考虑信号的多径衰落。

2.3.3 加性噪声信道

加性噪声一般指热噪声(导体中自由电子的热运动)、散弹噪声(真空管中电子的起伏发射和半导体中载流子的起伏变化)，它们与信号之间的关系是相加的，不管有没有信号，噪声都存在。加性噪声独立于有用信号，但始终干扰有用信号，不可避免地对无线通信信道造成影响。

信道中的加性噪声一般来源于以下三方面：

◇ 人为噪声：来源于人类活动造成的其他信号源。例如：外台信号、开关接触噪声、工业的点火辐射即荧光灯干扰等。

◇ 自然噪声：来源于自然界存在的各种电磁波源。例如：闪电、大气中的电暴、银河系噪声及其他各种宇宙噪声等。

◇ 内部噪声：来源于系统设备本身产生的各种噪声。例如：在电阻一类的导体中自由电子的热运动和散弹噪声及电源噪声等。

最简单的加性噪声信道数学模型如图 2-4 所示。

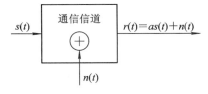

图 2-4 加性噪声信道数学模型

这是目前通信系统分析和设计中主要应用的信道模型，其中 $s(t)$ 为传输信号，$n(t)$ 为噪声，a 为信道中的衰减因子，接收到的信号为

$$r(t) = as(t) + n(t) \tag{2-8}$$

2.3.4 实际环境信道

实际环境中的无线信道往往比较复杂，除了自由空间损耗还伴有多径、障碍物的阻挡等引起的衰落。考虑到 Friis 方程主要针对远距离理想无线通信，对于无线传感器网络、Zigbee 等短距离通信，工程上往往采用改进的 Friis 方程来表示实际接收到的信号强度，即

$$P_r = P_t \left(\frac{\lambda}{4\pi d_0} \right)^2 \left(\frac{d_0}{d} \right)^n G_1 G_2 \tag{2-9}$$

式中，d_0 为参考距离，短距离通信一般取 1 m；n 的取值与传输环境有关。

对于较为复杂的环境还需要进行精确的测试才能获得准确的信道模型。研究者通过实际测量获得了四种不同环境与距离的路径损耗变化，即在 1 m < d < 10 m 时 n 取 2，在 10 m < d < 20 m 时 n 取 3，在 20 m < d < 40 m 时 n 取 6，在 d > 40 m 时 n 取 12。

$$L = L_{fs} + \begin{cases} 20\lg d & 1\,\text{m} < d < 10\,\text{m} \\ 20 + 30\lg \dfrac{d}{10} & 10\,\text{m} < d < 20\,\text{m} \\ 29 + 60\lg \dfrac{d}{20} & 20\,\text{m} < d < 40\,\text{m} \\ 47 + 120\lg \dfrac{d}{40} & d > 40\,\text{m} \end{cases} \tag{2-10}$$

2.4 调制与解调

调制与解调是为了能够在可容忍的天线长度内实现远距离的无线信息传输，在通信系统中占有重要地位。调制与解调是通过射频前端(详见 2.7 节)的调制解调器实现的。本节详细介绍了模拟调制、数字调制、无需载波的 UWB 通信技术以及扩频通信技术。

2.4.1 模拟调制

模拟调制作用的实质是把各种信号的频谱搬移，使它们互不重叠地占据不同的频率范围，即信号分别依托于不同频率的载波，接收机可以分离出所需频率的信号，避免互相干扰。

模拟调制的目的：

◇ 信道传输频率特征的需要。

◇ 实现信道复用。

◇ 改善系统的抗噪声性能，或通过调制来提高系统频带的利用率。

采用不同的调制技术对系统性能将产生很大的影响。

以一个简单的正弦波 $S(t)$ 为例：

$$S(t) = A(t)\sin[2\pi f(t) + \varphi(t)] \tag{2-11}$$

式中，正弦波 $S(t)$ 为载波，基于正弦波的调制技术即对其参数幅度 $A(t)$、频率 $f(t)$ 和相位 $\varphi(t)$ 进行相应的调整，分别对应调制方式的幅度调制(AM)、频率调制(FM)和相位调制(PM)。由于模拟调制自身的功耗较大且抗干扰能力及灵活性差，正在逐步被数字调制技术替代。但是当前模拟调制技术在上下变频处理中起着无可代替的作用。

2.4.2 数字调制

数字调制就是将数字信号变成适合于信道传输的波形，调制信号为数字基带信号。调制的方法主要是通过改变幅度、相位或者频率来传送信息。用数字信号来进行 ASK(幅度调制)、FSK(频率调制)和 PSK(相位调制)。每种类型又有很多不同的具体形式，如基于 ASK 变形的正交载波调制技术、单边带技术、残留边带技术和部分响应技术等；基于 FSK 的 CPFSK(连续相位)与 NCPFSK(非连续相位调制)以及基于 PSK 的多相 PSK 调制等。

调制的基本原理是用数字信号对载波的不同参量进行调制，即

$$S(t) = A\cos(\omega t + \varphi) \qquad (2\text{-}12)$$

载波 $S(t)$ 的参量包括幅度 A、频率 ω 和初相位 φ，调制就是要使 A、ω 或 φ 随数字基带信号的变化而变化。其中，ASK 调制方式是用载波的两个不同振幅表示 0 和 1；FSK 调制方式是用载波的两个不同频率表示 0 和 1；PSK 调制方式是用载波的起始相位变化表示 0 和 1。

1. ASK 调制

ASK 调制电路结构图如图 2-5 所示，其中 $S(t)$ 为载波，$d(t)$ 为数字信号。这种调制方式最大的特点是结构简单、易于实现。

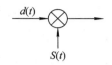

图 2-5　ASK 调制电路结构图

ASK 的调制波形即为载波 $S(t)$ 与数字信号 $d(t)$ 的乘积，其调制波形图如图 2-6 所示。

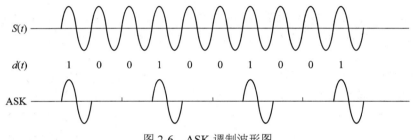

图 2-6　ASK 调制波形图

2. FSK 调制

FSK 是信息传输中使用较早的一种调制方式。它的主要优点是实现起来较容易，抗噪声与抗衰减的性能比较好，因此在中低速数据传输中得到了广泛的应用。

FSK 是利用两个不同 F_1 和 F_2 的振荡源(即载波 F_1 和载波 F_2)来实现频率调制，具体实现如下：

$$e_0(t) = \sum a_n g(t - nT_S) \cdot \cos\omega_1 t + \sum a_n g(t - nT_S) \cdot \cos\omega_2 t \qquad (2\text{-}13)$$

式中，$F_1 = \sum a_n g(t - nT_S) \cdot \cos\omega_1 t$，$F_2 = \sum a_n g(t - nT_S) \cdot \cos\omega_2 t$）。

以 2FSK(二进制 FSK)调制为例，用数字信号的 1 和 0 分别去控制两个独立的振荡源交替输出。2FSK 信号的产生原理框图如图 2-7 所示。其调制波形图如图 2-8 所示，其中 $d(t)$ 为数字信号。

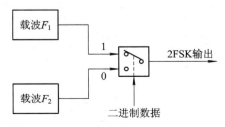

图 2-7　2FSK 信号产生原理框图

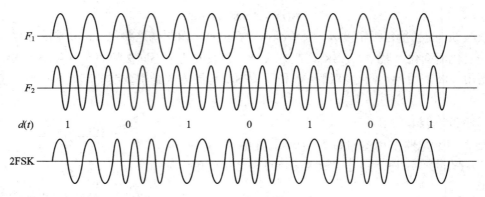

图 2-8 2FSK 调制波形图

3. PSK 调制

PSK 相移键控调制技术(调相技术)在数据传输中,尤其是在中速和中高速(2400 b/s~4800 b/s)的数传机中得到了广泛的应用。相移键控有很好的抗干扰性,在有衰落的信道中也能获得很好的效果。

在 PSK 调制时,载波的相位随调制信号状态的不同而改变。如果两个频率相同的载波同时开始振荡,这两个频率同时达到正最大值、零值和负最大值,此时它们处于"同相"状态;如果一个达到正最大值时,另一个达到负最大值,则称为"反相"。一般把 360° 作为信号振荡的一个周期。如果一个波和另一个波在同一时刻相比相差半个周期,此时两个波的相位差为 180°,即反相。当传输数字信号时,0 控制发同相相位,1 控制发反相相位。

以 2PSK(二进制 PSK)调制为例,载波相位只有 0 和 π 两种取值,分别对应调制信号的 0 和 1。传送信号 1 时,发起始相位为 π 的载波;当传送信号 0 时,发起始相位为 0 的载波。2PSK 的调制原理如图 2-9 所示,调制波形图如图 2-10 所示,其中 $d(t)$ 为数字信号。

图 2-9 2PSK 的调制原理

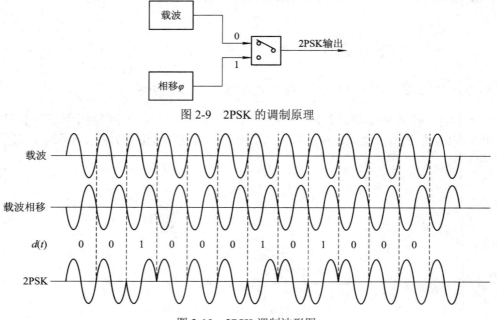

图 2-10 2PSK 调制波形图

2.4.3 UWB 通信技术

超宽带(Ultra Wide Band，UWB)无线通信技术是近年来备受青睐的短距离无线通信技术，是一种可实现短距离高速信息传输的技术，主要应用于无线 USB 和音频/视频传输。由于其具有高传输速率、非常高的时间和空间分辨率、低功耗、保密性好、低成本及易于集成等特点，被认为是未来短距离高速通信最具潜力的技术之一。

美国联邦通信委员会(FCC)对 UWB 的定义为：信号带宽大于 500 Hz，或带宽与中心频率之比大于 25%的带宽为超宽带。信号带宽和中心频率之比表达式为

$$f_c = \frac{f_H - f_L}{\frac{f_H + f_L}{2}} = 2 \times \frac{f_H - f_L}{f_H + f_L} \tag{2-14}$$

式中，f_c 为带宽与中心频率之比，f_H 为系统最高频率，f_L 为系统最低频率。FCC 还规定，UWB 无线通信的频率范围是 3.1 GHz～10.6 GHz。

UWB 的收发机与传统的无线收发机相比结构相对简单。UWB 发射机直接发送纳秒级脉冲来传输数据而不需要使用载波电路，经调制后的数据与"伪随机码产生器"生成的伪随机码一起送入"可编程时延电路"，"可编程时延电路"产生的时延控制"脉冲信号发生器"的发送时刻。UWB 发射机框图如图 2-11 所示。

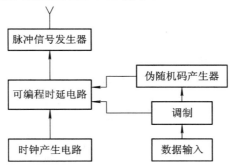

图 2-11　UWB 发射机框图

在接收端采用相关器进行接收，如图 2-12 所示为 UWB 接收机框图，其中虚线部分为相关器。相关器由乘法器、积分器和取样/保持三部分电路组成。

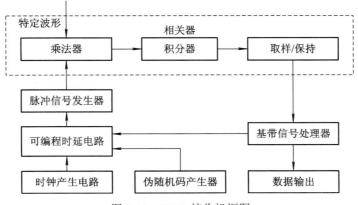

图 2-12　UWB 接收机框图

相关器用特定的模板波形与接收到的射频信号相乘，再积分得到一个直流输出电压。接收机的基带信号处理器从取样/保持电路中解调数据，基带信号处理器的输出控制可编程时延电路，为可编程时延电路提供定时跟踪信号，保证相关器正确解调出数据。

与传统的窄带收发信机相比，UWB 技术具有以下优点：

◇ 占有频带宽，传输速率高。UWB 使用的带宽在 1 GHz 以上，数据传输率高，目前在 10 m 范围内其传输速率可以达到 420 Mb/s。

◇ 保密性好。UWB 保密性表现在两方面：一方面是采用跳时扩频，接收机只有已知发送端扩频码才能解出发射数据；另一方面是系统的发射功率谱密度极低，对于一般的通信系统，UWB 信号相当于白噪声信号，用传统的接收机无法接收。

◇ 抗多径衰落。UWB 每次发射的脉冲时间短，当发射波来时已经接受完毕，因此抗多径衰落能力较强。

◇ 无载波通信，功耗低，收发设备简单。采用纳秒级脉冲宽度的周期性非正弦高斯短脉冲信号传输信息，通信设备使用小于 1 mW 的发射功率就能实现通信，不需要上、下变频器，功率放大器和混频器，接收端无需中频处理，因此相对于传统的窄带信号来说简化了收发设备。

2.4.4 扩频通信

1. 概述

扩频通信是将待传送的信息数据经伪随机编码扩频处理后，再将频谱扩展了的宽带信号在信道上进行传输；接收端则采用相同的编码序列进行解调及相关处理，恢复出原始信息数据。典型的扩频收发机结构如图 2-13 所示。

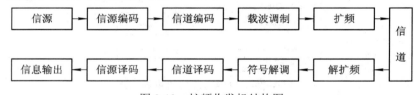

图 2-13　扩频收发机结构图

扩频通信的理论基础是从信息论和抗干扰理论的基本公式中引申而来的，如信息论中的香农公式为

$$C = B \log_2(1 + S/N) \tag{2-15}$$

式中，C 是信道容量，B 是信号频带宽度，S 是信号功率，N 是加性噪声功率，S/N 是信噪比。由式(2-15)可知，在给定的传输速率 C 不变的条件下，频带宽度 B 和信噪比 S/N 是可以互换的，即通过增加频带宽度的方法，在较低的信噪比 (S/N) 下传输信息。

2. 特点

扩频通信相比于窄带通信方式，主要特点包括以下两点：

◇ 信息的频谱在扩展后形成宽带进行传输。

◇ 信息的频谱经过相关处理后恢复成窄带信息数据。

由于这两大特点，使扩频通信具有以下优点：抗干扰、抗噪声、抗多径干扰、保密性好、功率谱密度低、具有隐蔽性和低的截获概率、可多址复用和任意选址以及易于高精度测量等。

3. 分类

按照扩展频谱的方式不同，现有的扩频通信系统可以分为以下几类：

◇ 直接序列扩频(Direct Sequence Spread Spectrum，DSSS)工作方式，简称直扩(DS)方式。

◇ 跳变频率(Frequency Hopping)工作方式，简称跳频(FH)方式。

◇ 跳变时间(Time Hopping)工作方式，简称跳时(TH)方式。

◇ 宽带线性调频(Chirp Modulation)工作方式，简称 Chirp 方式。

◇ 混合方式，即在几种基本扩频方式的基础上组合起来，构成各种混合方式，如 DS/FH、DS/TH、DS/FH/TH。

直接序列扩频和跳频扩频是使用最广的两种方式。

2.5 物理层设计

物理层(Physical Layer，PHY)的主要功能是在一条物理传输媒体上，实现数据链路实体之间透明地传输各种数据的比特流。它为链路层提供的服务包括：物理层连接的建立、维持与释放，物理服务数据单元的传输，物理层管理，数据编码。

2.5.1 相关概念

1. 服务原语

无线传感器网络协议栈是一种分层结构，第 N 层向第 $N+1$ 层提供一组操作(也叫服务)，这种操作叫做服务原语，它一般通过一段不可分割的或不可中断的程序实现其功能。第 $N+1$ 层调用第 N 层提供的服务原语以实现层和层之间的信息交流。

⚠ **注意** 这里要区分"服务原语"和"协议"的区别："协议"是两个需要通信的设备在同一层之间如何发送数据、如何交换帧的规则，是"横向"的；而"服务原语"是"纵向"的层和层之间的一组操作。

2. 服务访问接口

服务访问接口(Service Access Point，SAP)是某一特定层提供的服务与上层之间的接口。这里所说的接口是指不同功能层的通信规则。服务访问接口是通过服务原语实现的，其功能是为其他层提供具体服务的。物理层服务访问接口是通过射频固件和硬件提供给 MAC 层与无线信道之间的接口。

2.5.2 帧结构

物理层数据帧称为物理层协议数据单元(PHY Protocol Data Unit)。无线传感器网络物理层数据帧结构目前还没有一个统一的标准，目前最广泛使用的无线传感器网络的物理层和

MAC 层协议为 IEEE802.15.4 标准协议，其物理层数据帧结构如图 2-14 所示，由同步头、物理帧头和 PHY 负载构成。

4字节	1字节	1字节		变长
前导码	SFD	帧长度 (7位)	保留位 (1位)	PSDU
同步头		物理帧头		PHY负载

图 2-14　物理层帧结构

同步头包括前导码和帧起始分隔符(Start-of-Frame Delimiter，SFD)，物理帧头包括帧长度和保留位，PHY 负载包括物理服务数据单元(PHY Service Data Unit，PSDU)。

✦　前导码由 4 个字节的 0 组成，用于收发器进行码片或者符号的同步。

✦　帧起始分隔符(SFD)域由 1 个字节组成，表示同步结束时，数据包开始传输。

✦　帧长度由 7 位组成，表示物理服务数据单元的字节数。

✦　PSDU 域是变长的，携带 PHY 数据包的数据，包含介质访问控制协议(MAC)数据单元。PSDU 域是物理层的载荷。

2.5.3　物理层功能

802.15.4 标准的物理层所实现的功能包括数据的发送与接收、物理信道的能量检测、射频收发器的激活与关闭、空闲信道评估、链路质量指示和物理层属性参数的获取与设置。这些功能是通过物理层服务访问接口来实现的。

物理层主要有两种服务接口：物理层管理实体服务访问接口(PLME-SAP)和物理层数据实体服务访问接口(Phy Data SAP，PD-SAP)。PLME-SAP 除了负责在物理层和 MAC 层之间传输管理服务之外，还负责维护物理层 PAN 信息库(PHY PIB)；PD-SAP 负责在物理层和 MAC 层之间提供数据服务。PLME-SAP 和 PD-SAP 通过物理层服务原语实现物理层的各种功能，如图 2-15 所示。

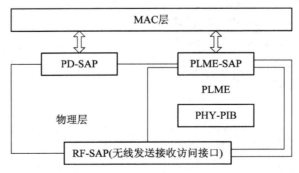

图 2-15　物理层参考模型

1. 数据的发送与接收

数据的发送和接收是通过 PD-SAP 提供的 PD-DATA 原语来实现物理层与 MAC 子层的 MAC 协议数据单元(MAC Protocol Data Unit，MPDU)传输。802.15.4 标准专门定义了三个与数据相关的原语：数据请求原语(PD-DATA.request)、数据确认原语(PD-DATA.comfirm)

和数据指示原语(PD-DATA.indication)。

数据请求原语由 MAC 子层产生,主要用于处理 MAC 子层的数据发送请求。语法如下:

  PD-DATA.request(

      psduLength,

      psdu

)

其中,参数 psdu 为 MAC 层请求物理层发送的实际数据,psduLength 为待发数据报文的长度。物理层在接收到该原语的时候,首先会确认底层的射频收发器已置于发送打开状态,然后控制底层射频硬件把数据发送出去。

数据确认原语是由物理层发给 MAC 子层,作为对数据请求原语的响应。语法如下:

  PD-DATA.confirm(

      status

)

其中,原语的参数 status 为失效的原因,即参数为射频收发器置于接收状态(RX_ON)或者未打开状态(TRX_OFF),然后将通过数据确认原语告知上层;否则视为发送成功,即参数为 SUCCESS,同样通过原语报告给上层。

数据指示原语主要向 MAC 子层报告接收的数据。在物理层成功收到一个数据后,将产生该原语通告 MAC 子层。语法如下:

  PD-DATA.indication(

      psduLength,

      psdu,

      ppduLinkQuality

)

其中,参数 PsduLength、psdu、ppduLinkQuality 分别为接收到的数据长度、实际数据和根据 PPDU 测得的链路质量(LQI)。其中 LQI 与数据无关,是物理层在接收当前数据报文时链路质量的一个量化值。上层可以借助这个参数进行路由选择。

2. 物理能量信道的检测

协调器在构建一个新的网络时,需要扫描所有信道(在 MAC 层称做 ED_SCAN),然后为网络选择一个空闲的信道,这个过程在底层是借助物理信道能量检测来完成的。如果一个信道被别的网络占用,那么体现在信道能量上的值是不一样的。802.15.4 标准定义了与之相关的两个原语:能量检测请求原语(PLME_ED.request)和能量检测确认原语(PLED-ED.confirm)。

能量检测请求原语由 MAC 子层产生,为一个无参的原语。语法为:PLME-ED.request()。收到该原语后,如果设备处于接收使能状态,PLME 就指示物理层进行能量检测(ED)。

能量检测确认原语由物理层产生,物理层在接收到能量检测原语后把当前信道状态以及当前信道的能量值返回给 MAC 子层。语法如下:

  PLME-ED.confirm(

      status,

      Energy Level

)

其中，状态参数 status 将指示能量检测失败的原因(TRX_OFF 或 TX_ON)，如果设备处于收发关闭状态(TRX_OFF)或发送使能状态(TX_ON)，则无法进行能量检测。在具体实现中，一般射频芯片会使用特定的寄存器存放当前的信道状态以及信道的能量值。

3. 射频收发器的激活与关闭

为了满足低功耗要求，在不需要无线数据收发时，可以选择关闭底层射频收发器。802.15.4 标准定义了相关的两个原语：收发器状态设置请求原语(PLME-SET-TRX-STATE.request)和收发器状态设置确认原语(PLME-SET-TRX-STATE.confirm)。

收发器状态设置请求原语由 MAC 子层产生。语法如下：

```
PLME-SET-TRX-STATE.request(
                    status
                    )
```

其中，参数 status 为需要设置的目标状态，包括射频接收打开(RX_ON)、发送打开(TX_ON)、收发关闭(TRX_OFF)和强行收发关闭(FORCE_TRX_OFF)。

物理层在接收到该原语后，将射频设置为对应的状态，并通过设置确认原语返回。语法如下：

```
PLME-SET-TRX-STATE.confirm(
                    status
                    )
```

其中，参数 status 的取值为 SUCCESS、RX_ON、TRX_OFF、TX_ON、BUSY_RX 或BUSY_TX。

4. 空闲信道评估(Clear Channel Assessment，CCA)

由于 802.15.4 标准的 MAC 子层采用的是 CSMA/CA(载波侦听多路访问/冲突避免)机制(详见 3.1.1 节)访问信道，需要探测当前的物理信道是否空闲，物理层提供的 CCA 检测功能就是专门为此而定义的。定义的两个与之相关的原语是：CCA 请求原语(PLME-CCA.request)与 CCA 确认原语(PLME-CCA.confirm)。

CCA 请求原语由 MAC 子层产生。语法为：PLME-CCA.request()。这是一个无参的请求原语，用于向物理层询问当前的信道状况。物理层收到该原语后，如果当前的射频收发状态设置为接收状态，将进行 CCA 操作(读取物理芯片中相关的寄存器状态)。

CCA 确认原语由物理层产生。语法如下：

```
PLME-CCA.confirm(
            status
            )
```

通过 CCA 确认原语可返回信道空闲或者信道繁忙状态。如果当前射频收发器处于关闭状态或者发送状态，CCA 确认原语将对应返回 TRX_OFF 或 TX_ON。

5. 链路质量指示

高层的协议往往需要依据底层的链路质量来选择路由，物理层在接收一个报文的时候，可以顺带返回当前的 LQI 值，物理层主要通过底层的射频硬件支持来获取 LQI 值。MAC软件产生的 LQI 值可以用信号接收强度指示器(RSSI)来表示。

6. 物理层属性参数的获取与设置

在协议栈里面，每一层协议都维护着一个信息库(PAN Information Base，PIB)用于管理该层，里面具体存放着与该层相关的一些属性参数，如最大报文长度等。在高层可以通过原语获取或者修改下一层信息库里的属性参数。802.15.4 物理层也同样维护着这样一个信息库，并提供 4 个相关原语：属性参数获取请求原语(PLME-GET.request)、属性参数获取确认原语(PLME-GET.confirm)、属性参数设置请求原语(PLME-SET.request)、属性参数设置确认原语(PLME-SET.confirm)。

2.5.4　成本及功耗

无线传感器网络物理层设计中，仍然需要考虑以下两个方面的因素。

1. 成本

低成本是无线传感器网络节点的基本要求。只有低成本，才能将大量的节点布置在目标区域内，表现出无线传感器网络的各种优点。

物理层的设计直接影响到整个网络的硬件成本。节点最大限度地集成化设计、减少分离元件是降低成本的主要手段。天线和电源的集成化设计目前仍然是非常有挑战性的研究工作。随着 CMOS 工艺技术的发展，数字单元基本上已完全可以基于 CMOS 工艺实现，并且体积也越来越小。但是模拟部分，尤其是射频单元的集成化仍需要占用很大的面积，所以尽量靠近天线的数字化射频收发器的研究是降低当前通信前端电路成本的主要途径。

2. 功耗

低功耗是无线传感器网络物理层设计的另一重要指标。如果要求无线传感器网络节点寿命更长，就要求节点的平均能耗越低。物理层调制解调方式的选择直接影响了收发机的结构，也就决定了通信前端电路固定功耗。所以选择合适的调制解调方法可以有效地降低功耗。

2.6　非理想特性

物理层实体主要包括基带处理电路、射频前端电路、传输媒质。由于实际电子器件的非线性特性和媒质随周围环境的时变性，使得物理层非理想现象给无线传感器网络带来了额外的能量开销，这些能量开销在整个无线传感器节点的能量消耗中占非常大的比重，所以物理层非理想特性的研究对无线传感器网络节能方面有着重要的意义。

2.6.1　来源

对于实际的无线传感器节点平台，物理层非理想特性具体表现为无线信号传输的不规则性、较长的电路转换时间以及较低的性能。

1. 无线传输的不规则性

由 T.He 等人提出的 DOI(Degree of Irregularity，不规则度)模型描述了无线传输的不规则性。该模型的思想是将传输的范围分为两个边界，即上边界和下边界，如图 2-16 所示，虚线分别表示上、下边界。

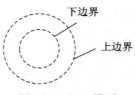

图 2-16　DOI 模型

DOI 模型分为如下三种情况：

◇ 接收点与发送点的距离大于上边界，此时所有节点都不在通信范围之内，接收方将接收不到数据，此时没有通信。

◇ 接收点与发送点的距离小于下边界，此时所有节点都在传输范围之内，接收方将会接收到可靠的数据。此时传输链路可以认为是对称传输(双向传输)的。

◇ 接收点与发送点的距离位于上、下边界之间，接收性能将取决于不同方向的实际信号强度，有可能是对称链路也有可能是非对称链路(即有可能是单向传输)。此时传输链路是不规则传输。如图 2-17 所示，当 DOI ＝ 0 时，传输链路是对称的，此时传输是规则的；当 DOI ＝ 0.02 时，传输链路明显显示出不规则形状。

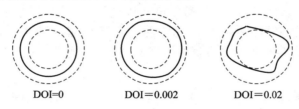

DOI=0　　　　　DOI=0.002　　　　　DOI=0.02

图 2-17　不规则传输 DOI 模型

2. 较长的电路转换时间及较低的性能

物理层天线的非匹配以及连接线路的损耗都会带来额外的能量损失，如图 2-18 所示。所以必须确定天线的阻抗与馈线传输线的阻抗相匹配，以减少额外能量的损失。

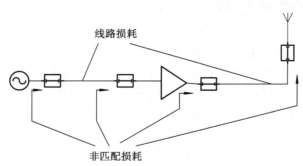

线路损耗

非匹配损耗

图 2-18　非匹配及连接线路引起的能量消耗

收发天线的极化方向性偏差也是引起非理想特性的一个重要原因，接收天线不仅和距离有关，和天线的极化方向关系也有很大关系。如图 2-19 所示，天线极化方向的场强不同，所引起的接收模式的效率也不同。

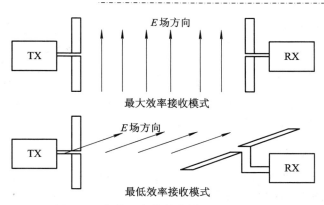

图 2-19 极化引起的接收模式效率的变化

在实际应用中，电池的能量变化对实际的发射功率的影响也比较大，如图 2-20 所示。

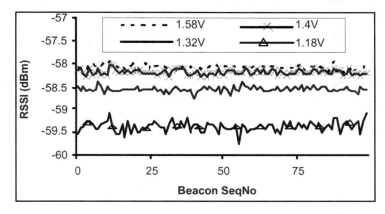

图 2-20 电池引起的不规则传输

电池对传输性能的影响为，当电池的电量为 1.32 V 时，接收机可收到的信号强度为 −58.5 dBm；当电池消耗到 1.18 V 时，接收到的信号强度就衰落到−59.5 dBm。

2.6.2 影响

无线传输的不规则性不可避免地造成了传输链路的非对称性，对 MAC 层和路由层有着不同程度的影响。

1. 对 MAC 层的影响

对于很多基于竞争的 MAC 协议(见 3.2 节)，基本上都建立在可靠的 CSMA 及 RTS/CTS 基础上。无线传输的不规则性增大了载波侦听协议中数据收发冲突的概率，如图 2-21 所示。

这是一个 MAC 层载波侦听的模型，节点 A 向节点 B 发送数据，节点 C 不在节点 A 的通信范围之内，所以节点 C 不能收到节点 A 发送的信号指令。如果在节点 A 向节点 B 发送数据的同时，节点 C 也向节点 B 发送数据，这样就在节点 B 发生冲突。如果传输是规则的(即对称的)，节点 C 能收到节点 A 发送的信号指令，就不会出现以上的冲突。

以 RTS/CTS 握手信号为基础的 MAC 协议中也存在类似的问题，如图 2-22 所示。

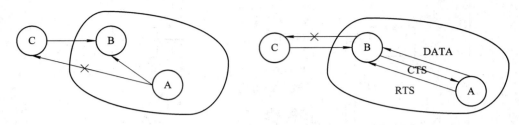

图 2-21　对 MAC 载波侦听的影响　　　　图 2-22　对 MAC 握手信号的影响

节点 A 向节点 B 发送 RTS 信号，节点 B 在接收到 RTS 信号后返回 CTS 作为回应，网络中所有接收到 CTS 信号的节点在节点 A 向节点 B 发送数据期间都将不会向节点 B 发送数据。由于无线传输的不规则性，节点 C 接收不到节点 B 发送的信号，但是节点 B 可以接收到节点 C 发送的信号。所以节点 C 在节点 A 和节点 B 通信期间向节点 B 发送信号，也会给节点 B 带来冲突。

2. 对路由层的影响

物理层非理想特性对路由层的影响表现在反向路径和邻居发现。由于无线传输的不规则性，使得反向路径技术的路由协议在反向链路可能会出现断链问题，如图 2-23 所示。

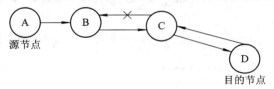

图 2-23　对反向路径的影响

源节点 A 到目的节点 D 建立一条路径，反向路径技术要求在目的节点 D 到源节点 A 反向再建立一条反向链路。由于无线传输的不规则性，在中间节点 B 和 C 之间，节点 C 可以接收节点 B 发来的信号，但是节点 B 却接收不到节点 C 的信号，因此造成了反向路径技术中反向链路的断链。

邻居发现技术是基于地理位置路由协议的关键技术。但是如果链路出现非对称性，会使得路由表出现死区，如图 2-24 所示。

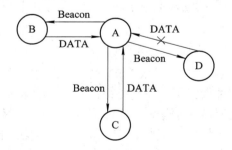

图 2-24　对邻居路由的影响

节点 A 首先广播信标帧(Beacon)建立自己的路由表，然后在这个路由表的其他节点可以发送数据到节点 A。由于无线传输的非对称性，节点 D 可以接收到节点 A 的 Beacon，成为节点 A 的邻居节点，但是节点 A 接收不到节点 D 发送的数据。如果节点 D 不尝试加入其他的路由表，将会陷入死区。

2.7 射频前端分析

射频前端是无线传感器网络节点物理层的重要单元之一，是影响无线传感器网络节点能耗的主要模块。一般情况下，射频前端集成在射频芯片中。射频前端功耗是无线传感器网络重要的研究方向之一。

2.7.1 射频前端功耗

无线传感器网络节点的射频前端由发射单元和接收单元组成。发射接收单元一般主要由功率放大器、混频器、低噪声放大器、锁相环 PLL、调制解调器和滤波器组成，如图 2-25 所示。

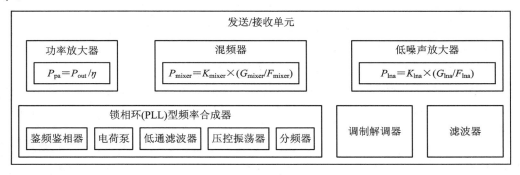

图 2-25 发送/接收单元结构图

其中各部分的功能如下：

◇ 功率放大器：射频通信前端主要功耗模块之一，其主要作用是将输入信号进行放大。假设功率放大器效率为 η，输出功率为 P_{out}，则功率放大器的平均功率为 $P_{pa} = P_{out}/\eta$，其中 P_{pa} 为功率放大器的平均功率。

◇ 混频器(Mixer)：射频前端非常重要的部件之一，其功能是将接收的信号与本振产生的信号混频，产生中频信号。其性能直接影响接收机的接收性能。低功耗和高线性度是混频器设计的主要指标。混频器平均功率 P_{mixer} 可以表示为 $P_{mixer} = K_{mixer} \times (G_{mixer}/F_{mixer})$，其中 G_{mixer} 是混频器的增益；P_{mixer} 是混频器噪声系数；K_{mixer} 是比例系数，与混频器的具体结构有关。

◇ 低噪声放大器(LNA)：和混频器一样是射频前端的重要部件之一，其作用是在输出端获得最大可能的信噪比，直接影响接收机的接收性能。低噪声、低功耗、高线性度是低噪声放大器的设计目标。消耗功率主要与功率增益和噪声系数有关。低噪声放大器的平均功率可表示为 $P_{lna} = K_{lna} \times (G_{lna}/F_{lna})$，其中 G_{lna} 是放大器功率增益；F_{lna} 是放大器噪声系数；K_{lna} 是比例系数，与放大器的具体结构有关。

◇ 锁相环(PLL)型的频率合成器：主要包括鉴频鉴相器(PFD)、电荷泵(CP)、低通滤波器(LF)、压控振荡器(VCO)和分频器(FDIV)。其消耗的平均功率 P_{pll} 为各个部件平均功率之和，即 $P_{pll} = P_{pfd} + P_{cp} + P_{lf} + P_{fdiv} + P_{vco}$，其中 P_{pfd}、P_{cp}、P_{lf}、P_{fdiv}、P_{vco} 分别为鉴频鉴相器、

电荷泵、低通滤波器、分频器和压控振荡器消耗的平均功率。因为无线传感器网络节点所需的休眠、接收、发送、侦听状态的频率不同，主要由锁相环结构的频率合成器来切换所需的不同频率，这样就产生一个切换状态所需的时间 T_{sw}，这个时间直接影响射频前端的功耗。

◇ 调制解调器和滤波器，它们产生的平均功率分别是 P_{demod} 和 P_{filt}。

由以上分析知：

◇ 发送或者接收单元部分的总功耗 $P_{tx/rx}$ 为各个模块的平均功耗之和，即 $P_{tx/rx} = P_{pa} + P_{mixer} + P_{lna} + P_{pll} + P_{demod} + P_{filt}$。

◇ 发送/接收单元消耗的总功耗 $E = P_{tx/rx} \times T$，其中 $T = T_{tx/rx} + T_{sw}$，$T_{tx/rx}$ 为发送/接收单元工作时间，主要由数据包包长 L_{data} 和传输速率 R 来决定，即 $T_{tx/rx} = L_{data} / R$。

2.7.2 低功耗设计

由对射频前端功耗的分析可知，发送/接收单元模块消耗的平均功率基本上都与各个模块的结构有关，并且注意到可以对状态切换时间 T_{sw}、发送/接收数据包包长 $L_{tx/rx}$ 和传输速率 R 进行优化。所以通信前端设计过程中必须对载波频率、传输距离、能耗、误码率、发送功率、传输速度、接收机的灵敏度等电路指标进行综合考虑。

在射频前端低功耗设计过程中需要注意以下几个方面：

◇ 射频前端的工作模式(休眠、空闲、接收、发射、数据侦听)：节点射频前端工作单元没必要时刻保持在工作状态，当无数据发送、接收以及转发时，网络中的节点自动调整为休眠状态。

◇ 数据包长度、状态切换时间的调整：传输包较长时状态切换时间对能耗的影响较小，但是过大的数据包长度将会增大误码重传的概率，所以将数据包长度和状态切换时间调整为最佳状态能有效降低射频前端的能耗。

◇ 尽量提高数据传输速率，以降低传输时间，从而降低电路的能耗。

◇ 频率及调制解调方法的选择。

◇ 采用直接序列扩频(DSSS)技术，使用相同的包结构降低作业周期，进行低功耗的运作。

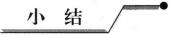

小 结

通过本章的学习，学生应该掌握：

◆ 无线频段分为甚低频、低频、中频、高频、甚高频、超高频、微波。

◆ 信道是信号传输的媒质。通信信道包括有线信道和无线信道。

◆ 模拟调制是对载波信号的某些参量进行连续调制。调制方式分为 AM、FM、PM。

◆ 数字调制是把基带信号以一定方式调制到载波上进行传输的技术。调制方式分为 ASK、FSK 和 PSK。

◆ 扩频通信方式有 DS、FH、TH 和 Chirp。

◆ 物理层帧由同步头、帧的长度和 PHY 负载构成。

◆ 无线信号传输的不规则性和电路转换时间以及低效率的接收是引起物理层非理想特性的来源。

◆ 射频前端的优化要对射频前端电路的实际参数进行设计。

◆ 载波频率、传输速率、误码率、能耗、发送功率是低功耗设计的基本要求。

✏ 习 题

1．模拟调制的调制方式分为：＿＿＿＿＿、＿＿＿＿＿、＿＿＿＿＿。

2．数字调制的调制方式分为：＿＿＿＿＿、＿＿＿＿＿、＿＿＿＿＿。

3．物理层帧由＿＿＿＿、＿＿＿＿和·＿＿＿＿构成。

4．下面不属于无线通信信道的是＿＿＿＿＿。

A．光纤 　　　　　　　　　　B．自由空间信道

C．加性噪声信道 　　　　　　D．多径信道

5．简述物理层的功能。

6．简述物理层参考模型。

第 3 章 MAC 层协议

本章目标

- ◆ 理解 MAC 层功能。
- ◆ 掌握 MAC 层帧结构。
- ◆ 理解竞争型 MAC 协议。
- ◆ 掌握 SMAC、TMAC、PMAC 协议。
- ◆ 理解分配型 MAC 协议。
- ◆ 掌握 SMACS、TRAMA、DMAC 协议。
- ◆ 理解混合型 MAC 协议。
- ◆ 掌握 ZMAC 协议。
- ◆ 了解 MAC 层跨层设计。

学习导航

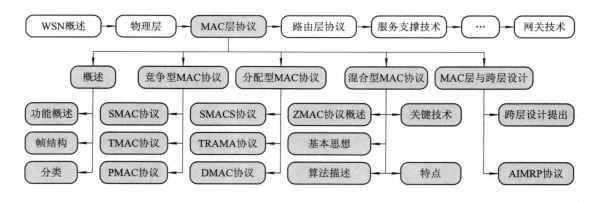

3.1 概述

　　无线传感器网络中信号的传输主要依靠无线信道，介质访问控制(MAC)协议决定无线信道的使用方式。MAC 协议通过传感器节点之间分配和共享有限的无线信道资源，构建起无线传感器网络通信系统的底层基础结构。

3.1.1　功能概述

IEEE802.15.4 标准定义 MAC 子层具有以下几项功能：

◇　采用 CSMA/CA 机制来访问信道。

◇　PAN(Personal Area Network，个域网)的建立和维护。

◇　支持 PAN 网络的关联(加入网络)和解除关联(退出网络)。

◇　协调器产生网络信标帧，普通设备根据信标帧与协调器同步。

◇　处理和维护保证 GTS(Guaranteed Time Slot，同步时隙)。

◇　在两个对等 MAC 实体间提供可靠链路。

MAC 层包括 MAC 层管理实体(MLME)，可以提供调用 MAC 层管理功能的管理服务接口，同时还负责维护 MAC-PAN 信息库(MAC-PIB)。MAC 层参考模型如图 3-1 所示。

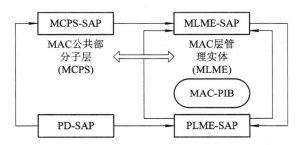

图 3-1　MAC 层参考模型

MAC 层通过 MAC 公共部分子层(MCPS)的数据 SAP(MCPS-SAP)提供 MAC 数据服务；通过 MLME-SAP 提供 MAC 管理服务，这两种服务是通过物理层 PD-SAP 和物理层(PHY)之间的接口来实现的。除了这些外部接口外，MCPS 和 MLME 之间还隐含了一个内部接口，用于 MLME 调用 MAC 管理服务。MAC 子层具体实现如下功能。

1. 支持 CSMA/CA 的工作

CSMA/CA(载波侦听多路访问/冲突检测)机制实际是在发送数据帧之前对信道进行预约，以免造成信道碰撞问题。CSMA/CA 提供两种方式来对无线信道进行共享访问，工作流程分别如下：

◇　送出数据前，监听信道的使用情况，维持一段时间后，再等待一段随机的时间后信道依然空闲，送出数据。由于每个设备采用的随机时间不同，所以可以减少冲突的机会。

◇　送出数据前，先送一段小小的请求传送 RTS 报文给目标端，等待目标端回应 CTS 报文后才开始传送。利用 RTS/CTS 握手程序，确保传送数据时不会碰撞。

2. PAN 的建立和维护

在一个新设备上电的时候，如果设备不是协调器，它将通过扫描发现已有的网络，然后选择一个网络进行关联。如果是一个协调器设备，则扫描已有网络，选择空余的信道与合法的 PANID(Personal Area Network ID)，然后构建一个新网络。当一个设备在通信过程中与其关联的协调器失去同步，也需要通过扫描通知其协调器。为了实现这些功能，802.15.4 标准专门定义了四种扫描：ED 信道扫描(ED SCAN)、主动信道扫描(Active SCAN)、被动信道扫描(Passive SCAN)和孤立信道扫描(Orphan Channel SCAN)。相关原语为 MLME-SCAN.request 和 MLME-SCAN.confirm。请求原语参数为扫描类型、扫描信道和扫描时间，确认原语返回扫描结果。

3. 关联和解除关联

关联即设备加入一个网络，解除关联即设备从这个网络中退出。一般的设备(路由器或者终端节点)在启动完成扫描后，已经得到附近各个网络的参数，下一步就是选择一个合适的网络与协调器进行关联。在关联前，上层需要设置好相关的 PIB 参数(调用 PIB 参数设置原语)，如物理信道的选择、PANID、协调器地址等。

4. 信标帧的同步

在信标帧使用的网络中(详见 3.1.2 节)，一般设备通过协调器信标帧的同步来得知协调器里是否有发送给自己的数据；另一方面，为了减少设备的功耗，设备需要知道信道何时进入不活跃时段，这样设备可以在不活跃时段关闭射频，而在协调器广播信标帧时打开射频。所有这些操作都需要与信标帧精确同步。

3.1.2 帧结构

MAC 帧，即 MAC 协议数据单元(MPDU)，是由一系列字段按照特定的顺序排列而成的。其设计目标是在保持低复杂度的前提下实现在噪声信道上的可靠数据传输。MAC 层帧结构分为一般格式和特定格式。

1. MAC 帧的一般格式

MAC 帧的一般格式，即所有的 MAC 帧都由以下三部分组成：MAC 帧头(MHR)、MAC 有效载荷和 MAC 帧尾，如图 3-2 所示。

字节数：2	1	0/2	0/2/8	0/2	0/2/8	可变长度	2
帧控制	帧序号	目的PAN标识码	目的地址	源PAN标识码	源地址	帧有效载荷	FCS
		地址信息					
MAC帧头(MHR)		MAC有效载荷					MAC帧尾(MFR)

图 3-2　MAC 帧的一般格式

MAC 帧头部分由帧控制字段和帧序号字段组成；MAC 有效载荷部分的长度与帧类型相关，确认帧的有效载荷部分长度为 0；MAC 帧尾是校验序列(FCS)。

1) 帧控制字段

帧控制字段的长度为 16 位，共分为 9 个子域。帧控制字段格式如图 3-3 所示。

0～2	3	4	5	6	7～9	10～11	12～13	14～15
帧类型	安全使能	数据待传	确认请求	网内/网际	预留	目的地址模式	预留	源地址模式

图 3-3　帧控制字段的格式

各子域内容说明如下：

✧　帧类型子域：占 3 位，000 表示信标帧，001 表示数据帧，010 表示确认帧，011 表示 MAC 命令帧，其他取值预留。

✧　安全使能子域：占 1 位，0 表示 MAC 层没有对该帧做加密处理；1 表示该帧使用了 MACPIB 中的密钥进行保护。

✧　数据待传指示：1 表示在当前帧之后，发送设备还有数据要传送给接收设备，接收设备需要再发送数据请求命令来索取数据；0 表示发送数据帧的设备没有更多的数据要传送给接收设备。

✧　确认请求：占 1 位，1 表示接收设备在接收到该数据帧或命令帧后，如果判断其为有效帧就要向发送设备反馈一个确认帧；0 表示接收设备不需要反馈确认帧。

✧　网内/网际子域：占 1 位，表示该数据帧是否在同一 PAN 内传输，如果该指示位为 1 且存在源地址和目的地址，则 MAC 帧中将不包含源 PAN 标识码字段；如果该指示位为 0 且存在源地址和目的地址，则 MAC 帧中将包含 PAN 标识码和目的 PAN 标识码。

✧　目的地址模式子域：占 2 位，00 表示没有目的 PAN 标识码和目的地址，01 预留，10 表示目的地址是 16 位短地址，11 表示目的地址是 64 位扩展地址。如果目的地址模式为 00 且帧类型域指示该帧不是确认帧或信标帧，则源地址模式应非零，暗指该帧是发送给 PAN 协调器的，PAN 协调器的 PAN 标识码与源 PAN 标识码一致。

✧　源地址模式子域：占 2 位，00 表示没有源 PAN 标识码和源地址，01 预留，10 表示源地址是 16 位短地址，11 表示源地址是 64 位扩展地址。如果源地址模式为 00 且帧类型域指示该帧不是确认帧，则目的地址模式应非零，暗指该帧是由与目的 PAN 标识码一致的 PAN 协调器发出的。

2) 帧序号字段

帧序号是 MAC 层为每帧制定的唯一顺序标识码，帧序号字段长度为 8 位。其中信标帧的序号是信标序号(BSN)。数据帧、确认帧或 MAC 命令帧的序号是数据信号(DSN)。

3) 目的 PAN 标识码字段

目的 PAN 标识码字段长度为 16 位，它指定了帧的期望接收设备所在 PAN 的标识。只有帧控制字段中目的地址模式不为 0 时，帧结构中才存在目的 PAN 标识码字段。

4) 目的地址字段

目的地址是帧的期望接收设备的地址。只有帧控制字段中目的地址模式非 00 时，帧结构中才存在目的地址字段。

5) 源 PAN 标识码字段

源 PAN 标识码字段长度为 16 位，它制定了帧发送设备的 PAN 标识码。只有当帧控制字段中源地址模式值不为 0，并且网内/网际指示位等于 0 时，帧结构中才包含有源 PAN 标识字段。一个设备的 PAN 标识码是初始关联到 PAN 时获得的，但是在解决 PAN 标识码冲突时可能会改变。

6) 源地址字段

源地址是帧发送设备的地址。只有帧控制字段中的源地址模式非 00 时，帧结构中才存在源地址字段。

7) 帧有效载荷字段

帧有效载荷字段的长度是可变的，因帧类型的不同而不同。如果帧控制字段中的安全使能位为 1，则有效载荷长度是受到安全机制保护的数据。

8) FCS 字段

FCS 字段是对 MAC 帧头和有效载荷进行计算得到的 16 位 CRC 校验码。

2. MAC 帧特定格式

MAC 帧特定格式包括信标帧、数据帧、确认帧和命令帧。

1) 信标帧

信标帧实现网络中设备的同步工作和休眠，建立 PAN 主协调器。信标帧格式如图 3-4 所示。

字节：2	1	4	2	可变长度	可变长度	可变长度	2
帧控制	序号	地址信息	超帧	GTS	待处理地址	信标帧有效载荷	FCS
MAC帧头(MHR)			MAC有效载荷				MAC帧尾(MFR)

图 3-4 信标帧格式

信标帧包括 MAC 帧头、有效载荷和帧尾。其中帧头由帧控制字段、序号和地址信息字段组成，信标帧中的地址信息只包含源设备的 PANID 和地址。负载数据单元由四部分组成，即超帧、GTS、待处理地址和信标有效载荷。

◇ 超帧：指定发送信标的时间间隔、是否发送信标以及是否允许关联。信标帧中的超帧描述字段规定了这个超帧的持续时间、活跃部分持续时间以及竞争访问时段持续时间等信息。超帧是根据 MAC 协议的需求来定义的，不同的 MAC 协议其超帧结构也不同。

◇ GTS 分配字段：GTS 分配字段长度是 8 位，其中位 0～2 是 GTS 描述计数器子域，位 3～6 预留，位 7 是 GTS 子域。GTS 分配字段将无竞争时段划分为若干个 GTS，并把每个 GTS 具体分配给每个设备。

◇ 待处理地址：列出了与协调者保存的数据相对应的设备地址。一个设备如果发现自己的地址出现在待转发数据目标地址字段里，则意味着协调器存有属于它的数据，所以它就会向协调器发出请求传送数据的 MAC 帧。

◇ 信标帧有效载荷：信标帧载荷数据为上层协议提供数据传输接口。

2) 数据帧

数据帧用于传输上层发到 MAC 子层的数据。数据帧的格式如图 3-5 所示。

字节：2	1	4	可变长度	2
帧控制	序号	地址信息	数据帧负载	FCS
MAC帧头(MHR)			MAC负载	MAC帧尾(MFR)

图 3-5 数据帧的格式

它的负载字段包含了上层需要传送的数据。数据负载传送至 MAC 子层时，被称为 MAC 服务数据单元。它的首尾被分别附加了 MHR 头信息和 MFR 尾信息。

3) 确认帧

确认帧的格式如图 3-6 所示,由帧头(MHR)和帧尾(MFR)组成。其中,确认帧的序列号应该与被确认帧的序列号相同,并且负载长度为 0。

字节:2	1	2
帧控制	序号	FCS
MAC帧头(MHR)		MAC帧尾(MFR)

图 3-6 确认帧的格式

4) 命令帧

命令帧用于组建 PAN 网络,并传输同步数据,命令帧的格式如图 3-7 所示。其中,命令帧标识字段指示所使用的 MAC 命令,其取值范围为 0x01～0x09。

字节:2	1	4	1	可变长度	2
帧控制	序号	地址信息	命令帧标识	命令有效载荷	FCS
MAC帧头(MHR)			MAC负载		MAC帧尾(MFR)

图 3-7 命令帧的格式

◇ MAC 命令帧的帧头部分包括帧控制字段、帧序号字段和地址信息字段。

◇ 命令帧标识字段指示所使用的 MAC 命令,标识的命令名称如表 3-1 所示。

表 3-1 命令帧的标识及其对应的命令名称

命令帧标识	命令名称
0x01	关联请求
0x02	关联响应
0x03	解关联通知
0x04	数据请求
0x05	PANID 冲突通知
0x06	孤立通知
0x07	信标请求
0x08	协调器重排列
0x09	GTS 请求
0x0A～0xFF	预留

3.1.3 分类

目前无线传感器网络研究领域出现大量关于 MAC 协议的研究成果。从不同的角度,MAC 协议的分类有多种方法:

◇ 根据 MAC 使用信道数目可分为基于单信道、基于双信道和基于多信道。

◇ 根据 MAC 协议分配信道的方式可以分为竞争型、分配型和混合型。

◇ 根据网络类型是同步网络或异步网络可以将 MAC 协议分为同步和异步。

本书采用根据 MAC 协议分配信道的方式来进行分类，分别介绍竞争型、分配型及混合型 MAC 协议。对每一种类型具有代表性的 MAC 协议将详细讲解其基本思想、关键技术和核心算法。

3.2　竞争型 MAC 协议

竞争型 MAC 协议中，一般所有节点共享一个信道。基于竞争型 MAC 协议的基本思想是：当无线节点需要发送数据时，主动抢占无线信道，当在其通信范围内的其他无线节点需要发送数据时，也会发起对无线信道的抢占，这就需要相应的机制来保证任一时刻在通信区域内只有一个无线节点获得信道的使用权。基于竞争的 MAC 协议具有以下优点：

◇ 可根据需要分配信道，所以这种协议能较好地满足节点数量和网络负载的变化。

◇ 能较好地适应网络拓扑的变化。

◇ 不需要复杂的时间同步或控制调度算法。

比较有代表性的竞争型 MAC 协议有 SMAC 协议、TMAC 协议和 PMAC 协议。

3.2.1　SMAC 协议

SMAC(Sensor MAC)协议是较早提出的一种基于竞争的无线传感器网络 MAC 协议。该协议继承了 802.11MAC 协议的基本思想，并在此基础上加以改进，以无线传感器网络的能量效率为设计目标，较好地解决了能量问题，同时兼顾网络的可扩展性。

1. 基本思想

对于如何减小无线传感器网络节点的能量消耗，不少 MAC 协议提出了相应的解决办法。其中最基本的思想就是：当节点不需要发送数据时，尽可能地让它处于功耗较低的睡眠状态。SMAC 协议提出了"适合于多跳无线传感器网络的竞争型 MAC 协议的节能方法"，其节能方法如下：

◇ 采用周期性睡眠和监听方法可减少空闲监听带来的能量消耗。对周期性睡眠和监听的调度进行同步。同步节点采用相同的调度形成虚拟簇，可同时进行周期性睡眠和监听，因而适用于多跳网络。

◇ 当节点正在发送数据时，根据数据帧特殊字段让每个与此通信无关的邻居节点进入睡眠状态，以减少串扰带来的能量消耗。

◇ 采用消息传递机制，减少控制数据带来的能量损耗。

2. 关键技术

1) 周期性监听与睡眠

SMAC 协议中，节点协同进行周期性监听和睡眠的状态切换，确保节点能同步进行监听和睡眠调度，而不是各个节点各自发行随机的睡眠和监听，周期性监听和睡眠的时间之和为一个调度周期。节点之间协同进行周期性监听和睡眠调度、保持同步监听和睡眠的基本原理是：每个传感器节点开始工作时，需要先选择一种调度方式。调度方式是指节点进行监听和睡眠的时间表，如图 3-8 所示。

图 3-8　周期性监听和睡眠时间表

节点根据此时间表进行周期性监听和睡眠调度，其步骤如下：

⋄ 节点首先监听一个固定的时间段，其长度至少是一个调度周期。如果在该时间段内节点没有收到邻居节点发来用于同步的 SYNC 数据包(即同步数据包)，节点马上就选择一个本地默认的调度方式。同时，节点将自己的调度方式以 AYNC 数据包的形式进行广播，SYNC 数据包的发送采用 CSMA/CA 机制。

⋄ 节点在开始监听的固定时间段内接收到邻居发来的 SYNC 数据包，节点存储该调度方式信息，并采用此调度方式进行周期性监听和睡眠，在以后的调度周期中也将广播自己采用的调度方式。

⋄ 节点在开始周期性调度后接收不到不同的调度方式的 SYNC 数据包，有两种情形：如果节点只有一个邻居节点，那么节点放弃自己当前的调度方式，即保持更大长度的监听时间；如果节点还有其他邻居节点，那么节点将融合这两种调度方式，即保持更大长度的监听时间。

调度方式相同的节点组成虚拟簇，融合有两种调度方式的节点位于簇与簇的交界处，是簇的边界节点，边界节点记录两个或者多个调度。在部署区域广阔的传感器网络中，能够形成众多不同的虚拟簇，可使得 SMAC 协议具有良好的扩展性。为了适应新加入的节点，每个节点都要定期广播自己的调度，使新节点可以与已经存在的相邻节点保持同步。如果一个节点同时收到两种不同的调度，即处于两个不同调度区域重合部分的节点，那么这个节点可以选择先收到其中的一个调度，并记录另一个调度信息。SMAC 协议虚拟簇如图 3-9 所示。

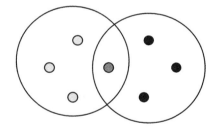

图 3-9　SMAC 协议虚拟簇

2) 自适应监听

传感器网络往往采用多跳信道，而节点的周期性睡眠会导致通信延迟的累加，为了减少通信延迟的累加效应，SMAC 采用了一种流量自适应监听机制。其基本思想是在一次通信过程中，通信节点的邻居节点在此次通信结束后唤醒并保持监听一段时间。如果节点在这段时间接收到 RTS 帧，则可以立即接收数据，而不需要等到下一个监听周期，从而减少了数据传输的延迟。

3) 串扰避免

为了减少碰撞和避免串音，SMAC 协议采用 RTS/CTS 的通告机制。在 RTS/CTS 帧中都带有目的地址和本次通信的持续时间信息，接收到该帧后，如果发现目的地址不是本地地址，节点马上进入睡眠状态，并将此次通信的持续时间存储到本地网络分配向量(Network Allocation Vector，NAV)中，NAV 会随着本地时钟的运行递减。在 NAV 值非零期间，节点都处于睡眠转态，这就很大程度避免了串扰数据包的接收。

4) 消息传递

在发送比较长的消息时，由于几个比特错误造成重传，则会造成较大的延时和能量损耗。但如果简单地将长包分段，又会由于 RTS/CTS 的使用形成过多的控制开销，SMAC 提出了"消息传递"机制：将长的信息分成若干个 DATA，每段 DATA 都有一个 ACK，并将它们一次传递，但是只使用一个 RTS/CTS 控制。在该机制中，节点为整个传输预留信道，当一个分段没有收到 ACK 响应时，节点便自动将信道预留向后延长一个分段传输时间，并重传该分段，整个传输过程中的 DATA 和 ACK 都带有通信剩余时间信息，邻居节点可以根据此时间信息避免串扰。

3.2.2　TMAC 协议

TMAC(Timeout MAC)协议是在 SMAC 协议的基础上提出的。无线传感器网络 MAC 协议最重要的设计目标就是减少能量的消耗，在空闲监听、碰撞和串音等浪费能量的因素中，空闲监听的能量占绝对大的比例，特别是在消息传输频率较低的情况下。TMAC 协议与 SMAC 协议相比解决了空闲监听所带来的能量消耗。

1. 基本思想

SMAC 协议通过采用周期性监听/睡眠工作方式来减少空闲监听，周期长度是固定不变的，节点监听活动时间也是固定的；而 TMAC 协议在周期长度不变的基础上，根据通信流量动态地调整活动时间，用突发的方式发送消息，减少空闲监听时间。SMAC 和 TMAC 协议机制对比如图 3-10 所示。

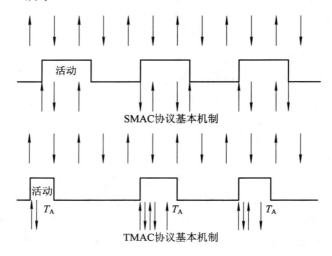

图 3-10　SMAC 和 TMAC 协议机制对比

图 3-10 中，向上的箭头表示发送消息，向下的箭头表示接收消息。上面部分的消息流表示节点一直处于监听方式下的消息收发序列，T_A 表示监听时间。下面部分的消息流表示采用 SMAC 协议或者 TMAC 协议时的收发序列。从图中可以看出，TMAC 协议采用突发传输，比 SMAC 协议减少了空闲监听的时间，从而减少了功耗。

TMAC 协议中每个节点都周期性地唤醒，进入活跃状态，和邻居节点进行通信，然后进入睡眠状态，直到下一周期的开始。节点之间进行单播通信，使用 RTS/CTS/DATA/ACK

交互的方法，以确保避免冲突和可靠传输。

在活跃状态下，节点可能保持监听，也可能发送数据。当在一个时间段 T_A 内没有发生激活事件时，活跃状态结束，节点进入睡眠状态。节点激活时间是下列情况之一：

　　✧　周期时间定时器溢出。

　　✧　物理层从无线信道接收到数据包。

　　✧　通过接收信号强度(RSSI)指示物理层当前无线信道的使用情况。

　　✧　节点 DATA 帧或 ACK 帧发送完成。

　　✧　通过监听 RTS/CTS 帧，确认邻居的数据交换已经结束。

2. 关键技术

1) 周期性监听同步

在 TMAC 协议中，每个节点进行周期性监听时，也需要同 SMAC 协议一样通过调度的方式进行同步，TAMC 协议采用了与 SMAC 协议相同的机制，通过周期性发送同步帧来保持节点之间的同步，具体过程如下：

　　✧　节点上电启动后，首先进行一段时间的监听，如果该时间段内节点没有接收到同步帧，则节点选择一个默认的调度方式，并通过同步帧广播该调度方式。

　　✧　TMAC 协议中的同步帧包含发送节点地址信息和下一次进入活跃状态需要等待的时间信息。

　　✧　如果该时间段内节点接收到同步帧，则节点采用该调度方式，设置下一次进入活跃状态的时间为同步帧中的时间值减去接收到同步帧需要的时间值。

　　✧　如果节点接收到不同的调度方式，则节点融合两种调度方式，在最短的时间内进入监听状态。

为了保证网络的可扩展性，同 SMAC 协议一样，节点在进行周期性调度的过程中，必须保证经过一定次数的调度后，节点在一个调度周期内始终保持在监听状态，确保节点可以发现调度方式不同的邻居节点。

2) RTS 操作和 T_A 的选择

当节点发送 RTS 帧后，如果没有接收到相应的 CTS 帧，可能有以下三种情况：

　　✧　接收节点处发生碰撞，没能正确接收 RTS 帧。

　　✧　接收节点在此之前已经接收到串扰数据。

　　✧　接收节点处于睡眠状态。

如果发送节点没有在监听时间 T_A 内接收到 CTS 帧，节点会进入睡眠状态，如果是前两种情况下导致发送节点没有收到 CTS 帧，那么它将进入睡眠状态，但是它的接收节点还处于监听状态，发送节点此时进行睡眠会增加睡眠的延迟。因此节点在第一次发送 RTS 未能建立连接后，应该再重复发送一次 RTS。如果仍然没有接收到 CTS 帧，则转入睡眠状态。

TMAC 协议中，当邻居节点还处于通信状态时，节点不应该进行睡眠，因为节点可能是接下来数据的接收者。节点发现串扰的 RTS 或 CTS 都能够触发一个新的监听间隔 T_A。为了确保节点能够发现邻居节点的串扰，T_A 的取值必须保证节点能够发现串扰的 CTS，所以 TMAC 协议规定 T_A 的取值范围如下：

$$T_A > C + R + T \tag{3-1}$$

式中，C 为信道竞争的时间，R 为发送 RTS 所需要的时间，T 为 RTS 发送结束到开始发送 CTS 的时间，所以 T_A 的取值范围如图 3-11 所示。

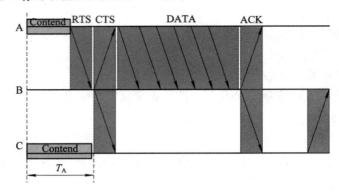

图 3-11　TMAC 协议的基本数据交换

节点 A 向节点 B 发送数据，首先节点 A 向节点 B 发送 RTS，然后节点 B 向节点 A 和节点 C 发送 CTS 帧，节点 A 收到 CTS 帧后开始向节点 B 发送数据。由于节点 C 收到节点 B 发送的 CTS，节点 C 会触发一个新的监听时间 T_A。

3. 早睡问题及解决方法

在采用周期性调度的 MAC 协议中，如果一个节点在邻居节点准备向其发送数据时进入了睡眠状态，这种现象称为"早睡"，如图 3-12 所示。

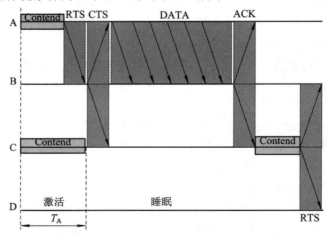

图 3-12　早睡问题

数据的传输方向为 A—B—C—D，节点 A 通过竞争的方式获得了与节点 B 通信的机会，节点 A 向节点 B 发送数据，首先节点 A 向节点 B 发送 RTS，然后节点 B 向节点 A 和节点 C 发送 CTS 帧，当 C 收到节点 B 发送的 CTS 时，会触发一个新的监听时间段 T_A，使节点 C 保持监听状态。而节点 D 没有发现节点 A 和节点 B 之间的通信，由于无法触发新的 T_A，节点 D 会进行睡眠。但节点 A 和节点 B 之间的通信结束后，节点 C 获得信道，但由于节点 D 此时已经睡眠，所以必须等到节点 D 在下一次调度唤醒时才能进行 RTS/CTS 交互。

为了解决早睡问题，TMAC 协议提出了相应的解决方法：未来请求发送(Future Request-To-Send，FRTS)，如图 3-13 所示。

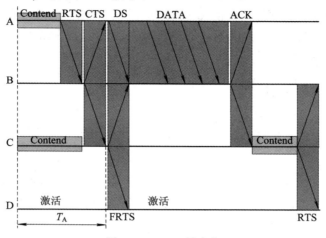

图 3-13　FRTS 帧交换

当节点 C 收到节点 B 发送的 CTS 后，立即向节点 D 发送一个 FRTS 帧，FRTS 帧包含节点 D 接收数据前需要等待的时间长度，节点 D 在此时间内必须保持在监听状态。此外，由于节点 C 发送的 FRTS 可以干扰节点 A 和 B 之间的通信，所以节点 A 需要将发送的数据延迟相应的时间，节点 A 在接收到 CTS 帧之后发送一个和 FRTS 长度相同的 DS 帧，该帧不包含有用的信息，只为了保持节点 A 和 B 对信道的占用。节点 A 在发送完 DS 帧之后立即向节点 B 发送数据信息。由于采用了 FRTS 机制，T_A 需要增加一个 CTS 时间。FRTS 方法可以提高吞吐量，减少延迟，但是增加了控制开销，会降低 TMAC 协议的能量效率。

TMAC 协议较好地解决了空闲监听带来的能量损耗问题，基于 SMAC 协议的基本思想，通过采用自适应调度方法，TMAC 协议能较好地适应网络流量的变化。对于自适应调度方法带来的早睡问题，给出的解决方法都有其局限性。

3.2.3　PMAC 协议

SMAC 协议和 TMAC 协议都在提高能量效率方面具有较好的性能，由于采用了占空比适应调整的调度方式，TMAC 协议在经常变化的网络中有更高的能量效率。但是 TMAC 协议引入了"早睡"问题，在延迟和带宽利用方面性能不好。PMAC(Pattern-MAC)协议可以根据节点自身的数据流量和其邻居节点的流量模式自适应地调整周期性调度方式的占空比，从而提高能量效率。其基本思想如下：

在网络数据流量很小的情况下，节点最主要的能量损耗是空闲监听，采用周期性调度方式的 MAC 协议都采取措施尽可能地减少这种能量损耗。PMAC 协议引入了模式信息，即一种包含"睡眠-唤醒"信息的二进制串，节点能够通过模式信息提前获知邻居节点的下一步活动。基于这些模式信息，网络中没有数据传输时，节点能够在几个预知的调度周期内减少监听时间，而当邻居节点将要发生通信时，则进入监听状态，从而减少节点的空闲监听带来的能量损耗。

带有"睡眠-唤醒"信息的模式信息由一个二进制位串组成。位串中的每一位都表示在一个固定的时间段内节点应处于何种状态：1 为监听状态，0 为睡眠状态。在 PMAC 协议中，节点的监听和睡眠调度都根据模式信息来进行，节点根据自身的活动生成本地模式信息，调度时还需要结合邻居节点的模式信息。图 3-14 所示为 SMAC、TMAC 和 PMAC 协议空闲监听周期长度的比较。

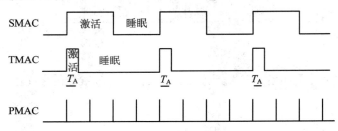

图 3-14 SMAC、TMAC 和 PMAC 空闲监听周期长度的比较

由于 PMAC 协议采用"睡眠-唤醒"信息模式对信道进行监听，节点的睡眠时间比 SMAC 和 TMAC 协议的睡眠时间短，因而有效地提高了能量效率。

SMAC 和 TMAC 协议在网络数据量较小的情况下适用，当网络数据流量较大时，PMAC 协议具有更小的时延，可提高系统的吞吐量。

3.3 分配型 MAC 协议

在竞争型 MAC 协议中，随着网络通信流量的增加，控制包和数据包发生冲突的可能性都会增加，降低了网络的带宽利用率，同时数据信息的重传也会降低能量效率。分配型 MAC 协议通常采用 TDMA(时分多址)、CDMA(码分多址)、FDMA(频分多址)等技术将一个物理信道分为多个子信道，并将子信道静态或动态地分配给需要通信的节点，避免冲突。基于分配式的无线传感器网络 MAC 协议具有如下优点：

◇ 无冲突。
◇ 无隐蔽终端问题。
◇ 易于休眠，适合于低功耗网络。

目前提出的基于分配的 MAC 协议较多，以下对比较有代表性的 SMACS、TRAMA、DMAC 协议进行介绍。

3.3.1 SMACS 协议

SMACS(Self-organizing Medium Access Control for Sensor Networks)协议是一种分配型 MAC 协议，是结合 TDMA 和 FDMA 的基于固定信道分配的 MAC 协议，可以完成网络的建立和通信链路的组织分配。

1. 基本思想

SMACS 协议的基本思想是为每一对邻居节点分配一个特有频率进行数据传输，不同节点之间的频率互不干扰，从而避免节点同时传输数据之间产生的碰撞。

SMACS 协议假设传感器节点静止,当节点启动时通过共享信道广播一个"邀请"消息,通知邻居节点与其建立连接,接收到"邀请"消息的邻居节点与发出"邀请"消息的节点互换信息,协商两者之间的通信频率和时槽。如果节点收到多个邻居节点对其"邀请"消息的应答,则选择最先应答的邻居节点建立无线链路。为了与更多邻居节点建立链路,节点需要定时地发送"邀请"消息。

2. 关键技术

SMACS 协议节点链路建立主要用于静止节点之间的无线链路。图 3-15 显示了 AD、BC 节点之间的无线链路的建立过程。

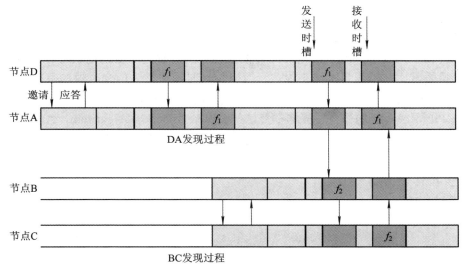

图 3-15　节点建立过程

首先,节点 D 向邻居节点广播"邀请"消息,收到消息的节点 A 发送应答消息,节点 A 和节点 D 协商两者之间的一对专用通信时槽和专用通信频率 f_1。节点 B 和节点 C 之间也通过协商建立专用通信时槽和通信频率 f_2。节点 A、D 之间的通信时槽和节点 B、C 之间的通信时槽虽然有重叠,但是由于双方适用的频率不同,因此不会相互干扰。通过同样的过程,经过一段时间之后,节点 A 与 B、节点 C 与 D 之间也分别通过协商分配相应的通信时槽和不同的通信频率,从而建立相应的底层链路。

3. 特点

SMACS 协议是一种 TDMA 和 FDMA 结合的信道分配机制,该协议可以建立一种平面结构网络。通过为每对时隙分配随机的载波频率,SMACS 减少了全局时间同步,也减少了复杂性。

3.3.2　TRAMA 协议

TRAMA(Traffic Adaptive Medium Access,流量自适应介质访问)协议是较早提出的基于分配的无线传感器网络的 MAC 协议,该协议引入了睡眠机制。它的信道分配机制不仅能够保证能量效率,而且对于带宽利用率、延迟和公平性也有很好的支持。

1. 基本思想

TRAMA 协议将一个物理信道分成多个时隙，通过对这些时隙的复用为数据和控制信息提供信道。图 3-16 所示为协议信道的时隙分配情况。

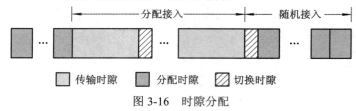

图 3-16　时隙分配

每个时间帧分为随机接入和分配接入两部分，随机接入时隙也称为信令时隙，分配时隙也称为传输时隙。由于无线传感器网络传输速率普遍比较低，所以对于时隙的划分以毫秒为单位。传输时隙的长度是固定的，可根据物理信道带宽和数据包长度计算得出。由于控制信息量通常比数据信息量要小很多，所以传输时隙通常为信令时隙的整数倍。

TRAMA 协议由三部分组成：邻居协议(Neighbor Protocol，NP)、分配交换协议(Schedule Exchange Protocol，SEP)和自适应选举算法(Adaptive Election Algorithm，AEA)。其中 NP 协议和 SEP 协议允许节点交换两跳内的邻居信息和分配信息。AEA 利用邻居和分配信息选择当前时隙的发送者和接收者，让其他与此无关的节点进入睡眠状态以节省能量。以下详细介绍 NP 协议和 SEP 协议。

2. 关键技术

1) NP 协议

无线传感器网络中，由于节点失效或者新节点加入等现象的存在，网络拓扑发生动态变化，TRAMA 协议需要适应这种变化。

TRAMA 协议中，节点启动后处于"随机接入时隙"，在此时隙内节点为接收状态，可以选择一个随机时隙发送信令。"随机接入时隙"的长度选择可根据应用来决定。如果网络移动性不强，拓扑相对比较稳定，则时隙较短；否则就需要适当延长该时隙长度。但该时隙的延长会增加空闲监听的能量损耗，降低网络的能量效率。节点之间时钟同步信息也是在随机接入时隙中发送的。

由于在随机接入时隙中各个节点都可以选择随机接入时隙进行发送，控制信息有可能发生碰撞而丢失，为了减少碰撞，对随机接入时隙的长度和控制信息的重传次数都要进行相应的设置。

通过在随机接入时隙中交换控制信息，NP 协议实现了邻居信息的交互。图 3-17 所示为控制信息帧的帧头格式。

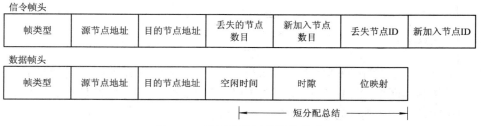

图 3-17　控制信息帧的帧头格式

控制信息帧的帧头包括信令帧头和数据帧头两部分。信令帧头中携带了"增加邻居"的更新，如果没有更新，信令帧头将作为通知邻居节点自己存在的信标。每个节点发送自己下一跳邻居的增加更新，可以用来保持邻居之间的连通性。如果一个节点在一段时间内没有再收到某个邻居的信标，则该邻居失效。

由于节点知道下一跳邻居和这些邻居的下一跳邻居信息，所以网络中每个节点都能交换两跳邻居信息。

2) SEP 分配交换协议

分配交换协议用于建立和维护发送者和接收者选择时所需要的分配信息。首先每个节点要生成分配信息，然后通过分配信息的广播实现分配信息的交换和维护。

分配信息生成的过程如下：

✧ 节点根据高层应用产生数据的速率计算出一个分配间隔 T，该间隔代表了节点能够广播分配信息给邻居的时隙个数。

✧ 节点计算在两跳邻居范围内具有最高优先级的时隙数，由于这些时隙中的节点可能被选为发送者，节点需要通知这些时隙中数据的接收者。

✧ 如果节点没有待发数据，也需要通知邻居节点它将放弃相关时隙，其他需要发送数据的节点可以使用这些空闲时隙。

3. 协议的特点

TRAMA 协议是一种分配型 MAC 协议，节点通过 NP 协议获得邻居信息，通过 SEP 协议建立和维护分配信息，通过 AEA 算法分配时隙给发送节点和接收节点。

TRAMA 协议在冲突避免、延时、带宽利用率等方面都具有较好的性能，但协议需要较大的存储空间来存储多跳邻居信息和分配信息。

3.3.3　DMAC 协议

SMAC 协议和 TMAC 协议一样，采用周期性的活动、睡眠策略来减少能量消耗，但会出现数据在转发过程中"走走停停"的数据通信停顿问题。例如，通信模块处于睡眠状态的节点，如果检测到事件就必须等到通信模块转换到活动周期才能发送数据；中间节点要转发数据时，下一跳节点可能处于睡眠状态，此时也必须等待它转换到活动周期。这种节点睡眠带来的延迟会随着路径上跳数的增加而成比例增加。

传感器网络中一种重要的通信模式是多个传感器节点向一个汇聚节点发送数据。所有传感器节点转发收到的数据，形成一个以汇聚节点为根节点的树型网络结构，称为"数据采集树"。这种数据采集树结构可以减少节点睡眠所带来的数据延迟和能量消耗。DMAC 协议就是针对这种"数据采集树"结构提出的，目标是减少网络的能量消耗和减少数据的传输延迟。

1. 基本思想

DMAC 协议的核心思想是采用交错调度机制。图 3-18 所示为 DMAC 协议的交错调度机制示意图。

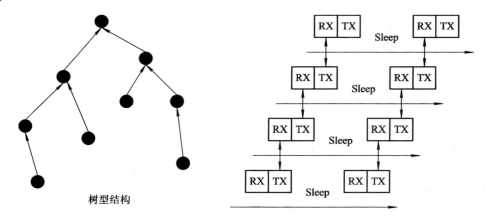

图 3-18　DMAC 协议的交错调度机制

该机制将节点周期划分为接收时间、发送时间和睡眠时间。其中接收时间和发送时间相等，均为一个数据分组的时间。每个节点的调度具有不同的偏移，下层节点的发送时间对应上层节点的接收时间。这样，数据能够连续地从数据源节点传送到汇聚节点，减少在网络中的传输延迟。

DMAC 协议采用 ACK 应答机制，发送节点如果没有收到 ACK 应答，要在下一个发送时间重发，接收节点正确接收到数据后，立刻发送 ACK。为了减少发送数据的冲突，每个节点在发送数据之前先退避一个固定时间(Backoff Period，BP)，在冲突窗口(Content Window，CW)内随机选择发送等待时间。接收到数据的节点在等待一个短周期(Short Period，SP)后回复一个 ACK 应答。发送周期和接收周期的长度用 u 表示：

$$u = BP+CW+DATA+SP+ACK \tag{3-2}$$

式中，DATA 为数据包的传输时间，ACK 为 ACK 帧的传输时间。

DMAC 协议的具体实现是通过自适应占空比机制和数据预测机制来实现的。以下详细介绍自适应占空比机制和数据预测机制。

2. 关键技术

1) 自适应占空比机制

DMAC 协议中，如果节点在一个发送周期内有多个数据包要发送，就需要该节点和树状路径上的上层节点一起加大发送周期占空比。DMAC 协议引入了一种新的机制：自适应占空比机制，使占空比能自适应调整。

该机制通过在 MAC 层数据帧的帧头加入一个标记(More Data Flag)，设置为 1 表示发送节点还有数据需要发送；在 ACK 分组头中增加同样的标志位，设置为 1 表示接收节点准备好继续接收数据。当收到下一跳节点发来标志设置为 1 的数据分组时，节点设置它的数据分组中的标志为 1。

根据自适应占空比机制的规则，节点决定增加活动周期的条件是：节点发送了标志设置为 1 的数据分组，或者收到了标志设置为 1 的 ACK 分组。

自适应占空比机制的优点是，数据在传输路径上逐跳进行预约，从而能够提高网络的数据传输效率。

2) 数据预测机制

在数据采集树中，越靠近上层的节点，汇聚的数据越多，所以对数据的底层节点适合的占空比不一定适合中间节点。比如节点 A 和节点 B 有共同的父节点 C，节点 A 和节点 B 在每个发送周期都只有一个数据包要发送。如果节点 A 通过竞争获得了信道，就向节点 C 发送数据，节点 C 在接收到数据后向节点 A 发送一个 ACK，随后进入睡眠状态，这样就给节点 B 的数据带来了睡眠延迟。

DMAC 协议引入了数据预测机制来解决此问题。如果一个节点在接收状态下接收到一个数据包，该节点预测子节点仍有数据等待发送。在发送周期结束后再等待 $3u$ 个周期之后，节点重新切换到接收状态。所有接收到该数据包的节点都执行这样一个操作，增加一个接收周期，在这个增加的接收周期中，节点如果没有接收到数据则直接转入睡眠状态，不会进入发送周期。如果接收到数据，那么在 $3u$ 个周期之后再增加一个接收周期。在节点发送周期内，如果节点竞争信道失败，会接收到父节点发给其他节点的 ACK，那么节点就知道父节点在 $3u$ 个周期后会增加一个接收周期，所以节点在睡眠 $3u$ 个周期之后进入发送状态，在这个增加的发送周期内向父节点发送数据。

3. 特点

DMAC 协议具有如下特点：

◇　DMAC 协议是一种针对树状数据采集网络提出的能量高效、低延迟的 MAC 协议。

◇　DMAC 协议根据节点在数据采集树上的深度为节点分配交错的活动/睡眠周期，在占空比方式下避免了数据多跳传输中的睡眠延迟。

◇　通过引入自适应占空比机制，DMAC 协议能根据网络数据流量动态地调整占空比。

3.4　混合型 MAC 协议

竞争型 MAC 协议能很好地适应网络规模和网络数据流量的变化，能灵活地适应网络拓扑的变化，无需精确的时钟同步机制，比较容易实现；但是由于冲突重传、空闲监听、串扰等引起能量损耗，存在能量效率不高的缺点。分配型 MAC 协议将信道资源按时隙、码型或频段分为多个子信道，各子信道之间无冲突，互不干扰。数据包在传输过程中不存在冲突重传，所以能量效率较高。但是分配型 MAC 协议节点在网络中形成簇，不能灵活地适应网络拓扑结构变化。因此，研究人员提出了混合型 MAC 协议。本节介绍比较有代表性的混合型 MAC 协议：ZMAC 协议。

3.4.1　ZMAC 协议概述

ZMAC 协议是一种混合型 MAC 协议，此协议对竞争方式和分配方式进行了组合。采用 CSMA 机制作为基本方法，在竞争加剧时使用 TDMA 机制来解决信道冲突问题。

3.4.2　基本思想

ZMAC 引入了时间帧的概念，每个时间帧又分为若干个时隙。在 ZMAC 中，网络部署时每个节点都执行时隙分配的 DRAND 算法。时隙分配结束后，每个节点都会在时间帧中拥有一个时隙。分配时隙的节点称为该时隙的所有者，时隙所有者在对应的时隙中发送数据的优先级更高。

在 ZMAC 协议中，节点可以选择在任何时隙发送数据。节点在某个时隙发送数据需要先监听信道状态，但是该时隙的所有者拥有更高的发送优先级。发送优先级的设置通过设定退避时间窗口的大小来实现。时隙的所有者被赋予一个较小的时间窗口，所以能够抢占信道。通过这种机制，时隙在被所有者闲置时还能被其他节点所使用，从而提高信道利用率。

3.4.3 算法描述

DRAND 算法适用于节点静止的无线传感器网络，是一种分布式时隙分配算法。按照 DRAND 算法进行时隙分配后，各节点可以在自己的时隙中进行无干扰通信。该算法具有以下优点：

◇　在全网范围内无需精确的时间同步。

◇　良好的可扩展性，即局部拓扑变化只影响两跳范围内节点时隙的重新分配，对全网没有影响。

◇　与分簇协议的时隙分配机制相比，不存在簇间干扰。

3.4.4 关键技术

在网络部署阶段，节点启动后 ZMAC 协议将顺序执行以下步骤：邻居发现、时隙分配、本地时间帧交换、全局时间同步。网络运行过程中，除非网络拓扑结构发生重大变化，否则节点不会重复以上步骤，避免能量浪费。

1. 邻居节点发现和时隙分配

当一个节点启动后，就会开始一个邻居节点的发现过程，周期性发送一段消息，这段消息包含节点发现的所有一跳范围内的节点，可以在一定范围内随机发送。通过这个过程，每个节点可以获得自己两跳范围内所有节点的信息，作为时隙分配算法的输入参数。

时隙分配算法采用 DRAND 算法，可以确保不会分配相同的时隙给两跳范围内的节点，从而使节点在给一跳邻居节点传送数据的时候不会被两跳邻居节点干扰。此外，DRAND 算法分配给节点的时隙号不会超过两跳范围内的节点数目。当有新节点加入时，DRAND 算法可以在不改变当前网络节点时隙调度的情况下，实现本地时隙分配的更新。

2. 本地时间帧交换

每个节点在分配了时隙以后需要定位时间帧，常规方法是所有网络节点都保持同步，并且所有节点对应的时间帧都相同，也就是有同样的开始和结束时刻。这种方法需要在整个网络中广播的时间帧为最大时隙数量，所有节点都使用同一长度的时间帧，这不满足局部时隙改变的自适应性。当网络有新节点加入时，导致最大时隙数量变化，这时需要在全网中重新广播这个消息，这会带来很大的开销。

ZMAC 协议使用一种新的调度方法，这种方法采用一种局部的策略，每个节点维持一个本地的时间帧长度，该时间帧和它的两跳范围内的节点数相适应。即假设某个节点 i 的两跳范围内的节点数为 F_i，分配给 i 的时隙为 S_i，那么可以保证节点 i 两跳范围内的任何节点都不会使用 S_i。

ZMAC 使用局部时间帧，需要保证所有节点开始的第一个时隙是在相同的时刻。如果节点时钟同步，通过设定一个精确的时间作为每个节点的时隙是比较容易实现的。新节点如果能够保证和网络的全局时钟同步，也可以较容易地实现时隙同步。为了达到全局时钟同步，MAC 需要在网络启动的初期运行时钟同步算法。

3. 传输控制

在网络的初始化阶段完成之后，每个节点都同步到了一个全局的时钟，并且都拥有了自己的时间帧和时隙，可以对外服务。在 ZMAC 协议下，每个节点可以工作在低冲突级别和高冲突级别两种模式下。

◇　在低冲突级别工作方式下，任何节点可以在任何时隙竞争信道。

◇　在高冲突级别工作方式下，只有拥有该时隙的节点，以及它的一跳邻居节点可以竞争信道。

不管在哪种工作方式下，拥有该时隙的节点都有最高的优先级。当拥有该时隙节点没有数据传送的时候，其他节点可以窃取这个时隙使用。ZMAC 协议使用以下三种机制来实现低冲突级别和高冲突级别：

◇　退避：当节点 i 有数据要传送的时候，它首先检查自己是否是现在时隙的拥有者，如果是的话，它就选择一个在退避窗口时间 $[0, T_0]$ 之间的随机数作为退避时间。

◇　信道空闲评估：当退避时间到达后，它启用 CCA 来检查信道是否空闲，如果空闲，那么它就发送数据，否则它就等待，直到信道空闲，然后重复上面的过程。

◇　低功耗监听：如果节点 i 不是现在时隙的拥有者，并且它处于低冲突级别状态，但是当前的时隙没有被其两跳邻居范围内的节点占用。在这种情况下，节点首先等待一段时间 T_0，然后在 $[0, nT_0]$ 的退避窗口中选择一个随机的退避时间。当退避时间到达后，采用和前面一样的方法处理。当节点 i 处于高冲突级别状态时，节点会一直等待，直到遇到一个时隙，这个时隙直接被节点 i 拥有，节点 i 的两跳邻居节点中任何节点都不会使用此时隙。

4. 局部同步

由于使用了载波监听和拥塞退避机制，在发生时钟错位的情况下，ZMAC 协议比 TDMA 协议有更强的生命力，具体表现为以下三种情况：

◇　在完全失去时钟同步的情况下，ZMAC 协议退化为 CSMA 协议。

◇　在低冲突级别情况下，ZMAC 协议可以不需要时钟同步，此时协议的性能和 CSMA 相仿。

◇　在高冲突级别的情况下，ZMAC 协议需要在时间同步的基础上实现高冲突级别。

不管哪种情况，ZMAC 协议只需要维护临近的发送节点的时间信息，是一种局部同步。同步的方式还是采用在发送的时间同步包中加入发送节点的时间信息。ZMAC 协议中，每个发送数据包的节点会使用一部分的带宽资源来发送时间同步包，每个发送数据的节点都要周期性地发送时间同步包。为了保持局部同步，必须在一定的时间间隔内至少发送一个时间同步包。

3.4.5　特点

ZMAC 协议具有以下特点：

◇　ZMAC 协议是一种混合型 MAC 协议，可以根据网络中的信道竞争情况来动态调整 MAC 协议所采用的机制，在 CSMA 和 TDMA 机制间进行切换。

◇　在网络数据量较小时，竞争者较少，协议工作在 CSMA 机制下；在网络数据量较大时，竞争者较多，ZMAC 协议工作在 TDMA 机制下，使用拓扑信息和时钟信息来改善协议性能。

◇　ZMAC 协议结合了竞争型 MAC 协议和分配型 MAC 协议的特点，能很好地适应网络拓扑的变化并提供均衡的网络性能。

3.5　MAC 层与跨层设计

无线传感器网络通信协议采用分层体系结构，因此在设计时也大都是分层进行。各层的设计相互独立，因此各层的优化设计并不能保证整个网络设计最优。针对此问题，提出了跨层设计的概念。

3.5.1　跨层设计提出

无线传感器网络的能量效率、能量管理机制、低功耗设计等在各层设计中都有所体现，但要使整个网络的节能效果达到最优，一些研究者又提出了跨层设计的概念。

MAC 跨层设计内容就是让"逻辑上并不相邻的协议层次间设计互动与性能平衡"，这样可以有效地节省能量，延长网络的生存期。目前无线传感器网络中采用跨层设计的思路来设计 MAC 层协议的研究成果相对较少，比较有代表性的跨层设计架构为 MINA 网络架构和框架。

1. MINA 网络架构

MINA 是一种基于跨层设计的大规模无线网络架构，通过 UNPF 协议来实现。网络通常由数百个低电量、低运算能力的传感器节点组成，同时网络中还有一些基站节点，基站通常具有较强的运算能力和充足的能量。

在 MINA 架构中，节点分为以下三种类型：

◇　大量静止的传感器节点(此种节点的运算能力和储存能力相对较低)。

◇　少量手持移动节点。

◇　静止的基站节点(此种节点的运算能力和储存能力相对较高，基站是无线传感网络的汇聚节点)。

1) 组网示例

图 3-19 所示是 MINA 架构组网示例。

图 3-19 中，每个传感器节点都带有一个半双工或全双工的射频收发器，每个节点都有一个唯一的网络地址。MINA 架构假设节点之间都能进行双向通信。传感器节点簇的定义为在该节点广播传输范围内节点的集合，图中传感器节点 3 的簇为圆形阴影区域。所有传感器节点形成了一个多跳基础设施网络，每个传感器节点都可以进行数据转发。移动节点通过这些基础设施可以相互访问，或者访问基站。基站可以将数据发送到有线网络中去，基站节点必须具有超长的传输距离，通过一个广播可将数据发送给网络中的所有节点。

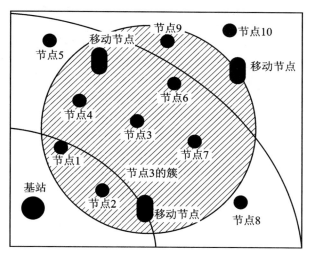

图 3-19 MINA 架构组网示例

在 MINA 架构中，网络流量类型主要为传感器节点到基站的上行链路，移动节点到移动节点之间的通信也是先通过上行链路到达基站，然后再通过下行广播给相应的移动节点。

2) 帧类型

MINA 架构网络数据帧主要有以下三种：

◇ 控制帧：也就是从基站向传感器节点发送的控制信息，通过直接广播完成。

◇ 信标帧：所有节点都需要在一个公共信道上周期性发送，包含节点信息和本地 TDMA 分配给节点发送数据的时隙信息。

◇ 数据帧：由传感器节点生成。

3) 分层架构

MINA 架构中网络节点以层的形式来组织，距离基站跳数相同的节点组成一层。第一层节点距离基站跳数为 1(如节点 1 和节点 2)，第二层节点距离基站跳数为 2(如节点 3、4、5、6、7、8)，以此类推，图 3-19 中只有三层。

根据距离基站的跳数，每个节点的邻居也可以分为三类：内部邻居、同等邻居和外部邻居。距离基站跳数比本地更小的邻居为内部邻居，跳数相同的邻居为同等邻居，跳数更大的邻居为外部邻居。图 3-19 中节点 3 的内部邻居为节点 1 和节点 2，外部邻居为节点 9 和节点 10。

2. UNPF 协议框架

UNPF 协议框架定义了网络的组织方式、路由协议和 MAC 协议。无线传感器网络在 UNPF 协议框架下主要工作在两个交替的状态中：

◇ 网络自组织状态：在此期间节点发现邻居，获得关于邻居的跳数、能量状态、可用缓存大小、本地网络拓扑等信息。

◇ 数据输入状态：在此期间节点进行数据的发送或接收。

网络自组织状态和数据接收状态都需要设定 UNPF 协议框架下的 MAC 协议超帧。其结构如图 3-20 所示。

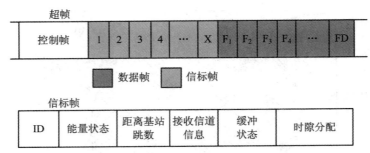

图 3-20　UNPF 协议框架下的 MAC 协议超帧结构

1) 网络自组织状态

传感器节点通过获得邻居的跳数信息以及内部邻居和外部邻居信息来完成网络自组织过程，具体步骤如下：

◇　在每个超帧起始阶段，基站广播一个控制帧，控制帧包括传感器节点同步需要的时间信息，以及传感器节点在信标帧内传输各自的信标信息的序号。基站只知道每个传感器节点的地址信息。

◇　信标帧紧跟在控制帧之后，每个节点根据控制帧的顺序发送信标帧，信标帧的格式如图 3-所示。信标帧包含了节点的能量状态、距离基站的跳数、节点的接收信道信息和时隙信息。控制帧和信标帧都采用统一的控制信道以广播方式发送。

◇　在信标帧后紧跟着的就是数据传输帧。每个数据帧包括若干个时隙，由 MAC 协议来负责分配。

以 MINA 网络架构为例，基站启动后第一个超帧期间进行第一轮信标帧信息交互时，基站获得了第一层节点的信息。第二个超帧期间重复上述步骤，第一层节点发送带有跳数信息为 1 的信标帧信息。第二层的节点接收到该信息并将自己的跳数设置为 2，第二层节点就形成了。超帧周期性地重复，假设网络最大跳数为 N，第 N 个超帧完毕后，整个网络的自组织过程就完了。每个节点都获得了距离基站的跳数、内部邻居及相关参数和时隙分配信息。

2) 数据输入状态

数据输入状态要完成数据的发送和接收，需要路由协议来确定下一跳的目的地址；MAC 协议用来完成信道访问。

◇　路由协议。对于 MINA 架构组成的网络，分层的自组织结构只需要节点进行简单选择就可以确定下一跳地址。对于第 i 层的任意传感器节点，如果需要发送数据到基站，则选择第 $i-1$ 层的某个内部邻居作为下一跳目的节点即可。内部邻居重复这一步骤，直到数据被基站接收为止。

◇　MAC 协议。MINA 架构网络提出了 DTROC(Distributed TDMA Receiver Oriented Channeling，分布式 TDMA 定向接收通道)来进行信道分配。下面对 DTROC 协议进行简单的介绍。

假设网络共有 L 层，节点 i 位于 l 层，且 $l < L$。S_i 表示第 $l + 1$ 层中将节点 i 选择为下一跳地址的节点的集合。信道分配的基本思想是分配一个信道 C_i 给节点 i 的接收机，同时 S_i 中每个节点都将发射机调整到这个信道，以保证传输过程中的信道共享。

3.5.2　AIMRP 协议

无线传感器网络中能量有效性是很重要的，协议的跨层操作和融合能有效地减少协议负载和减轻协议栈的设计。AIMRP 协议融合了 MAC 协议和路由功能，采用跨层设计的方法，提高了无线传感器网络的节能效率和时延。

1. AIMRP 协议拓扑结构

AIMRP 协议中所有节点都是以汇聚节点为中心。通过初始配置阶段，整个网络被组织成以汇聚节点为中心的分层结构。AIMRP 协议的拓扑结构如图 3-21 所示。

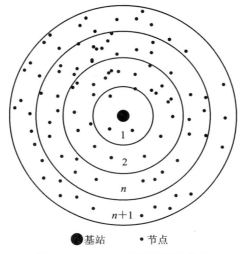

●基站　　·节点

图 3-21　AIMRP 协议的拓扑结构

从最里层开始，各层分别被编号为 1，2，…，这样第 n 层可以通过 n 跳将数据转发到汇聚节点。在每一跳中，节点通过比较数据包中的层号码来决定是否需要向底层转发此数据。在配置阶段完成后，整个路由发现也跟着完成。AIMRP 在层寻址的层次上完成路由功能。

2. AIMRP 协议帧结构

AIMRP 中的介质访问机制与其他的 MAC 层有两点不同：

◇　AIRMP 不适用预先分配机制，即预先分配全局唯一的 MAC 地址进行分配，而是在每次准备通信时，使用一个全新的短随机标识符作为临时的 MAC 地址。

◇　AIRMP 使用 RTR(Request-To-Relay，请求转发)与 CTR(Confirm-To-Relay，确认转发)来取代 RTS 和 CTS，这一点是非常重要的。因为它把一跳一跳的路由功能集成在 MAC 中。

AIMRP 一共有五种帧类型：请求转发(RTR)、确认转发(CTR)、数据帧(DATA)、确认帧(ACK)和层 ID，如图 3-22 所示。

RTR 请求转发	CTR 确认转发	DATA 数据帧	ACK 确认帧	TIER ID 层 ID

图 3-22　AIMRP 帧类型

AIMRP 使用其中的 RTR 帧来寻找靠近汇聚节点的接收者来转发数据,接收者使用 CTR 在网络中确定它作为下一节点的地位。TIER 帧是 AIMRP 的特有帧,是 AIMRP 的层 TD,它被使用在网络配置阶段进行路由发现。DATA 帧和 ACK 帧为一般的数据帧和确认帧。

3. AIMPR 运行机制

AIMRP 协议节点的运行分为两个阶段:路由发现阶段和活动阶段。另外,AIMRP 包括协议死锁避免机制、路由修复机制、能量节省模型。对于配置路由发现、活动阶段主要有以下机制:

◇ 在网络初始化阶段,有两种路由发现机制。

(1) 一是由汇聚节点发送不同功率的 TIER 帧,分别为 $n\partial R$ ($n = 1, 2, 3, \cdots$,其中 n 为层 ID,∂R 为能量等级),然后其他节点根据接收到的帧的层 ID 而被分进不同的层。

(2) 二是汇聚节点只发送一个能量等级为 ∂R 的 TIER 帧,然后接收此帧的节点被划分为第一层节点,接着第一层节点发送能量等级为 $2\partial R$ 的 TIER 帧,接收到此帧的节点被划分到第二层,以此类推完成路由发现的配置。

◇ 活动阶段的节点有两种状态,即监听状态和睡眠状态,节点主要工作在监听状态。监听状态和睡眠状态的切换由 AIMER 的能量节省模型控制。其工作过程如下:

(1) 当节点检测到一个事件或是必须从其他节点转接数据时,它就进入监听状态。

(2) 节点在发送数据之前先等待一个安全时间来可靠地估计信道的空闲情况,等待超时或是信道变为空闲后,节点再等待一个随机监听时间来确保没有其他节点在同一时刻发送数据以免造成冲突。

(3) 这两个等待时间过后,节点发送一个 RTR 消息,然后节点转入请求状态,如果这个 RTR 消息成功地被底层节点接收,那么底层节点在响应源节点发送的 CTR 消息之前等待一个随机的退避时间进行信道监听来避免与其他潜在下一跳节点的冲突。

(4) 如果源节点处于请求状态超过一定时间,并且没有被其他节点响应,那么源节点将重发 RTR 消息直到被响应为止。在源节点与下一节点分别成功接收 CTR 与 RTR 消息之后,一个 DATA 与 ACK 消息立刻被交换。

小 结

通过本章的学习,学生应该掌握:

◆ MAC 协议通过传感器节点之间分配和共享有限的无线信道资源,构建起无线传感器网络通信系统的底层基础结构。

◆ MAC 层有四种不同的帧形式,即信标帧、数据帧、确认帧和命令帧。

◆ 竞争型 MAC 协议中所有节点共享一个信道,节点发送数据时,主动抢占信道。

◆ SMAC 协议关键技术采用周期性监听和睡眠、自适应监听、串扰避免和消息传递技术;TMAC 协议关键技术采用周期性监听同步、RTS 操作和 T_A 的选择、串扰避免技术;PMAC 协议采用"睡眠-唤醒"信息模式对信道进行监听。

◆ 分配型 MAC 协议采用 TDMA、CDMA、FDMA 或 SDMA 等技术,将一个物理信道分为多个子信道动态或者静态地分配给节点,以避免冲突。

◆　SMACS 协议是一种 TDMA 和 FDMA 相结合的信道分配机制，该协议可以建立一种平面结构网络；DMAC 协议的核心思想是采用交错调度机制。

◆　ZMAC 协议采用 CSMA 机制作为基本方法，并引进时间帧的概念。

◆　跨层设计实现逻辑上并不相邻的协议层次之间的设计互动与性能平衡。

习　题

1．MAC 层有四种不同的帧形式：_____，_____，_____，_____。

2．MAC 帧一般格式由_____、_____和_____构成。

3．下面哪些 MAC 层协议是竞争型协议_____。

A．SMAC 协议　　　　　　　　B．TMAC 协议

C．SMACS 协议　　　　　　　 D．PMAC 协议

4．下面哪些 MAC 层协议是分配型 MAC 协议_____。

A．SMAC 协议　　　　　　　　B．SMACS 协议

C．DMAC 协议　　　　　　　　D．TRAMA 协议

5．简述 MAC 层的功能。

6．简述竞争型 MAC 协议和分配性 MAC 协议的优点。

第4章　路由层协议

本章目标

- ◆ 了解路由协议的特点及分类。
- ◆ 理解路由协议的关键技术。
- ◆ 理解以数据为中心的路由协议。
- ◆ 理解分层结构的路由协议。
- ◆ 掌握地理位置信息的路由协议。
- ◆ 了解可靠的路由协议。
- ◆ 掌握按需路由协议。

学习导航

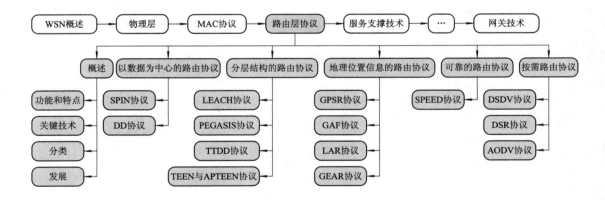

4.1　概述

无线传感器网络是一种无基础设施的网络，由多个传感器节点以自组织方式构成，其目的是协作感知、采集和处理覆盖区域中感知对象的信息。通常情况下无线传感器网络中所有节点的地位都是平等的，没有预先指定的中心。各节点通过分布式算法来相互协调，通过自组织形成一个测量网络。无线传感器网络中的节点一般采用电池供电，节点能量受限。这种情况下要延长网络寿命就必须降低节点的工作能耗。由第 3 章可知，节点能量的大部分消耗在无线通信模块上。要减少节点能量的消耗就必须减小节点的有效传输半径，而有效传输距离的减小必然导致单节点的覆盖面积减小。因此，为了实现传感器节点大范围的覆盖，必须使用多跳中继的方法来传输数据，这就需要相应的路由协议来支持。

4.1.1　功能和特点

无线传感器网络路由协议从功能上来讲是将数据从源节点传输到目的节点的机制。无线传感器路由协议的主要设计目标是在满足应用需求的同时降低网络开销，取得资源利用的整体有效性，扩大网络容量，提高网络吞吐量。

与传统网络的路由协议相比，无线传感器网络的路由协议具有以下特点：

◇　能量受限。传统的路由协议在选择最优路径时，很少考虑节点的能量消耗问题。而无线传感器网络中节点的能量有限，延长整个网络的生存期成为传感器网络路由协议设计的重要目标，因此需要考虑节点的能量消耗以及网络能量均衡使用的问题。

◇　基于局部拓扑信息。无线传感器网络为了节省通信能量，通常采用多跳通信模式，而节点有限的存储资源和计算资源，使得节点不能存储大量的路由信息，不能进行太复杂的路由计算。在节点只能获取局部拓扑信息和资源有限的情况下，如何实现简单高效的路由机制是无线传感器网络的一个基本问题。

◇　以数据为中心。传统的路由协议通常以地址作为节点的标识和路由的依据，是以地址为中心的路由协议。无线传感器网络中大量节点随机部署，所关注的是监测区域的感知数据，而不是具体哪个节点获取的信息，所以无线传感器网络是以数据为中心的路由协议。以数据为中心的路由协议通常包含多个传感器节点到汇聚节点的数据流，按照对感知数据的需求、数据通信模式和流向等，以数据为中心形成消息的转发路径。

◇　应用相关。传感器网络的应用环境千变万化，数据通信模式不同，没有一个路由机制适合所有应用，这是传感器网络应用相关性的一个体现。

4.1.2　关键技术

针对无线传感器网络路由协议的基本特点，在设计无线传感器网络中需要满足下列传感器网络路由协议的要求：

◇　能量高效。传感器网络节点能量受限使节能成为路由协议最主要的优化目标。传感器网络路由协议不仅要选择能量消耗小的消息传输路径，而且要从整个网络的角度考虑，选择使整个网络能量均衡消耗的路由。传感器网络路由协议要能够简单而且高效地实现信息传输。

◇　可扩展性。在无线传感器网络中，检测区域范围或节点密度不同，造成网络规模大小不同；节点失败、新节点加入以及节点移动等，都会使得网络拓扑结构动态发生变化，这就要求路由机制具有可扩展性，能够适应网络结构的变化。

◇　鲁棒性。能量用尽或环境因素造成传感器节点失败、周围环境影响无线链路的通信质量以及无线链路本身的缺点等，这些无线传感器网络的不可靠性要求路由协议具有一定的容错能力。

◇ 快速收敛性。传感器网络的拓扑结构动态变化，节点能量和通信带宽等资源有限，因此要求路由协议能够快速收敛，以适应网络拓扑的动态变化，减少通信协议开销，提高消息传输的效率。

◇ 数据融合技术。在传感器网络运行过程中，从传感器节点探测到的数据往往在逐次转发过程中不断被加工处理，以达到降低网络开销、节省能量等目的。也就是说，数据在传输过程中已经被修改，并不是原封不动地从源端传送到目的端，这与传统网络以实现端到端无失真的信息传输的目标是不同的。在无线传感器网络中，传感器节点没有必要将数据以端到端的形式传送给中心节点处理节点，只要有效数据最终汇集到汇聚节点就达到了目的。因此，为了减少流量和能耗，传输过程中的转发节点经常将不同的入口报文融合成数目更少的出口报文转发给下一跳，这就是数据融合的基本含义。

◇ 流量分布。传感器网络是一个数据采集网络，绝大部分流量由各个传感器节点流向汇聚节点，因此流量分布极不均匀，以汇聚节点为目的的数据远远超过以它为源的控制流。这种流量分布特点造成的结果是：越接近汇聚节点，链路的流量越高，相应节点的负载越重，寿命就越短。流量分布不均匀造成功耗分布不均匀，并直接导致网络生存时间的缩短。

4.1.3 分类

路由协议的分类多种多样，针对不同的传感器网络应用，研究人员提出了不同的路由协议，目前还没有一个统一的分类方法。本书根据不同的应用将路由协议分为五类：

◇ 以数据为中心的路由协议。

◇ 分层结构的路由协议。

◇ 地理位置信息的路由协议。

◇ 可靠的路由协议。

◇ 按需路由协议。

1. 以数据为中心的路由协议

以数据为中心的路由协议对感知的数据按照属性命名，对相同属性的数据在传输过程中进行融合操作，减少网络中冗余数据传输。这类协议同时集成了网络路由任务和应用层数据管理任务。

2. 分层结构的路由协议

分层结构的路由协议主要特征是将传感器节点按照特定的规则划分为多个簇，通过该簇的头节点汇聚簇内感知数据或者转发其他簇头节点的数据。具体可分为以下两种模式：

◇ 单层模式：路由协议仅对传感器节点进行一次簇划分，通常假设每个簇头节点都能与汇聚节点通信，如图 4-1 所示。

◇ 多层模式：路由协议将对传感器节点进行多次簇划分，即簇头节点将再次进行簇划分，如图 4-2 所示。

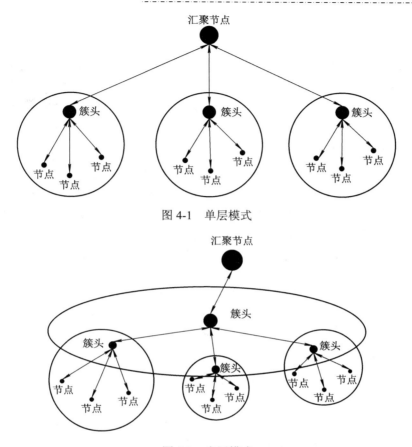

图 4-1　单层模式

图 4-2　多层模式

3. 地理位置信息的路由协议

地理位置信息路由协议假定传感器节点能够知道自身地理位置或者通过基于部分标定节点的地理位置信息计算自身的地理位置。节点的地理位置信息可以作为一个辅助条件，用来改善一些已有的路由算法的性能，比如将采集的数据或者查询请求发送到指定方向从而减少数据的无效传输问题，也可以直接使用地理位置信息来实现路由。

4. 可靠的路由协议

无线传感器网络的某些应用对通信的服务质量有较高要求，如可靠性和实时性等。而在无线传感器网络中，链路的稳定性难以保证，通信信道质量比较低，拓扑变化比较频繁，要实现服务质量保证，需要设计相应可靠的路由协议。

5. 按需路由协议

按需路由协议又称反应式路由协议或被动路由协议，是一种当需要时才进行路由发现的路由选择方式。与主动式路由协议相比，按需路由协议中的节点平时并不实时地维护网络路由，只有在节点有数据要发送时才激活路由发现机制。由源节点在网络中发起路由查找过程，找到相应的路由后，才开始发送分组。

4.1.4　发展

路由协议是无线传感器网络当前研究的热点之一，传感器网络由于其自身资源受限的特点，对路由协议的要求非常高，设计一个通用的路由协议比较困难。一般传感器网络路由协议的设计专门针对特定的应用场景，传感器网络应用场景的专一性为设计高效专用的路由协议带来了可能性。但是还有一些根本性的问题需要进一步解决。

1. 全局最优路由策略

在 Internet 路由协议中，当节点链路发生变化的时候，其设计思想是以最快的速度将该变化通知网络中的其他节点，并重新调整和计算最短路由。链路变化越快，由此引起的路由开销越大。无线传感器网络不适合这种方法，一方面是因为无线链路的不稳定性，节点间链路发生变化的频率太高，维护起来代价太大；另一方面是因为无线传感器网络中节点的能量有限，处理能力低，无线通信带宽窄，而且存储空间也小，及时获得整个网络拓扑改变的信息几乎是不可能的。

无线传感器网络不适合采用传统的全局中心控制式路由算法精确计算优化路径以达到全局优化，适合无线传感器网络的是一些基于局部优化的分布式算法。这要求网络中的每个节点在只与有限范围内的节点交互的前提下，实现局部优化。

2. 路由算法的安全性

无线传感器网络通过无线链路来传送数据，无线通信的广播特性使其更容易受到窃听、假冒、篡改等攻击。无线传感器网络中的数据通过多跳广播的方式进行传输，没有受到保护的路由信息很容易遭受多种形式的攻击，因此路由算法的安全性也是一个考虑的因素。

无线传感器网络中的节点的地位都是平等的，不存在所谓的中心节点，而且网络的拓扑结构经常变化，这些都是传统的网络安全机制无法解决的问题。同时由于无线传感器网络的节点处理和存储能力的限制，一些比较好的加密算法也无法在无线传感器网络中使用。由于无线传感器网络的这些特点，设计一套可以在无线传感器网络中使用的安全机制是一项具有挑战性的工作。

3. 能源有效路由策略

能源有效性是传感器网络设计中要考虑的重要因素，由于无线传感器网络节点能量有限，所以路由协议设计必须将有效利用能源放在第一位，将服务质量放在第二位。能量有限性是传感器节点最显著的特点，无线传感器节点体积小、价格低，大多采用电池作为能源的供应者。在特定的环境中一旦电池耗尽将无法更换电池，因此设计有效的路由协议来节约节点能源并提高网络的生命周期就成为无线传感器网络的核心问题。

4.2　以数据为中心的路由协议

无线传感器网络是一种以数据为中心的网络，以数据为中心的路由协议是无线传感器网络路由协议中最早被讨论的一类路由协议。比较有代表性的以数据为中心的路由协议是：SPIN 路由协议和 DD 路由协议。

4.2.1　SPIN 协议

SPIN(Sensor Protocol for Information via Negotiation，协商的路由协议)是最早的一类无线传感器网络路由协议的代表，是一种以数据为中心的自适应路由协议。其目标是通过使用节点间的协商制度和资源自适应机制解决无线传感器网络中的数据冗余问题。

1. 基本思想

SPIN 路由协议通过节点间协商的方式来减少网络中数据的传输数据量。节点只广播其他节点所没有的数据以减少冗余数据，从而有效减少能量消耗。

在 SPIN 协议中提出了元数据(Meta-data，是对节点感知数据的抽象描述)的概念，元数据是原始感知数据的一个映射，可以用来描述原始感知数据，而且元数据所需的数据位比原始感知数据要小，采用这种变相的数据压缩策略可以进一步减少通信过程中的能量消耗。SPIN 协议采用三次握手协议来实现数据的交互，协议运行过程中使用三种报文数据：ADV、REQ 和 DATA。三种报文的主要功能如下：

◇　ADV 用于数据的广播，当某一个节点有数据可以共享时，可以用 ADV 数据包通知其邻居节点。

◇　REQ 用于请求发送数据，当某一个节点收到 ADV 并希望接收 DATA 数据包时，发送 REQ 数据包。

◇　DATA 为原始感知数据包，装载了原始感知数据。

SPIN 有两种工作模式：SPIN1 和 SPIN2。在 SPIN1 中，当节点 A 感知到新事件之后，主动给其邻居节点广播描述该事件的元数据 ADV 报文，如图 4-3(a)所示。收到该报文的节点 B 检查自己是否拥有 ADV 报文中所描述的数据。如果没有，节点 B 就向节点 A 发送 REQ 报文，在 REQ 报文中列出需要节点 A 给出的数据列表，如图 4-3(b)所示。当节点 A 收到了 REQ 请求的报文后，它就将相关的数据发送给节点 B，如图 4-3(c)所示。同样节点 B 发送 ADV 报文通知其邻居节点(包括节点 A)自己有新消息，如图 4-3(d)所示。由于节点 A 中保存有 ADV 的内容，节点 A 不会响应节点 B 的 ADV 消息。没有保存 ADV 消息的节点向节点 B 回复 REQ 报文，如图 4-3(e)所示。然后节点 B 向回复 REQ 报文的节点发送 DATA 数据包，如图 4-3(f)所示。协议按照以上所述的方式进行，实现 SPIN1 的算法。

SPIN2 模式考虑了节点剩余能量值，当节点剩余能量值低于某个门限值就不再参与任何报文转发，仅能够接收来自其他邻居节点的报文和发出 REQ 报文。在 SPIN 协议下，节点不需要维护邻居节点的信息，一定程度上能适应节点移动的情况。不过该算法不能确保数据一定能到达目的节点，尤其是不适用于高密度节点分布的情况。

2. 关键技术

SPIN 协议通过节点之间的协商，解决了 Flooding(泛洪协议)和 Gossiping(谣传协议)的内爆和重叠现象。

"泛洪协议"是一种原始的无线通信路由协议。该协议规定，每个节点接收来自其他节点的信息，并以广播的形式发送给邻居节点。如此继续下去，最后数据将传输到目的节点。但是容易引起信息的"内爆"和"重叠"，造成资源的浪费。内爆现象如图 4-4 所示。节点 A 通过广播将自己的数据转发给节点 B 和节点 C，节点 B 和节点 C 通过广播将数据传给同一个节点 D，这样同一个数据包多次转发给同一个节点的现象就是内爆。内爆极端浪费节点的能量。

重叠现象是传感器网络特有的，如图 4-5 所示。

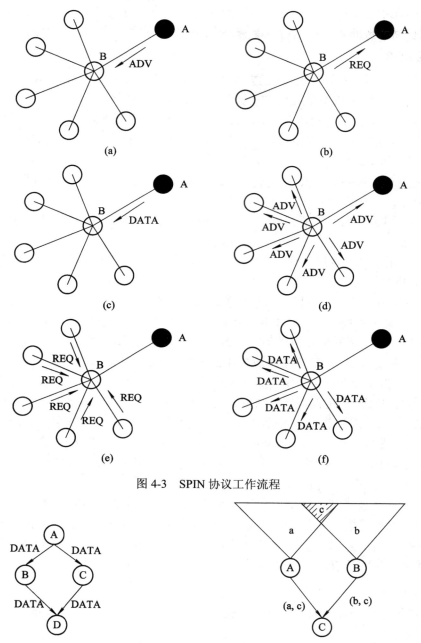

图 4-3　SPIN 协议工作流程

图 4-4　内爆现象

图 4-5　重叠现象

节点 A 和节点 B 感知范围发生了重叠，重叠区域 C 的事件被相邻的两个节点探测到，那么同一事件被多次传给它们共同的邻节点 C，这样造成了能量的浪费。重叠现象是一个比较复杂的现象，比内爆现象更难解决。

谣传协议是泛洪协议的改进，它传播数据的方法是随机地选择一个邻居节点作为数据的接收点，获得数据的邻居节点以同样的方法随机地选择下一节点进行数据转发。这种方式避免了以广播方式进行信息传播的能量消耗，代价是延长了信息的传递时间。虽然谣传协议在一定程度上解决了内爆现象，但是重叠现象依然存在。

SPIN 协议采用数据融合的思想。数据融合的思想是以数据为中心的无线传感器网络所特有的。数据融合操作可以在 MAC 层实现，它不同于传统的以地址为中心的网络。在以地址为中心的传感器网络路由协议中，每个源节点沿着到汇聚节点的最短路径转发数据，是不考虑数据冗余性和相关性的，如图 4-6 所示。

以数据为中心的无线传感器网络路由协议中，在数据转发的过程中，中间节点并未各自寻找最短的路径，而是在中间节点 A 处对数据进行了融合，如图 4-7 所示。

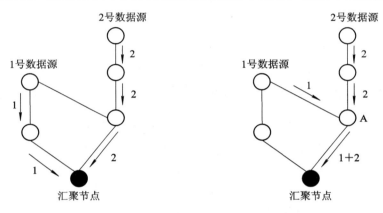

图 4-6　以地址为中心的路由协议　　图 4-7　以数据为中心的路由协议

SPIN 协议具有以下优点：

◇　SPIN 协议通过协商机制很好地解决了内爆问题，对于重叠问题也进行了一定的处理。特别是 SPIN 协议支持数据融合，SPIN2 进一步地引入了能量管理的概念，一定程度上优化了网络负载，延长了网络生存时间。

◇　SPIN 协议是一种不需要了解网络拓扑结构的路由协议，由于它几乎不需要了解一跳范围内节点的状态，网络的拓扑改变对它的影响有限，因此该协议也适合节点在可以移动的无线传感器网络中使用。

◇　SPIN 协议通过协商机制和能量自适应机制，节省了能量，解决了内爆的问题。引进了元数据的概念，并且通过这种数据压缩方法来减少数据的传输量，是一种值得借鉴的方法。

4.2.2　DD 协议

DD(Directed Diffusion，定向扩散)协议是一种基于查询的路由方法，查询的路由协议需要不断查询传感器节点采集的数据。查询命令由汇聚节点(即查询节点)发出，传感器节点向查询节点报告采集的数据。DD 算法是一种基于数据相关的路由算法，汇聚节点周期性地通过泛洪的方式广播一种称为"兴趣"的数据包，"兴趣"在网络中扩散的时候也建立起路由路径，采集到和"兴趣"相关数据的节点并通过"兴趣"扩散阶段建立的路径将采集到的"兴趣"数据传送到汇聚节点。

1. 基本思想

DD 路由协议中引入了几个基本概念：兴趣、梯度和路径加强。整个过程可以分为兴趣扩散、梯度建立和路径加强三个阶段。路径的建立过程由汇聚节点发起，汇聚节点周期性地广播一种称为"兴趣"的数据包，告诉网络中的节点它需要收集什么样的信息。这个过程称为兴趣扩散阶段，DD 路由协议机制如图 4-8 所示。

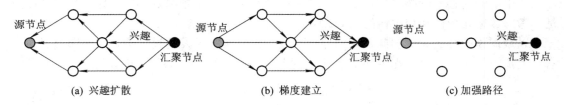

图 4-8　DD 路由协议机制

图 4-8(a) 所示为"兴趣扩散"阶段，该阶段采用泛洪的方式传播汇聚节点的"兴趣"消息到网络中的所有节点。在"兴趣"消息的传播过程中，协议逐跳地在每个传感器节点上建立反向的从数据源节点到汇聚节点的梯度场，传感器节点将采集到的数据沿着梯度场将数据传送到汇聚节点。图 4-8(b)所示为"梯度建立"，梯度场的建立根据成本最小化和能量自适应原则。"兴趣"扩散完成之后，网络的梯度建立过程也就完成了。当网络中的传感器节点采集到相关的匹配数据之后，向所有感兴趣的邻居节点转发这个数据，收到该数据的邻居节点，如果不是汇聚节点，采取同样的方式转发该数据。这样汇聚节点会收到从不同路径上传送过来的相同数据，在收到这些数据以后，汇聚节点选择一条最优路径作为强化路径，后续的数据将沿着这条路径传输，如图 4-8(c)所示。

2. 关键技术

DD 路由协议的核心问题是解决兴趣扩散阶段的梯度建立过程、强化路径的选择和建立过程以及路由的维护过程。

1) 兴趣扩散阶段

在兴趣扩散阶段，汇聚节点周期性地向邻居节点广播"兴趣消息"。"兴趣消息"中包含任务类型、目标区域、数据传输率、时间戳(即与数据有关的时间参数)等参数。每个节点在本地保留一个"兴趣列表"，"兴趣列表"中的每项对应着不同的"兴趣"，每一个"兴趣列表"中都有一个表项记录发来该"兴趣消息"的邻居节点、数据发送速率和时间戳等任务相关信息，以建立该节点向汇聚节点传递数据的梯度关系(指示和该兴趣消息有联系的邻居节点所需的数据传输速率和数据发送方向，即感兴趣的邻居节点)。每个兴趣可能对应多个邻居节点，每个邻居节点对应一个梯度信息。通过定义不同的梯度相关参数，可以适应不同的应用需求。每个表项还有一个字段用来表示该项的有效时间值，超过这个时间后节点将删除这个表项。

当一个节点收到一个"兴趣"时，按照以下三条原则来处理该"兴趣"：

◇　在"兴趣列表"中检查是否存在相同的"兴趣表项"，如果没有，就根据接收到的"兴趣信息"创建一个新的"兴趣表项"，该表项建立一个唯一的梯度域和该邻居节点对应，梯度域中记录了发送该"兴趣消息"的邻居节点以及相关的数据传输速率。

◇ 如果该节点有相同的"兴趣表项"存在，但是没有"兴趣"来源的梯度信息，节点会以指定的数据传输速率增加一个梯度域，并更新"兴趣表项"的时间信息和持续时间字段。

◇ 如果该节点有相同的"兴趣表项"和"兴趣来源"的梯度信息，那么只是简单进行时间信息和持续时间字段的更新。

2) 数据传播阶段

当传感器节点采集到与"兴趣"匹配的数据时，把数据发送到梯度上的邻居节点，并按照梯度上的数据传输速率设定传感器模块采集数据的速率。由于每个节点可能从多个邻居节点收到"兴趣消息"，节点要向多个梯度域的邻居节点发送数据，汇聚节点可能收到经过多个路径的相同数据。其过程如下：

◇ 中间节点收到其他节点转发的数据后，首先查询"兴趣列表"的表项，如果没有匹配的"兴趣表项"就丢弃数据。

◇ 如果存在相应的"兴趣表项"，则检查与这个兴趣对应的数据缓冲区。数据缓冲区用来保存最近转发的数据。

◇ 如果在数据缓冲区中有与接收到的数据匹配的副本，说明已经转发过这个数据，为避免出现重复传输的现象需丢弃这个数据；否则检查该兴趣表项中的邻居节点信息。

◇ 如果设置的邻居节点数据发送速率大于或者等于接收的数据速率，则全部转发接收的数据。

◇ 如果记录的邻居节点数据发送速率小于接收的数据速率，则按照比例转发。对于转发的数据，数据缓存区保留一个副本并记录转发时间。

3) 路径加强阶段

DD 路由协议机制通过正向加强机制来建立优化路径，并根据网络拓扑的变化修改数据转发的梯度关系。兴趣扩散阶段是为了建立源节点到目的节点的数据传输路径，并且数据源节点以较低的速率采集和发送数据，称这个阶段建立的梯度为探测梯度。汇聚节点在收到从源节点发来的数据后，启动建立到源节点的加强路径，后续数据将沿着加强路径以较高的数据速率进行传输。加强后的梯度称为数据梯度。

假设将数据传输延时作为强化路径的选择标准，汇聚节点选择最先传送过来新数据的邻居节点作为强化路径的下一跳节点，并向该邻居节点发送路径加强消息，通过分析，确定该消息中包含新设定的较高的发送速率值。收到路径加强消息的邻居节点，通过分析，确定该消息描述的是一个已有的兴趣，只是增加了发送速率，则断定这是一条路径强化消息，从而更新相应路由表中的数据发送速率。按照同样的规则选择强化路径的下一跳邻居节点。当建立了到源节点的强化路径后，后续数据将沿着强化路径以较高的数据速率进行传输。

在 DD 路由协议中，为了对失效路径进行修复和重建，规定已经加强过的路径上的节点都可以触发和启动路径的加强过程，如图 4-9 所示。

节点 C 能正常收到来自邻居节点的事件，可是长时间没有收到来自数据源的事件，节点 C 就断定它和数据源之间的路径出现故障。于是节点 C 将主动触发一次路径加强过程，重新建立它和源节点数据之间的路径。

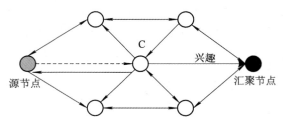

图 4-9　路径本地修复

在 DD 算法中采用了数据融合的方法，数据融合包括梯度建立阶段兴趣消息的融合和数据发送阶段的数据融合，这两种融合方法都需要缓存数据，DD 中的兴趣融合基于事件的命名方式，类型相同、检测区域完全覆盖的"兴趣"在某些情况下可以融合为一个"兴趣"；DD 中数据融合采用的是一种副本的方法，即记录转发过的数据，收到重复的数据不予转发。DD 中采用的这些数据融合方法，实现起来简单，与路由技术结合能够有效地减少网络中的数据量，节省节点能量，提高利用率。

4.3　分层结构的路由协议

分层结构的路由协议通常将网络的节点划分为不同的簇，每个簇由一个簇头和多个簇成员组成，这些簇头形成高一级的网络，在这个高一级的网络中还可以再次进行分簇，形成更高一级的网络。这个过程可以一直进行下去，直到最高级。簇头节点负责簇内成员节点的管理，并且完成簇内节点信息的收集和融合操作，同时还负责簇间数据的转发。典型的分层路由协议有 LEACH、PEGASIS、TTDD、TEEN 和 APTEEN。

4.3.1　LEACH 协议

LEACH(Low-Energy Adaptive Clustering Hierarchy,低能自适应聚类层次结构)协议是最早提出的分层路由协议，出发点主要考虑一簇内节点的能量消耗问题，目的是为了延长节点的工作时间，并且实现节点的能耗平衡。

1. 基本思想

LEACH 是为无线传感器网络设计的低功耗自适应算法路由协议。其基本思想是网络周期性地随机选择簇头，其他的非簇头节点以就近原则加入相应的簇头，形成虚拟簇。簇内节点将感知到的数据直接发送给簇头，由簇头转发给汇聚节点，簇头节点可以将本簇内的数据进行融合处理以减少网络传输的数据量。

2. 关键技术

LEACH 中每个节点都可以和汇聚节点通信，但是由于节点距离太大，导致与汇聚节点直接通信的能量消耗增大，或者有些节点不在汇聚节点通信范围之内，不能与汇聚节点直接通信。图 4-10 所示为 LEACH 路由协议的网络结构图。

LEACH 路由协议可以形成一个两级的星型网络。每个星型网络称为簇，每个簇都有一个簇头，簇内节点直接和簇头通信，由簇头节点和汇聚节点通信。并且簇内节点和簇头的距离较近，比节点直接和汇聚节点通信的能量消耗要小很多。同时簇头还可以进行数据融合处理，减少网络数据量。但是簇头节点消耗了大量能量，为了避免某些节点过早的死亡，需要定期更换簇头，以延长整个网络的寿命。

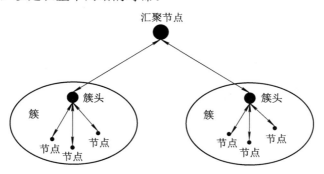

图 4-10　LEACH 协议网络结构图

簇头节点的选择依据网络中所需的簇头节点数和每个节点已成为簇头的次数来决定。具体的选择办法是：每个传感器节点选择[0，1]之间的一个随机数，如果选定的值小于规定的阈值 $T_{(n)}$，那么这个节点就称为簇头节点。$T_{(n)}$ 的计算公式为

$$T_{(n)} = \begin{cases} \dfrac{k}{N-k[r \bmod (n/k)]} & n \in G \\ 0 & \text{其他} \end{cases} \tag{4-1}$$

式中，N 为网络中传感器连接节点的个数，k 为网络中的簇头节点个数，r 为已完成的周期数，G 为网络生存期的周期。

一个周期分为两个阶段：簇的建立和稳定的数据传输阶段，稳定传输阶段的持续时间要大于簇建立所需的时间。选定簇头以后，簇头节点通过广播告知整个网络自己成为簇头的事实，网络中的非簇头节点根据接收信号的强度决定从属的簇，并通知相关的簇头，最后簇头节点采用 TDMA 方式为簇中每个节点分配传输数据的时隙。

LEACH 协议从传输数据的能量和数量上进行了优化，提高了网络的生存时间，但是还是有一些问题需要解决。首先，它需要网络协议和硬件支持射频功率的自适应和动态调整；其次，协议无法保证簇头节点能遍及整个网络，很可能出现被选的簇头节点集中在网络中某一区域的现象。

4.3.2　PEGASIS 协议

PEGASIS(Power Efficient Gathering in Sensor Information System，高效数据聚合协议)路由协议是在 LEACH 协议基础上发展起来的，是分层结构的路由协议中常见的一种路由协议。

1. 基本思想

PEGASIS 协议中的节点在进行数据传输之前先发送测试信号，通过检测应答来确定离自己最近的相邻节点并作为自己的下一节点，在整个网络中的所有节点按照这种方式最终形成一条链，如图 4-11 所示。

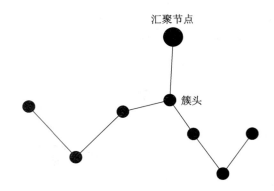

图 4-11 PEGASIS 协议网络结构图

通过这种方式网络中的所有节点都只是与相邻的节点通信，如果有传感器节点电源耗尽，链便更新一次，所以每个节点都以最小的功率发送数据分组。同时，各节点接收上个节点的数据，并完成必要的数据融合，减少了数据冗余。链中只有一个节点充当簇头节点的角色，而且簇头节点在链中顺序游走，实现节点的能耗平衡。PEGASIS 协议只有充当簇头的节点和距离较远的基站通信，其他节点的发送距离较小，进一步减少了功耗。

2. 关键技术

PEGASIS 协议的实现过程可以分为两个阶段：

◇ 成链阶段。从距离基站最远的节点开始，各节点依次找到与其最近的节点，该节点就作为链上的下一节点，依次遍历全网形成网络链，数据传输只在链上相邻的两个节点之间进行传输，大大减小了传输距离。

◇ 数据传输阶段。数据传输从链的两端开始，各节点都知道自己在链上的位置，每一轮中都选出一个节点作为簇头。各节点接收邻居节点的数据并与自身的数据进行融合后传向下一邻居节点，最终由簇头节点传向基站。传感器节点之间必须保持同步。

4.3.3 TTDD 协议

TTDD(Two-Tier Data Dissemination，两层数据发布)路由协议提出了一种新的应用背景，该应用场景中，传感器节点不动，而汇聚节点移动，且一个网络中有多个汇聚节点。TTDD 路由协议针对这个场景，从能耗和功能上给出了较好的解决方法。

1. 基本思想

TTDD 是一个两层路由协议，只能用在存在多个汇聚节点以及汇聚节点可以移动的网络中。当多个传感器节点探测到事件发生时，选择一个节点作为发送数据源节点，源节点以自身作为格状网的一个交叉点构造出一个格状网，如图 4-12 所示。

以节点 A 为源节点建立的格状网。源节点先计算出四个相邻交叉点位置，请求最接近交叉点位置的节点称为转发节点，转发节点继续这个过程，直至请求任务超时或者到达网络边缘。转发节点保存了事件和源节点信息，是以后进行数据传输的参与者。汇聚节点在本地通过泛洪方式查询附近的转发节点，转发节点如果有相关的数据记录，该转发节点就将查询请求通过周围的转发节点传送到源节点。源节点收到查询请求后，通过查询请求消息建立的传输路径传送请求数据到汇聚节点。汇聚节点在等待请求数据时，可继续移动，为了保证数据在汇聚节点移动的时候还能达到汇聚节点，汇聚节点为自己指定了一个代理节点。所有传送给汇聚节点的数据必须先传给代理节点，由代理节点转发给汇聚节点，这样可以从一定程度上保证最后一段路径的稳定性。

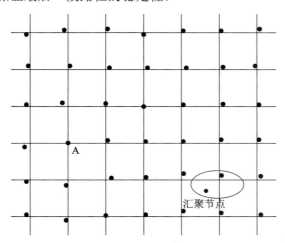

图 4-12 以节点 A 为源节点建立的格状网

2. 关键技术

TTDD 路由协议需要解决三个问题：格状网的构造和转发节点的选取；对汇聚节点移动的支持；节点失效时格状网的维持。

1) 格状网的构造和转发节点的选取

以图 4-12 所示的格状网为例，它是以节点 A 为源节点建立的一个格状网。TTDD 需要地理位置信息的支持，网络中每个节点都知道自己的位置(汇聚节点可以不用知道自己的位置)，假设节点 A 的坐标为 $L_A = (x, y)$，每个格子的边长为 a，那么以节点 A 为中心的网络中所有的交叉点的坐标 $L_P = (x_i, y_i)$，其坐标计算如下：

$$\{x_i = x + i * a, \ y_i = y + j * a; \ i, \ j = \pm 0, \ \pm 1, \ \pm 2, \ \cdots\} \tag{4-2}$$

节点 A 广播数据消息，离节点 A 的交叉位置最近的节点接收该消息，这样节点 A 的四个交叉点处的交叉数据就建立起来了。转发节点继续相同的操作，寻找离节点 A 两跳距离的交叉点处的转发节点，这一过程一直继续，直到遇到网络边界或者任务超时为止。这里需要解决的问题就是如何确定离交叉点最近的节点，TTDD 采用的方法是：离交叉点距离小于 $a/2$ 的节点接收数据信息，距离大于 $a/2$ 的节点不接收数据消息，这些收到消息的节点通过广播发送自己的位置和与本次广播相匹配的数据源信息，这样所有接收到数据消息的节点就知道了所有可以作为交叉点转发节点的位置信息，以最短距离标准可以决定哪个节点是最优的。

2) 对汇聚节点移动的支持

格状网建立起来后就可以响应汇聚节点的查询任务了。在 TTDD 算法中，汇聚节点的查询任务可以分为以下几步：

◇ 汇聚节点通过泛洪来实现查询，但是泛洪的区间限制在一个很小的范围内，一般是一个网格单元，这样可以保证至少可以找到一个转发节点，泛洪区间的大小可以视情况适当地放大。

❖ 当某个转发节点需要响应该查询时，就将该转发节点作为发起本次查询的汇聚节点的直接转发节点。当直接转发节点收到查询消息后，通过建立格状网时建立的路径向自己的上游节点传送查询消息，查询消息一直被传送到源节点。

❖ 查询消息传播路径上的转发节点需要保存自己的下游节点以及相应的查询发起节点的信息，这些信息用于以后将数据发往正确的汇聚节点。

❖ 当直接转发节点接收到多个汇聚节点对同一个数据的查询消息时，它只向自己上游节点转发一次查询消息。同样地，转发节点如果从不同的下游节点接收到对同一数据的查询，那么也只向上游节点转发一次查询消息。当查询消息到达源节点后，源节点通过查询消息传播的反向路径将数据发送到直接转发节点。

⚠ **注意** 上游节点的定义是每个转发节点均在格状网建立时由源节点或其他转发节点指定，这个指定本转发节点的源节点或其他转发节点称为本转发节点的上游节点，相对地，本转发节点为它们的下游节点。

每个汇聚节点和两个虚拟的节点相关，称为初级代理节点和直接代理节点(在开始的时候，初级代理节点和直接代理节点可以是同一个节点)。由汇聚节点选取邻居节点作为代理节点。汇聚节点发送查询消息时，查询消息包含初级代理节点的位置信息。当直接转发节点收到源节点发往汇聚节点的数据后，将数据转发给初级代理节点，由初级代理节点将数据转交给直接代理节点，再由直接代理节点将数据发给汇聚节点。当汇聚节点将要移出现在的直接代理节点的通信范围内时，汇聚节点将重新选取一个新的直接代理节点，并且将新的直接代理节点的位置信息发送给初级代理节点。为了保证发送给原来直接代理节点的数据不丢失，新的直接代理节点的位置信息也被发送给原来的直接代理节点，如果原来的直接代理节点还没有要转发的数据，这些数据通过新的直接代理节点发送给汇聚节点。当新的直接代理节点选定后，初级代理节点将直接转发节点收到的数据交给直接代理节点，由直接代理节点和汇聚节点交互。

3) 节点失效时格状网的维持

由数据源建立的格状网也有自己的生存时间，数据源在数据消息中加入网格生存时间，如果在源节点规定的时间内，形成格状网的相关节点没有收到任何修改生存时间的消息，那么在超时的时候，节点就会取消自己的角色，网络也就不存在了。

针对节点失效的情况，TTDD 算法提出了上游信息复制的方法。每个转发节点都从自己的邻居节点中选择一个或多个节点作为自己的备份节点，在这些备份节点中保存本转发节点的上游节点的位置。当这个转发节点失效以后，从它的下游邻居节点发送来的上游节点的修正信息(该修正信息为数据请求消息)会被备份节点响应，该备份节点会向上游节点发送上游数据请求消息。当备份节点收到上游节点发送过来的数据后，由于它不知道下游邻居节点的信息，将简单地向自己的三个交叉点的转发节点转发该数据包，发起请求的那个节点会响应该数据。这个过程一直重复，备份节点通过反复学习，建立自己的上下游节点位置信息，并且将自己提升为该交叉点的转发节点。汇聚节点的直接转发节点的失效由汇聚节点探测，当汇聚节点发送数据请求多次超时，汇聚节点会重新发起一次泛洪查询过程，重新建立路由路径。

　　TTDD 路由协议以源节点为中心展开，整个网络变成数据源节点捕捉汇聚节点的一个格状网，和以汇聚节点为中心建立路由的场景完全不同。不过 TTDD 算法中节点必须知道自身的位置信息，非汇聚节点位置不能移动，而且要求网络节点密度较大，最难确定的是网络单元大小，这个参数对网络性能有很大的影响。

4.3.4　TEEN 与 APTEEN 协议

　　TEEN(Threshold-Sensitive Energy Efficient Protocols，门限敏感能量有效协议)和APTEEN(Adaptive Periodic TEEN，自适应周期 TEEN)都是 LEACH 协议的改进，TEEN 是针对 LEACH 算法实时性不强的问题提出的一种解决方案，但是 TEEN 不能周期性地采集数据，然而 LEACH 协议主要是实现周期性地对环境采集数据。APTEEN 算法综合了 LEACH和 TEEN 的思想，提出了一种既可以周期性地采集数据，又可以实时采集数据的方法。

1. 基本思想

　　TEEN 采用与 LEACH 相同的多簇结构和运行方式。不同的是，在簇的建立过程中，随着簇首节点的选定，簇首除了通过 TDMA 方法实现对节点的调度外，还向簇内成员广播有关数据的硬阈值和软阈值两个参数。硬阈值是被检测数据所不能逾越的阈值，软阈值则规定被测数据的变动范围。在簇的稳定阶段，节点通过传感器不断地感知其周围环境，当节点首次检测到数据达到硬阈值时，便打开收发器进行数据传送，同时将该检测值存入节点内部变量。节点再次进行数据传送时要满足两个条件：当前检测值大于硬阈值；当前的检测值与内部变量的差异大于或者等于软阈值。只要节点发送数据，内部变量便置为当前的检测值。在簇重构过程中，如果新一轮的簇首已经确定，该簇首将重新设定和发布以上两个参数。通过设置硬阈值和软阈值两个参数，TEEN 能够大大地减少数据传送次数，比LEACH 算法更节能。TEEN 协议的优点是适用于实时应用系统，能对突发时间做出快速反应；缺点是不适用于需要持续采集数据的应用环境。

　　为了满足周期性采集数据和实时响应特殊事件应用场合的需求，APTEEN 协议结合了LEACH 算法和 TEEN 算法的优点，是一种结合了响应型策略和主动型策略的混合型网络路由协议。

　　◇　响应型策略：在 APTEEN 协议下，节点在检测到突发事件数据时会采用与 TEEN相同的机制。

　　◇　主动型策略：为了改变 TEEN 不能周期发送数据的缺点，APTEEN 在 TEEN 的基础上定义了一个计数器，节点每发送一次数据就将该计数器清零，当计数器时间到达时，不管当前的数据是否满足软、硬阈值的要求都会发送这个数据。

　　APTEEN 提出三种查询的概念：历史数据查询、当前网络的一次查询和持续监控某一事件的连续查询。

2. 关键技术

　　APTEEN 簇头的建立采用集中式控制的思想，由汇聚节点决定簇头节点的个数并且指定簇头节点。一旦簇头建立起来，每个簇头节点就向簇内节点广播以下参数：

　　◇　属性：用来表示用户期望获取信息的一组物理参数。

　　◇　阈值：该参数由硬阈值和软阈值组成，具体用法和 TEEN 协议相同。

◇　调度：采用 TDMA 调度方式，为簇内每个节点分配相应的时隙，注意节点之间不需要时间同步。

◇　技术时间：表示一个节点成功发送报告的最大时间周期。

◇　APTEEN 算法支持以下三种查询方式：

(1) 历史数据查询。接收到查询消息的节点，在自己的时隙内向簇头发送与查询相关的数据。簇头融合所有数据，再分配给它的时隙发送这些数据到汇聚节点。汇聚节点收到这些数据以后，检查消息类型，给响应查询消息的传感器节点发送应答消息。

(2) 当前网络的一次查询。传感器节点在自己的时隙将查询响应数据发送给自己的簇头，汇聚节点收到该数据。如果查询是关于特殊事件的，而且汇聚节点已经收到过该数据，那么汇聚节点就给发送查询响应消息的节点发送应答消息；否则，如果汇聚节点没有收到过相关的数据，那么汇聚节点就给所有处于监听状态的节点发送查询消息。

(3) 持续监控某一事件的连续查询。这是当前网路的一次查询的多次重复，第一轮的时延和当前网络的一次查询相同时，就延时一个 TDMA 帧长度。

4.4　地理位置信息路由协议

在无线传感器网络中，节点通常需要知道它本身的位置信息，这样采集的数据才有意义。例如监测某一区域的环境信息，不仅要知道感知的数据，而且还要知道这一感知数据的位置信息。

在路由协议使用地理位置信息时，一般有两种用途：

◇　基于地理位置的路由协议。该协议直接使用地理位置信息建立路由，节点直接根据地理位置信息制定数据转发策略。

◇　使用地理环境信息作为其他路由算法的辅助。在地理位置信息的支持下，可以限制网络中搜索路由的范围，减少路由控制分组的数量，一般用于泛洪路由协议的改进。

4.4.1　GPSR 协议

GPSR(Greedy Perimeter Stateless Routing，贪婪周边无状态路由)协议是一种直接使用地理位置信息建立路由路径的方法，GPSR 协议算法中使用了贪婪策略，根据使用的贪婪策略的不同，演化出不同的方法。

1. 基本思想

GPSR 协议算法是使用地理位置信息实现路由的一种算法，它使用贪婪算法来建立路由。如图 4-13 所示为 GPSR 协议转发模型。当源节点 S 需要向汇聚节点 D 转发数据分组时，S 首先在自己通信范围内的所有邻居节点中选择距离 D 最近的节点作为下一跳的转发节点，然后将数据分组转发给它。这个过程一直重复，直到数据分组转发到汇聚节点 D。

⚠　注意　贪婪算法采用逐步构造最优解的方法，即在每个阶段都选择一个看上去最优的策略(在一定的标准下)。策略一旦选择就不可再更改，贪婪决策的依据称为贪婪准则，也就是从问题的某一个初始解出发并逐步逼近给定的目标，尽可能快地求得更好的解。

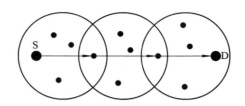

图 4-13　GPSR 协议转发模型

2. 关键技术

GPSR 协议算法需要用到邻居节点的信息，因此需要维护邻居表。为了使网络中所有的节点获得邻居节点的地理位置信息，GPSR 协议采用一种简单的信标发送机制。该机制要求每个节点周期性地向所有邻居节点发送信标信号，该信标信号中包含了节点的标识和节点的位置信息，信标采用广播的方式，所有在该节点广播域中的节点都会收到该信标信号。对于某个节点而言，它可能有多个邻居节点，这些邻居节点之间发送的信标信号有可能发生冲突。为了尽量避免这个问题，GPSR 协议采用了一种随机选取信标发送间隔的策略。在该策略下，一个节点前后两次发送信标时间间隔在 $[0.5B，1.5B]$ 上服从均匀分布，其中 B 为发射信标的平均时间间隔。采用该方法可以降低多个邻居节点发送信标信号的冲突率。采用周期性地发送信标信号的方式，可以检测到邻居节点是否远离或者有新的节点加入。

GPSR 协议中有两个主要核心问题：最佳主机问题和边界转发策略问题。

1) 最佳主机问题

最佳主机问题又称为局部优化问题，其问题原型如图 4-14 所示。

图中，圆 1 是节点 D 的发射和接收区域，圆 2 是节点 B 的接收和发射区域。源节点 S 和目的节点 D 通信，采用贪婪算法到达中间节点 B。从图中可以看出，由于在节点 B 与传输范围内的邻居节点 A 相比，节点 B 距离汇聚节点 D 最近，且节点 B 在节点 D 的接收范围之内，所以节点 B 会选择自己作为数据分组的下一个节点。由于节点 B 的发射区域没有覆盖节点 D，这样数据分组将不能到达目的节点 D，导致数据传输失败。针对这种情况，GPSR 协议提出了边界转发策略来解决最佳主机问题，即当数据传输到节点 B 之后，由于节点 B 的发射区域不能覆盖节点 D，所以节点 B 将选择另外一跳路径(即 B→A→C→D→E→D)来传输数据。

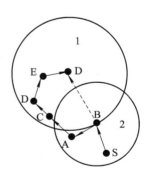

图 4-14　局部优化问题

2) 边界转发策略

边界转发策略的基础是右手法则和平面图的构造。右手法则如图 4-15 所示。

节点 x 收到节点 y 传来的数据，其下一条路径以节点 x 为原点，沿原链路即沿着(x，y)逆时针方向上的第一条链路，即图中所示的(x，z)节点按照此规则依次转发数据。

平面图的构造方法是删除网络拓扑图中交叉的边，对于

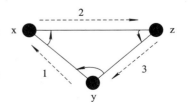

图 4-15　右手法则

网络中的所有节点，假设一跳通信范围的半径为 r，并且都位于同一平面内，如果节点 x 和节点 y 的距离($d(x，y) < r$)，则认为节点 x 和节点 y 之间有一条边 xy。

完整的 GPSR 协议结合使用贪婪算法和边界转发算法来实现数据向目的节点的传播。网络中以贪婪转发为主，当贪婪算法找不到下一跳节点时，在平面图中使用边界转发算法决定下一跳。边界转发示例如图 4-16 所示。

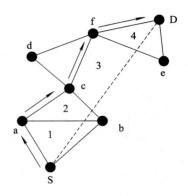

图 4-16 边界转发示例

平面图的边将整个图分成许多小的互不重叠的有界多变形和一些无界区域，这些有界多变形和无界区域统称为 face。其中，有界区域称为内部 face，无界区域称为外部 face。图中 1、2、4 为内部 face，3 为外部 face。对于汇聚节点 D 的数据分组，如果在中间某节点 x 处采用贪婪转发失败，则改用边界转发模式。数据分组从 x 传到 D 需要经过多个 face，这些 face 都被 S 和 D 之间的连线(图中虚线)分割。数据从 S 发送到 D，需要经过前四个 face。边界转发是指数据分组依次沿着这些 face 的边界转发，在每个 face 中，依据右手法则选择下一条边。

当数据分组在节点 S 进入边界转发模式时，将依次沿着与直线 SD 相交的 face 转发该数据分组。第一个 face 内的第一条边的选择依据右手法则，即选择以 S 为原点，沿着 SD 的连线逆时针方向上的第一条链路为该 face 内的第一条边。由于从 S 到 D 需要经过多个 face，因此要考虑 face 之间的转换问题，转换规则为：在一个 face 内，当按照右手法则选择的下一条边与直线 SD 相交时，就进入下一个 face。如图 4-16 中第一个 face 的 ab 边与 SD 相交，此时进入第二个 face，第二条边的选择是以 a 节点为原点，以与 SD 相交的 ab 连线逆时针方向上的第一条链路为第二条转发路径，即 ac 边为第二条转发路径。依次按照这种方法选择转发路径，直到数据转发到节点 D。

4.4.2 GAF 协议

GAF(Geographical Adaptive Fidelity，基于位置的自适应保真)协议是一种使用地理位置信息作为辅助的路由协议，地理位置信息除了用于选择优化路径外，还用于确定等价节点。

1. 基本思想

GAF 协议算法通过让节点尽量处于休眠状态来节省能量。GAF 协议算法的提出是考虑到节点不仅在发送和接收数据分组的时候消耗能量，当节点处于空闲状态的时候也要消耗能量。研究测量表明，空闲、接收和发送的功率消耗之比为 1∶1.2∶1.7，这表明空闲状态下的能量不能被忽略。

GAF 协议算法考虑到无线传感器网络节点的冗余性，提出在维持网络连通性的前提下，适当关闭一些节点以降低节点能量消耗，以提高网络生存时间。GAF 协议算法利用节点的位置信息组成虚拟网络，网格中的节点对于中继转发而言是等价的。这些节点通过分布式协商确定激活节点以及激活时间。关闭的节点周期性地苏醒，与处于激活状态的节点交换角色以平衡能量消耗。GAF 协议本质上还是使用地理位置信息作为辅助,提高网络性能的一种方法。

2. 关键技术

GAF 协议中需要解决三个问题:等价节点的确定、分布式协商算法以及对节点移动的自适应。

1) 等价节点的确定

所谓的等价节点是针对中继转发的效果而言,即一个节点可以代替另外一个节点。根据这个定义,节点的等价性与源节点和目的节点无关。为了达到这个目的,GAF 协议将节点分布的整个区域划分为小"虚拟网格"。"虚拟网格"的定义:对于两个相邻的网格 A 和 B,网格 A 中的所有节点都可以和网格 B 中的节点通信,反之亦然。因此在每个网格中的所有节点对于所有的路由路径来说都是等价的。图 4-17 所示为虚拟网格示意图。

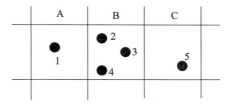

图 4-17 虚拟网格

图中 A、B、C 为三个虚拟网格,其中虚拟网格 A 中的节点 1 可以和虚拟网格 B 中的节点 2、3、4 通信,同时节点 2、3、4 也可以和虚拟网格 C 中的节点 5 通信。所以虚拟网格 B 中的节点 2、3、4 是等价的,可以休眠两个节点。

2) 分布式协商算法

在 GAF 协议中,网络中的节点有三种状态:休眠状态、发现状态和激活状态。如图 4-18 所示为 GAF 协议中节点状态转换图。

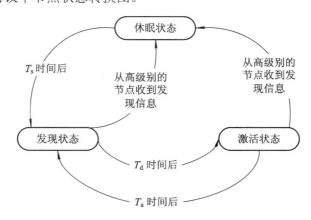

图 4-18 GAF 节点状态转换

节点初始化时处于发现状态,这个状态下节点打开收发信机,通过交换发现报文以及发现相同网格内的其他节点。发现报文的内容包括:节点 ID、网格 ID、节点的估计激活时间以及节点的状态。节点利用自己的位置信息以及网格大小确定网格 ID。

图 4-18 中各个状态的说明如下:

◇ 当节点进入发现状态时,为其设定一个长度为 T_d 的定时器,当定时器时间到达时,节点广播其发现报文,然后转入激活状态。定时器计时可以被其他节点的发现报文暂停。

为了避免多个发现报文的冲突，T_d 选为一个在区间[0，一个常量]均匀分布的随机变量。当有一个节点发送了发现报文后，其他的等价节点都会进入休眠状态，而发送发现报文的节点就进入激活状态。

◇ 当节点进入激活状态时，设定一个长度为 T_d 的定时器，定义节点处于激活状态的时间，T_a 到达后，节点将返回发现状态。

◇ 当节点转入休眠状态时，关闭收发信机。处于休眠状态的节点在休眠了一段时间 T_s 后自动唤醒，进入发现状态。节点休眠时间 T_s 可以设为 0 和节点的估计激活时间之间的一个随机数，一般情况下处于激活状态的节点将激活时间值设置为小于节点预期生存时间的一个值。

3) 对节点移动的自适应

GAF 协议尽量调节网络中处于激活状态的节点数，以使参与路由的节点数保持在一个相对稳定水平上，理想的情况是：在任何时间，每个虚拟网格中都只有一个处于激活状态的节点。然而随着节点的移动，处于激活状态的节点可能会移出所在的网格。这样会使先前所在的网格中没有一个处于激活状态的节点，从而降低了路由的可靠性。当节点移动性比较强时丢包率就比较高。

GAF 协议通过预测并报告节点规律的方式来解决节点移动带来的路由断裂问题。GAF 协议让每个节点预测其离开所在网格的时间，并且将此信息放入发现信息中。当其他节点进入休眠状态以后，它们的休眠时间长度取决于节点激活时间和所在网格的时间中较短的那个，这样就可以适应节点移动性带来的副作用。这种修改没有改变节点的分级规则，但是节点的休眠时间可能会变短。

4.4.3 LAR 协议

LAR(Location-Aided Routing，位置辅助路由)协议也是一种使用地理位置信息作为辅助的路由协议，地理位置信息在这里主要用于优化路径。

1. 基本思想

LAR 协议主要提出一种思想——使用地理位置信息来改进基于"泛洪协议"的路由。在基于泛洪的路由中，源节点 S 要建立到汇聚节点 D 的路径时，它向周围相邻节点广播路由请求分组，当路由请求分组扩散到全网后会建立所需的路由。这种方法需要在全网范围内实现广播查找，大量非相关的节点也牵扯其中，导致路由建立开销过大，LAR 使用节点的地理信息来减少参与路由建立过程的节点数，从而降低网络路由开销。

LAR 协议中，假设源节点 S 知道汇聚节点 D 在 t_0 时刻的位置为 (x_d, y_d) 和平均移动速度 v，那么源节点 S 可以估算出 t_1 时刻 D 可能出现的区域，此区域称为汇聚节点 D 在 t_1 时刻可能出现的期望域，如图 4-19 所示。其中源节点 S 可能在期望域内，也可能在期望域外。

期望域是一个以 (x_d, y_d) 为中心、以 $R = v \times$

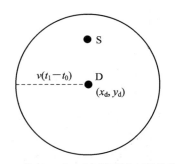

图 4-19 节点 D 在 t_1 时刻可能出现的期望域

(t_1-t_0)为半径的圆。根据估计的区域,可以限制泛洪路由搜索的范围,只有在搜索范围内的节点才转发路由请求分组,从而减少了路由寻找的开销。在该机制下,源节点 S 发出的路由请求分组中需要指明搜索的范围,当其他节点接收到该路由请求分组后,需要比较自己的位置是否在路由请求分组指明的搜索范围内,以决定是否转发该路由请求分组。

如果节点 D 收到路由请求分组后,向 S 回复路由应答分组。一旦 S 收到路由应答分组,就说明 S 和 D 之间的路径已经建立起来。如果源节点 S 没有收到路由应答分组,节点 S 会重新发送路由请求分组,并且搜索范围比前一次大。如果还是没有找到合适的路由,那么继续扩大搜索范围。直到在全网中搜索路由,这就退化到一般的泛洪路由算法。

2. 关键技术

根据 LAR 协议描述,当源节点 S 知道 t_0 时刻目标节点 D 的位置和平均移动速度 v,就可以估计出 t_1 时刻 D 可能出现的区域,该区域称为期望域。为了寻找路由,源节点需要在一定范围内扩散路由请求分组,该范围称为寻找域。

1) 期望域

由图 4-19 可知期望域是一个以为(x_d, y_d)中心、以 $R=v\times(t_1-t_0)$ 为半径的圆,但是源节点 S 并不一定保证在期望域中一定能找到节点 D。如果源节点 S 并不知道节点 D 的预先位置,那么 S 将整个网络作为期望域,此时 LAR 算法退化为普通的泛洪算法。如果源节点 S 知道关于节点 D 的信息越多,期望域范围也就越小。如果源节点 S 知道汇聚节点 D 的运动方向是向上移动,那么期望域的范围就可以缩为一个半圆,如图 4-20 所示,期望域缩小为上半圆。期望域越小,网络中转发路由请求的节点就越小,网络的路由寻找开销就越小,反之路由开销就越大。

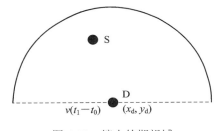

图 4-20　缩小的期望域

2) 寻找域

为了减少路由寻找开销,源节点 S 为路由请求分组限定了一个路由请求区域,称为寻找域。只有在寻找域中的节点才转发路由请求分组。为了增加路由请求分组到达节点 D 的成功率,寻找域应该包括期望域以及期望域以外的其他区域,主要有以下两种原因:

◇　节点 S 不在期望域内,则从 S 到 D 的路径必然有一部分在期望域之外。

◇　虽然寻找域包含了期望域,但是较小范围的寻找域未必合适。在这种情况下需要扩大寻找域。

LAR 路由算法对寻找域的定义依赖于所采用的算法,中间节点只需要判断自己是否位于寻找域中。一般分两种情况,源节点在期望域内和源节点在期望域外。

◇　源节点 S 在期望域内,如图 4-21 所示,圆形区域为期望域,方形区域为寻找域。寻找域的顶点为 A、B、C、D。

◇　源节点 S 在期望域外,如图 4-22 所示,圆形区域为期望域,方形区域为寻找域。寻找域的顶点为 S、A、B、C。

上述两种情况下,源节点 S 都可以决定寻找域的四个顶点。当 S 发起路由请求的时候,首先确定这几个顶点的坐标,然后在路由请求分组中携带这些顶点的坐标,当中间节点收到该路由分组时，通过判断自己是否在寻找域内，从而决定是否转发该分组。比如节点 I 在寻找域内，当节点 I 收到路由分组时，就转发路由分组，依此类推，直到目的节点 D 收到路由分组。当目的节点 D 收到路由请求分组后，向源节点 S 回复路由应答分组，该路由应答分组中携带了当前时间和节点 D 的当前位置信息。节点 S 收到该路由应答分组后，记录节点 D 的新位置。上述两种情况下，由于节点 J(如图 4-21 所示)不在寻找域的范围之内，所以当 J 收到路由请求分组时，应丢弃该分组。

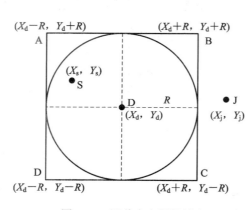

图 4-21　源节点在期望域内

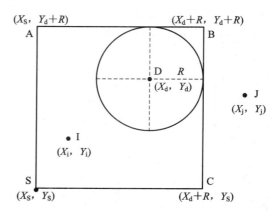

图 4-22　源节点在期望域外

4.4.4　GEAR 协议

GEAR(Geographic and Energy Aware Routing，地理位置和能量感知的路由)协议结合了 DD 和 GPSR 算法的思想，并且在选择路由时考虑了能量的因素。

1. 基本思想

GEAR 协议算法借鉴 DD 算法的思想，采用查询的方法来建立从汇聚节点到事件区域的路由。与 DD 算法采用的泛洪方法不同，GEAR 协议借鉴 GPSR 贪婪算法的思想，利用节点的地理位置信息以及节点的能量剩余情况，建立查询消息到达目的区域的路径。当查询消息到达目标区域以后，查询消息采用一种迭代地理转发机制来发送。相关的检测数据沿着查询消息的反向路径汇集到汇聚节点。

GEAR 协议算法需要保证链路的对称性，节点周期性地广播 hello 信息来告知邻居节点自己的位置和能量信息，同时进行链路对称性的一些检查和判断工作。

2. 关键技术

GEAR 协议是一种依据邻居节点地理位置来选择下一跳的路由协议，然而目前基于地理位置信息的路由协议都是基于局部最优的角度在邻居节点中选择下一跳。基于局部最优的选择算法容易导致一个严重的问题——无效节点区域问题。

无效节点是一个只有一个邻居节点，并且刚接收到邻居节点发来的分组的节点。当分组到达一个无效节点后，分组就无法继续向下一跳传输，因此路由协议要避免路由进入无效节点，如图 4-23 所示。

源节点 S 用基于地理位置的算法向目标节点 D 发送一个路由探索请求。当请求到达 A

节点时，GEAR 协议会选择节点 A 的所有的邻居节点中离目标节点 D 最近的节点 B 作为下一跳。节点 B 的下一跳为节点 C，节点 C 只有节点 B 一个邻居节点，并且刚刚接收到节点 B 发来的请求信息，所以节点 C 为一个无效节点，当分组传到节点 C 时就无法向下一跳传输。

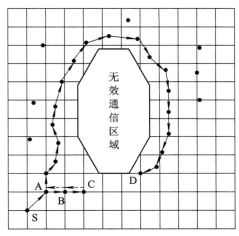

图 4-23　无效节点问题

　　GEAR 协议对无效节点区域的处理方法是当请求到了无效节点区域后，再逆向返回选择其他合适的节点作为下一跳。如图 4-23 所示，当请求到了无效节点 C 后，节点 C 没有下一跳节点的选择，就会将请求信息沿原路返回到节点 A，此时节点 A 会重新选择其他的路径将请求信息发往节点 D。

 # 4.5　可靠路由协议

　　一些传感器网络应用对数据传输的可靠性提出了比较高的要求，因此在无线传感器网络路由中一个重要方面是研究可靠路由协议。传感器节点由于有限能量供应和工作环境的恶劣影响，传感器节点经常会面临失效的问题，适合于无线传感器网络的可靠路由协议成为研究的热点。

　　一些传感器网络中，汇聚节点需要根据采集数据实时作出反应，因此传感器节点到汇聚节点的数据通道要保持一定的传输速率。SPEED 协议是一个实时路由协议，在一定程度上实现了端到端的传输速率保证、网络拥塞控制以及负载平衡机制。

1. 基本思想

　　SPEED 协议首先交换节点的传输延迟，以得到网络负载情况；然后节点利用局部地理信息和传输速率信息作出路由决定，同时通过邻居反馈机制保证网络传输速率在一个全局定义的传输速率阈值之上。节点还通过反向压力路由变更机制避开延迟太大的链路和路由空洞。

　　SPEED 协议主要由以下几部分组成：

　　◇　延迟估计机制，用来得到网络的负载情况，判断网络是否发生拥塞。

◇ SNGF(Stateless Non-determinnistic Geographic Forwarding)算法,用来选择满足传输速率要求的下一跳节点。

◇ 邻居反馈策略,是当 SNGF 算法找不到满足传输速率要求的下一跳节点时采取的补偿机制。

◇ 反向压力路由变更机制,用来避免拥塞和路由空洞。

SPEED 协议中各部分之间的关系如图 4-24 所示。

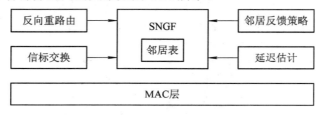

图 4-24　SPEED 协议框架

2. 关键技术

1) 延迟估计

在 SPEED 协议中,节点记录到邻居节点的通信延迟,用来表示网络局部的通信负载。通信延迟主要是指发送延迟,而忽略传输延迟。在带宽有限的网络条件下,如果专门探测节点间的通信延迟,则开销比较大。SPEED 协议采用数据包捎带的方法得到节点之间的通信延迟,具体过程如下:

◇ 发送节点给数据分组加上时间戳。

◇ 接收节点计算从收到数据分组到发出 ACK 的时间间隔,并将其作为一个字段加入 ACK 报文。

◇ 发送节点收到 ACK 后,从收发时间差中减去接收节点的处理时间得到一跳的通信延迟,并将通信延迟告知邻居节点。

2) SNGF 算法

节点将自己的邻居节点分为两类:比自己距离目标区域更近的节点和比自己距离目标区域更远的节点。距离目标更近的节点称为候选转发节点集合。节点计算到候选转发集合中的每个节点的传输速率。传输速率定义为节点间的距离除以节点间的通信延迟。

如果节点的候选转发节点集合为空,则意味着分组走到了路由空洞中。这时节点将丢弃分组,并使用反向压力信标消息通告上一跳节点,以避免分组再走到这个路由空洞中。

根据传输速率是否满足预定的传输速率阈值,候选转发节点集合中的节点又分为两类:大于速率阈值的邻居节点和小于速率阈值的邻居节点。候选转发节点集合中所有节点的传输速率越大,被选中的概率越大;若候选转发节点集合内所有节点传输速率都小于速率阈值,则使用邻居反馈策略算法计算一个转发概率,并按照这个概率转发分组。如果决定转发分组,候选转发节点集合内的节点将按照一定的概率分布选择为下一跳节点。

3) 反馈机制

为了保证节点间的数据传输满足一定的传输速率要求,引入邻居反馈机制。在邻居反馈机制中,数据丢失和低于传输速率阈值的传送都视为传输差错。如图 4-25 所示为邻居反馈机制。

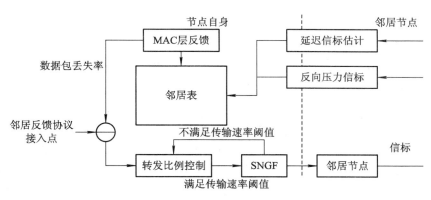

图 4-25 邻居反馈机制

MAC 层收集差错信息，并把到邻居节点的传输差错率通告给转发比例控制器，转发比例控制器根据这些差错率计算出转发概率，供 SNGF 路由算法作出路由选择。满足传输速率阈值的数据按照 SNGF 算法决定的路由传输出去，而不满足传输速率阈值的数据传输由邻居反馈机制计算转发概率。这个转发概率表示网络能够满足传输速率要求的程度，因此节点按照这个概率进行转发。

由传输差错率计算转发概率的方法：节点查看候选转发节点集合中的节点，如果存在节点的传输差错率为零，表明存在节点满足传输速率要求，因而设转发概率为 1，否则设转发概率为 0。

4) 路由变更

邻居反馈机制可以保证节点间一定的传输速率，但是不能对网络拥塞作出有效反应。为此，引入反向压力路由变更机制。

当网络中某个区域发生事件时，数据量会突然增大。事件区域附近的节点传输负载加大，不再能够满足传输速率要求。产生拥塞的节点用反向压力信标消息向上一跳节点报告拥塞，并用反向压力信标消息表明拥塞后的传输延迟，上一跳节点将重新选择下一条节点。如果节点的候选转发节点集合中所有邻居节点都报告了拥塞，节点计算出这些邻居节点的传输延迟的平均值作为自己的延迟，并用反向压力信标消息继续向上一跳节点报告拥塞。

4.6 按需路由协议

按需路由协议又称反应式路由协议或被动路由协议，是一种当需要时才进行的路由选择方式。与主动路由协议相比，按需路由协议中的节点平时并不实时地维护网络路由，只有在节点有数据要发送时才激活路由发现机制。由源节点在网络中发起路由查找过程，找到相应的路由后，才开始发送分组。本节介绍三种按需路由协议：DSDV(Destination Sequenced Distance Vector，目的序列距离矢量)协议、DSR(Dynamic Source Routing，动态源路由)协议和 AODV(Adhoc On-demand Distance Vector routing，按需距离矢量)协议。

4.6.1 DSDV 协议

DSDV 协议被认为是最早的移动自组织路由协议，其主要特点是采用序列号机制来区分路由的新旧程度，防止可能发生的路由环路。

1. 基本思想

在 DSDV 协议中，每个移动节点都需要维护一个路由表。路由表表项包括目的节点、跳数和目的地序号。其中目的地序号由目的节点分配，主要用于判别路由是否过时，并可防止路由环路的产生。每个节点必须周期性与邻节点交换路由信息，当然也可以根据路由表的改变来触发路由表更新。路由表更新有以下两种方式：

◇　全部更新：拓扑更新消息中将包括整个路由表，主要应用于网络变化较快的情况。

◇　部分更新：更新消息中仅包含变化的路由部分，通常适用于网络变化较慢的情况。

在 DSDV 协议中只使用序列号最高的路由，如果两个路由具有相同的序列号，那么将选择最优的路由(如跳数最短)。

2. 关键技术

当网络中有新的信息广播分组，移动节点收到新的广播分组时，路由的更新遵循以下两个原则。

◇　比较该更新分组中携带的路由信息和节点保存的路由条目。如果节点收到的路由的目的节点序列号大于路由表中相应的目的节点的序列号，则采用有更新序列号的路由而丢弃原有的旧序列号的路由。

◇　如果更新分组中目的节点序列号与现存的序列号相同，则选择具有较好度量的路由条目，如新路由有较好度量，则丢弃现存的路由或将其存储为次路由。

当网络拓扑结构改变时，DSDV 算法采用以下两种方法来检测链路的中断：

◇　MAC 层检测到某条链路中断时，向路由层报告。

◇　通过时间推断，即节点在过了一段时间后仍没有收到某个节点发送的分组，就自动认为本节点到该节点的链路中断，将相应的路由条目设置为无穷大来描述断开的链路。

检测出链路中断的节点会发送一个更新分组，该分组有一个新的序列号，跳数为无穷大。这会引起网络中路由表的更新，只有当再次收到丢失节点的信息后新的路由才会重新建立起来。

4.6.2　DSR 协议

DSR 协议是基于源路由概念的按需自适应路由协议。移动节点需保留存储节点所知的源路由的路由缓冲器。当新的路由被发现时，缓冲器内的条目随之更新。

1. 基本思想

DSR 协议是一种基于源路由方式的按需路由协议。节点需要发送数据时才进行路由发现过程。发送节点在分组中包含了源节点到目的节点的完整路由信息，该路由信息由网络中的若干节点地址组成，各个节点按照该路由信息来转发分组。但是当它检查到自己的缓存中没有目的节点的路由时，它将启动路由发现过程。源节点采用泛洪的方式给网络中的其他节点发送路由请求分组(RREQ)。每一个收到该分组的节点向它的邻居节点转发该分组，除非它就是目的节点或者在它的缓存中存在目的节点的有效路由。这样的节点将会回复一个路由应答分组(RREP)给源节点。RREQ 和 RREP 分组服从源路由算法，由 RREQ 分组建立了一条到目的节点的路径，RREP 利用该路径的反向路径至源节点。源节点将收到的 RREP 分组所携带的路由信息存储到它的缓存中以备后用。DSR 基于源路由工作方式如图 4-26 所示。

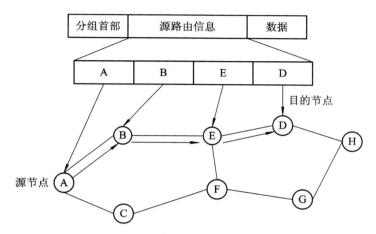

图 4-26　DSR 基于源路由工作方式

源节点 A 发起路由请求，源节点 A 到目的节点 D 建立路由路径为 A—B—E—D，即源路由信息。这条路径将被保存在源节点 A 的缓存中。

2. 关键技术

DSR 协议由两部分组成，即路由发现过程和路由维护过程。路由发现是帮助源节点获得到达目的节点的路由，只有在源节点需要发送数据时才启动。路由维护是在源节点给目的节点发送数据时检测当前路由的可用情况，当网络拓扑变化导致路由故障时，切换到另一条路由或者重新发起路由发现过程。

1) 路由发现

当一个节点要发送分组给某一目的节点时，它会首先查看自己的路由缓存中是否已有现成的路由信息可以使用。如果存在一条到达目的节点的路由，并且其生存期没有到期，则直接使用路由发送分组；如果路由缓存中没有通向目的节点的路由，则启动路由发现过程。路由发现过程使用泛洪路由技术，路由发现过程分为以下四步：

◇ 源节点向邻居节点广播路由请求报文。其中报文包括源节点地址、目的节点地址、路由记录(按顺序累积记录此路由请求报文所经过的节点的地址)、请求 ID(由源节点自己产生的序号，同一个节点所发送的路由请求报文中的请求标识不相同)。

◇ 一个中间节点收到路由请求报文后，需要进行请求报文检测，若检测到所接收的路由请求报文是未处理过的，则中间节点将会将自己的地址附在路由记录中，并将该路由请求报文作为本地广播发送给邻居节点。

◇ 如果接收节点就是目的节点，这时路由记录字段中记录的节点地址序列就构成了从源节点到目的节点的路由信息，把此路由信息加入到路由应答报文中，并将此报文回送给源节点。图 4-27 所示为 DSR 路由发现过程。

◇ 目的节点收到源节点的 RREQ 报文时，将沿原路返回向源节点发送 RREP 应答报文。

在 DSR 路由发现过程中，中间节点会对路由路径进行一些处理，包括中间节点收到来自同一个源节点，并且请求 ID 相同的请求报文，中间节点将丢弃请求其中的一个报文选择最优路径的报文，如图 4-27 所示，E 节点丢弃 F 转发的请求报文。目的节点 D 同样选择最优路径报文，即 A—B—E—D 报文。

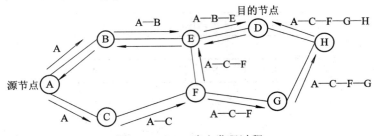

图 4-27　DSR 路由发现过程

2）路由维护

路由维护可以分为抢修、无确认路由修复、混合侦听和随机延迟。

◇ 抢修：当分组传送过程遇到链路断开时，可由中间节点根据自己的缓存来选择另一条路由路径。在发送 RRER 分组之后，节点可能试图抢修遇到路由出错的数据分组而不是丢弃它。它首先搜索自己的路由缓存，若查找到目的节点的路由，则通过用自己缓存中的路由替换分组中的源路由来抢修数据分组。

◇ 无确认路由修复：源节点在收到 RRER 分组时，可把它包含在下次发送的 RREQ 中，这样可以帮助网络中其他节点获得 RRER 信息，刷新路由缓存。

◇ 混合侦听：当节点侦听到并不是发给自己的分组时，它检查存储器，如果有通过自己的更好的路由，就发送 RREP 给源节点。这样可以让节点不需要直接参与路由过程也能获得路由信息。另一方面，如果听到的是 RREP 分组，对方就停止 RREP 的传送，可以在一定程度上避免 RREP 分组的泛滥。

◇ 随机延迟：为了防止 RREQ 在泛洪过程中产生冲突，每个节点在收到 RREQ 分组时，转发前都会随机延迟一段时间。节点为某个路由请求启动路由建立过程。在收到 RREP 分组之前，如果还没有超过最小时间限制，节点不会为该请求再次启动路由建立。

DSR 协议的优点在于只有在需要通信的节点间维护路由，减少了路由维护的代价；路由缓存技术可以减少路由发现的代价；采用路由缓存技术，可以在一次路由的发现过程中产生多条到达目的节点的路径。

4.6.3　AODV 协议

AODV 协议是在 DSDV 协议的基础上结合 DSR 协议中按需路由机制进行改进后提出的一种采用逐条分组的路由协议。

1. 基本思想

AODV 协议旨在多个移动节点中建立和维护一个动态的、自启动的、多跳路由的专属网络。AODV 协议使得移动节点能快速获得通向新的目的节点的路由，并且节点仅需要维护通向它信号所及范围内的节点的路由，更远的节点的路由信息则不需要维护。网络中节点的连接断开和移动会使网络拓扑结构发生变化，AODV 协议使得移动节点能适时对这种变化作出响应。

2. 关键技术

AODV 协议与 DSR 协议的不同是 AODV 协议具有路由表信息，即网络中每个节点维护路由缓存表，路由缓存表的内容是到达源节点已知节点的路由。

1) 路由发现过程

节点发信息时，先在路由表中查找路由，如果有合适的路由则按照路由发送信息，没有就进行路由发现过程。节点广播路由请求(RREQ)给自己所有的邻居节点，邻居节点在接收到 RREQ 后，先在自己的路由表中查找是否有到目的节点的路由，如果有则将路由信息写入 RREP 包发给源节点；如果没有，再将 RREQ 转发给自己所有的邻居节点。以此类推，直到到达目的节点或是中间某个节点知道到达目的节点的路由。

2) 路由维护过程

如果某个发起路由请求的源节点移动了，它能够再次发起一个路由发现过程，以找到到目的节点的新路由。如果沿着路由的某个节点移动了，在移动节点的"上游"邻居节点就会注意到此节点的移动，这时上游节点会传播一个链路断开信息给上游节点的每一个有效的上游节点，通知它们删除路由表中对应的无效路由。这些邻节点依次转播这个链路断开信息给上游节点，一直到达源节点。源节点将再次发起路由发现过程。

AODV 路由协议结合了 DSR 和 DSDV 路由协议，并使用 DSR 中基于广播的路由发现机制，每个节点都维护路由表，采用 DSDV 逐跳路由、序列号。数据分组不再携带完整的路由信息，仅维护活跃的路由。

与 DSDV 协议相比，AODV 路由协议的特点是采用按需路由，不需要维护整个网络的拓扑信息，只有在发送分组没有到目的节点的路由时才发起路由发现过程。与 DSR 协议相比，由于节点建立和维护路由表时分组中不需携带完整的路由信息，因此路由表仅维护一条到目的节点的路由。

小 结

通过本章的学习，学生应该掌握：

◆ 无线传感器网络路由协议从功能上来讲是将数据从源节点传输到目的节点的机制。

◆ 路由协议具有能量受限、拓扑结构变化性强、以数据为中心等特点。

◆ 以数据为中心的路由协议对感知的数据按照属性命名，对相同属性的数据在传输过程中进行融合操作，减少网络中冗余数据传输。

◆ 分层路由协议思想下的网络被划分为簇，每个簇由簇头和簇成员组成。

◆ 地理位置的路由协议直接使用地理位置建立路由，节点直接根据位置信息制定数据转发策略。

◆ SPEED 协议实现了端到端的传输速率保证、网络拥塞控制以及负载平衡机制。

◆ 按需路由协议又称反应式路由协议或被动路由协议，是一种当需要时才进行路由发现的路由选择方式。

 习 题

1. 下面哪些协议是以数据为中心的路由协议_____。

A. DD 协议   B. GAF 协议

C. TTDD 协议   D. SPEED 协议

2. 下面哪些协议不是地理位置信息路由协议_____。

A. GPSR 协议   B. TTDD 协议

C. GAF 协议   D. GEAR 协议

3. 无线传感器网络路由层根据不同的应用将路由协议分为五类：_____、_____、_____、_____和_____。

4. 简述 AODV 协议的基本思想。

5. 简述无线传感器网络路由协议的功能和特点。

第5章 服务支撑技术

本章目标

- ◆ 理解时间同步技术。
- ◆ 掌握数据融合技术。
- ◆ 理解定位技术。
- ◆ 了解网络安全应用技术。
- ◆ 了解容错设计技术。
- ◆ 了解服务质量保证问题。

学习导航

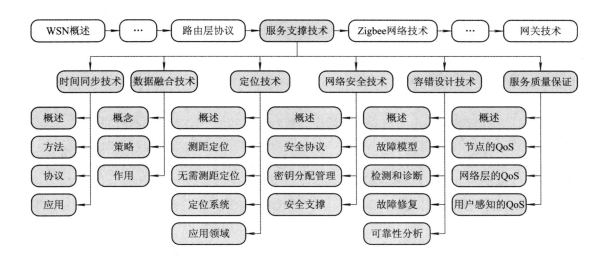

5.1 时间同步技术

时间同步技术作为无线传感器网络的基础技术之一，不仅是无线传感器网络中各种应用正常运行的必要条件，并且其同步精度直接决定了其他服务的质量。本节主要介绍无线传感器网络时间同步的基本概念、方法、协议和应用。

5.1.1 概述

时间同步就是通过对本地时钟的某些操作，达到为分布式系统提供一个统一时间标度的过程。在集中式系统中，由于所有进程或者模块都可以从系统唯一的全局时钟中获取时间，因此系统内任何两个事件都有着明确的先后关系。而在分布式系统中，由于物理上的分散性，系统无法为彼此间相互独立的模块提供一个统一的全局时钟，而由各个进程或模块各自维护它们的本地时钟。由于这些本地时钟的计时速率、运行环境存在不一致性，因此即使所有本地时钟在某一时刻都被校准，一段时间后，这些本地时钟也会出现不一致。为了让这些本地时钟再次达到相同的时间值，必须进行时间同步操作。

无线传感器网络是一种新的分布式系统。节点之间相互独立并以无线方式通信，每个节点维护一个本地计时器，计时信号一般由晶体振荡器提供。由于晶体振荡器制造工艺的差别，并且其在运行过程中易受到电压、温度以及晶体老化等多种外在因素的影响，每个晶振的频率很难保持一致性，必须对其进行时间同步操作。目前，无线传感器网络时间同步需要重点解决以下三个方面的问题：

♦ 如何设计时间同步协议，使得同步精度尽可能高，即同步误差尽可能得小。

♦ 如何设计满足应用需求的低功耗的时间同步协议，以尽可能地延长网络的生命周期。

♦ 如何设计可扩展性强的时间同步协议或算法，以适应不断扩大的网络规模和由此带来的系统动态性的增强。

5.1.2 方法

目前无线传感器网络的时间同步方法有很多，可以将其分为三类：

♦ 排序、相对同步和绝对同步。

♦ 外同步和内同步。

♦ 全网同步和局部同步。

1. 排序、相对同步和绝对同步

一些研究者将时间同步的需求分为排序、相对同步和绝对同步三个不同的层次。实现对事件的排序是最简单的时间同步需求，即实现对事件发生的先后顺序的判断，这是第一个层次。相对同步是第二个层次，节点维持其本地时钟的独立运行，动态获取并存储它与其他节点之间的时钟偏移和时钟漂移，根据这些信息，实现不同节点本地时间值之间的相互转换，达到时间同步的目的。相对同步的典型代表为 RBS 协议(详见 5.1.3 节)。相对同步并不直接修改节点本地时间，保持了本地时间的连续运行。第三个层次是绝对同步：节点的本地时间参考基准并保持时刻一致，因此除了正常的计时过程对节点本地时间进行修改外，节点本地时间也会被时间同步协议所修改，其典型代表协议为 TPSN(详见 5.1.3 节)。

2. 外同步和内同步

外同步是指同步时间参考源来自于网络外部。典型外同步的例子为：时间基准节点通过外接 GPS 接收机获得 UTC(Universal Time Coordinated，外部时间调节)时间。网内的其他节点通过时间基准节点实现与 UTC 时间的间接同步；或者为每个节点都外接 GPS 接收机，从而实现与 UTC 时间的同步。

内同步是指同步时间参考源来自于网络内部，例如网内某个节点的本地时间。

3. 全网同步与局部同步

根据不同应用的需要，若需要网内所有节点的时间同步，则称为全网同步。而某些时间触发类应用，往往只需要部分与该事件相关的节点时间同步即可，称为局部同步。

5.1.3　协议

本节将介绍无线传感器网络领域内具有代表性的时间同步协议。典型的时间同步协议有 DMTS 协议、RBS 协议以及 TPSN 协议。

1. DMTS 协议

DMTS(Delay Measurement Time Synchronization，延迟测量时间同步)协议中选择一个节点作为时间主节点广播同步时间。所有接收节点测量这个时间广播分组延迟，设置它的时间为接收到分组的时间加上这个广播分组延迟，这样所有接收到广播分组的节点都与主节点进行时间同步。时间同步精度主要由延迟测量的精度所决定。

DMTS 协议的时间广播分组的传输过程如图 5-1 所示。

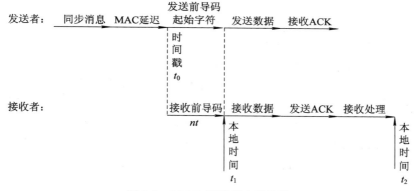

图 5-1　DMTS 同步报文的传输

主节点在检测到信道空闲时，给广播分组加上时间戳 t_0，用来去除发送中的处理延迟和 MAC 层的访问延迟。在发送广播分组前，主节点需要发送前导码和起始字符，以便接收节点进行接收同步，根据发送的信息个数 n 和发送每比特位需要的时间 t，可以估计出前导码和起始字符的发送时间为 nt。接收节点在广播分组到达时刻加上本地时间 t_1，并调整自己的时钟之前时刻再记录时间 t_2，接收端的接收处理延迟就是 t_2-t_1。如果忽略无线信号的传播延时，接收节点从 t_0 时刻到调整时钟前的时间长度约为 $nt+(t_2-t_1)$。因此接收节点为了与发送节点时钟同步，调整其时钟为 $t_0+nt+(t_2-t_1)$。

DMTS 协议没有考虑传播延时、编解码时间的影响，并且没有对时钟漂移进行补偿，同步精度不高。但通过单个的广播报文，一次就可以同步广播域内的所有节点，并且计算简单，是一种非常简单有效的同步协议。

2. RBS 协议

RBS(Reference Broadcast Synchronization，参考广播同步)协议不是同步报文的收发双方，而是同步报文的多个接收者，可以适用于单跳网络和多跳网络中。

1) 单跳网络

单跳网络是指发送节点与接收节点中间没有路由中继，所以称为单跳网络。RBS 协议的基本原理如图 5-2 所示。

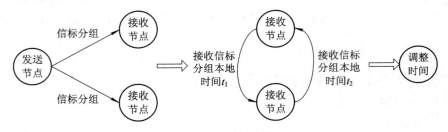

图 5-2 RBS 协议基本原理

发送节点广播一个信标分组，广播域中两个节点都能够接收到这个分组。每个接收节点分别根据自己的本地时间记录接收到信标分组的时刻，然后交换它们记录的信标分组接收时间。两个接收时间的差值相当于两个接收节点间的时间差值 t_2-t_1，其中一个接收节点可以根据这个时间差值更改它的本地时间，从而达到两个接收节点的时间同步。

2) 多跳网络

RBS 协议可以实现两个多跳节点之间的同步。图 5-3 所示为一个三跳网络的物理拓扑结构。

以图 5-3 中的节点 1 和节点 9 为例，由于节点 9 和节点 4 处于以节点 C 为参考节点的单跳区域中，由于单跳 RBS 协议，它们之间的本地时间可以相互转换。因此以节点 4 为媒介，节点 9 的本地时间可以和节点 1 的本地时间相互转换。同理，网络中的所有节点可以互换本地时间，以达到时间同步。

RBS 协议使用接收者/接收者同步机制排除了发送方延迟的不确定性，摒弃了以 DMTS 协议为代表的传统发送者/接收者同步协议，获得了较高的精度。

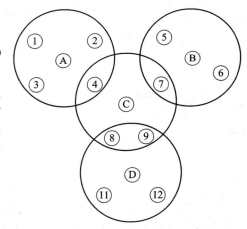

图 5-3 三跳网络的物理拓扑结构

3. TPSN 协议

TPSN(Timing-sync Protocol for Sensor Networks，传感器网络时间同步)协议的目的是提供传感器网络全网范围内节点间的时间同步。一些研究者认为传统的发送者/接收者同步协议的同步精度较低的根源在于：基于单向报文所估算出的报文传播延迟不够精确。如果采用双向报文，基于报文的对称性，有可能精确计算出报文的传输延迟，因此能获得高的同步精度。TPSN 协议引入了双向报文交换协议，如图 5-4 所示。

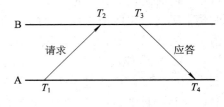

图 5-4 双向报文交换

T_1 和 T_4 用节点 A 的本地时间记录，T_2 和 T_3 用节点 B 的本地时间记录。节点 A 向节点 B 发送一个同步请求报文，节点 B 在接收到该报文后，记录下接收时刻 T_2，并立即向节点

A 返回一个同步应答报文，并把 T_2 和该报文的发送时刻 T_3 嵌入在报文中，当节点 A 收到该报文时，记录下接收时刻 T_4。令 t 为当节点 A 的本地时刻为 T_1 时，节点 A 和 B 之间的时间偏移。由于 $T_1 \sim T_4$ 时间比较短，可认为当节点 A 的本地时刻为 T_4 时，其与节点 B 之间的时偏没有变化。假设报文的传输延迟相同，均为 d。

由

$$T_2 = T_1 + t + d , \qquad T_4 = T_3 - t + d \tag{5-1}$$

可得

$$t = \frac{(T_2 - T_1) - (T_4 - T_3)}{2} , \qquad d = \frac{(T_2 - T_1) + (T_4 - T_3)}{2} \tag{5-2}$$

因此在 T_4 时刻，若在节点 A 的本地时间上增加修正量 t，就达到和节点 B 之间瞬时的时间同步，此时刻称为同步点。

5.1.4　应用

时间同步是无线传感器网络的基本中间件技术，不仅对其他中间件，而且对各种应用都起着基础性作用，一些典型的应用如下。

1. 多传感器数据压缩和融合

当传感器节点密集分布时，同一事件将会被多个传感器节点接收到。如果直接把所有的事件都发送给基站节点进行处理，将造成对网络带宽的浪费。由于通信开销远高于计算开销，因此对一组邻近节点所侦测到的相同事件进行正确识别，并对重复的报文进行信息压缩后再传输将会节省大量的电能。为了能够正确地识别重复报文，可以为每个时间标记一个时间戳，通过该时间戳可达到对重复事件的鉴别。时间同步越精确，对重复事件的识别也会更有效。

数据融合技术可在无线传感器网络中得到充分发挥，如果要实施数据融合技术，网络中的节点必须以一定精度保持时间同步，否则无法实施数据融合。

2. 低功耗 MAC 协议

无线传感器网络 MAC 层协议设计的一个基本原则是尽可能地关闭无线通信模块，只在无线信息交换时短暂唤醒它，并在快速完成通信后，重新进入休眠状态，以节省宝贵的电能。如果 MAC 协议采用最直接的时分多路复用策略，利用占空比的调节便可实现上述目标，但需要参与通信的受访首先实现时间同步，并且同步精度越高，防护频带越小，相应的功耗也越低。因此高精度的时间定位是低功耗 MAC 协议的基础。

3. 测距定位

定位功能是许多典型的无线传感器网络应用的必需条件，也是当前的一项研究热点。如果网络中的节点保持时间同步，节点间传输的时间容易被确定。由于电磁波在一定介质中的传输速递是确定的，因此传输时间信息很容易转换为距离信息。所以测距的精度直接依赖于时间同步的精度。

4. 协作传输要求

由于无线传感器网络节点的传输功率有限，距离较远的节点之间传输不能达到理想的效果，而协作传输的基本思想为：网络内多个节点同时发送相同的信息，基于电磁波的能量累加效应，远方基站将会接收到一个瞬间功率很强的信号，从而实现直接向远方节点传输信息的目的。要实现协作传输，不仅需要新型的调制和解调方式，而且精确的时间同步也是基本前提。

5.2 数据融合技术

无线传感器网络的基本功能是收集并返回其传感器节点所在检测区域的信息。传感器网络节点的资源十分有限，在收集信息的过程中采用各个节点单独传送数据到汇聚节点的方法既浪费了通信带宽和能量，又降低了信息的收集效率。数据融合技术在一定程度上缓解了能量问题和信息收集效率。

5.2.1 概念

数据融合是将来自多个传感器和信息源的多份数据或信息进行相关的处理，去除冗余数据，组合出更有效、更符合用户需求的数据的过程。对于无线传感器网络的应用，数据融合技术主要用于处理同一类型传感器的数据。数据融合的定义有三个要点：

◇ 数据融合是多信源、多层次的处理过程，每个层次代表信息的不同抽象程度。

◇ 数据融合过程包括数据检测、关联、估计与合并。

◇ 数据融合的输出包括低层次上的状态身份估计和高层次上的总战术态势评估。

5.2.2 策略

数据融合策略可以分为应用层数据融合、路由层数据融合以及独立的数据融合。

1. 应用层数据融合

无线传感器网络具有以数据为中心的特点，应用层数据融合的设计需要考虑以下几点：

◇ 应用层的用户接口需要对用户屏蔽底层的操作，用户不必了解具体是如何收集上来的，即使底层实现有了变化，用户也不必改变原来的操作习惯。

◇ 无线传感器网络可以实现多任务，应用层应该提供方便、灵活的查询提交手段。

◇ 通信过程的代价相对于本地计算的代价要高，应用层数据的表现形式应便于进行网内计算，以便大幅度减少通信的数据量，减少能量消耗。

应用层数据融合示例如图5-5所示。

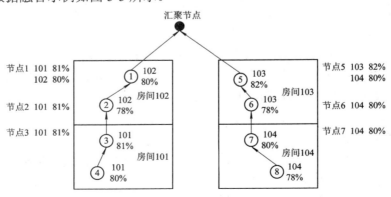

图 5-5 应用层数据融合示例

图中，假设汇聚节点要查询房间 101～104 中湿度值大于 80% 的最大值，低于 80% 的值将会被过滤掉，并且每个节点采集的数据包括房间号和湿度值。根据数据融合策略，详细传输过程如下：

◇　节点 4 采集的湿度值为 80%，节点 4 将数据传输给节点 3。

◇　节点 3 通过数据融合得出房间 101 的湿度值最大为 81%，所以节点 3 将它的数据传输给节点 2。

◇　在节点 2 采集的湿度值小于 80% 时，将过滤掉它本身采集的湿度值 78%，选择传输节点 3 采集的值，所以节点 2 将要传输给节点 1 的值 (101，81%)。

◇　节点 1 传输给汇聚节点的值为 (101，81%)、(102，80%)。同理，房间 3 和房间 4 采集传输的值分别为 (103，82%) 和 (104，80%)。

2. 路由层数据融合

无线传感器网络中的路由方式可以根据是否考虑数据融合分为两类：

◇　地址为中心的路由。图 5-6 所示为以地址为中心的路由，每个源节点沿着到汇聚节点的最短路径转发数据，而不考虑数据融合的路由。

◇　数据为中心的路由。数据在转发的途径中，中间节点根据数据的内容，对来自多个数据源的数据进行融合操作。源节点并未各自寻找最短的路径，而是在中间节点处对数据进行融合，然后再继续转发，如图 5-7 所示，数据在节点 B 处进行融合。

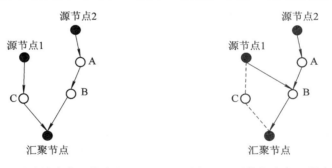

图 5-6　以地址为中心的路由　　　　图 5-7　以数据为中心的路由

以地址为中心的路由和以数据为中心的路由对能量消耗的影响与数据的可融合程度有关。如果原始数据信息存在冗余度，则网络中对能量的消耗将会变大。因为以数据为中心的路由可以减少网络中的转发数据量，因此将表现出很好的节能效果。研究表明，在所有原始数据完全相同的情况下，以数据为中心的路由的节能优势比以地址为中心的节能优势明显。如果在所有数据源的数据之间没有任何冗余信息的情况下，以数据为中心的路由无法进行数据融合，不能发挥节省能量的作用，反而以地址为中心的路由选择的最短路由路径比较节能。

3. 独立的数据融合协议层

以应用层或网络层技术相结合的数据融合技术主要有以下几个缺点：

◇　破环了网络协议层的完整性，上下层协议不透明。

◇　为了跨协议层理解数据，需要对数据进行命名，而命名机制导致来自统一源节点的不同类型的数据之间不能融合。

◇ 采用了网内处理的手段，虽然带来了较好的融合程度，但会导致信息丢失过多，且容易引入较大的延迟。

针对于此，研究者提出了 AIDA(Application Independent Data Aggregation，独立于应用的数据融合机制)。AIDA 的基本思想就是不关心数据内容，而是根据下一跳地址进行多个数据单元的合并，通过减少数据封装头部的开销以及 MAC 层的发送冲突来达到节省能量的效果。提出 AIDA 的目的除了要避免依赖于应用的融合方案的弊端外，还将增强数据融合对网络负载状况的适应性。当网络负载较轻时，不进行融合或进行低程度的融合；而在网络负载较重，MAC 层发送冲突较严重时，进行较高程度的融合。

AIDA 协议层位于网络层和 MAC 层之间，对上下协议层透明，其基本组件如图 5-8 所示。

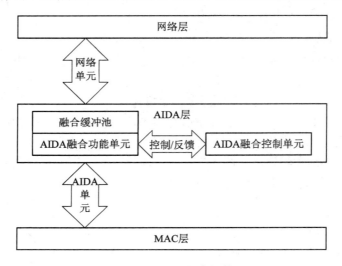

图 5-8 AIDA 基本组件

从图 5-8 可知，AIDA 可以划分为两个功能单元：融合功能单元和融合控制单元。融合功能单元负责对数据包进行融合或解融合的操作；融合控制单元负责根据链路的忙闲状态控制融合操作的进行，调整合并的最大分组数。

AIDA 的工作过程可以分别从发送和接收两个方向进行说明。

◇ 发送方向(从网络层到 MAC 层)：从网络层发来的数据分组(网络单元)被放入融合缓冲池中，AIDA 融合功能单元根据设定的分组数，将下一跳地址相同的网络单元合并成一个 AIDA 单元，并递交给 MAC 层进行传输；融合分组数的确定以及何时调用功能则由 AIDA 融合控制单元决定。

◇ 接收方向(从 MAC 层到网络层)：融合功能单元将 MAC 层递交上来的 AIDA 单元拆散为原来的网络层分组传递给网络层，这样做虽然会在一定程度上降低效率，但其目的是为了保证协议层的模块性，并且允许网络层对每个数据分组重新路由。

AIDA 提出的出发点并不是将网络的生存时间最大化，而是要构建一个能够适应网络负载变化、独立于其他协议层的数据融合协议层；能够在保证不降低信息的完整性和降低网络端到端延迟的前提下，以数据融合为手段，减轻 MAC 层拥塞冲突，降低能量的消耗。

5.2.3   作用

无线传感器网络中数据融合的作用主要集中在节省整个网络的能量、增强数据的准确性和提高收集数据的效率三个方面。

1. 节省整个网络的能量

无线传感器网络是由大量传感器节点覆盖到的监测区域组成的。鉴于单个传感器节点的监测范围和可靠性是有限的，因此在部署网络时，需要使传感器节点达到一定的密度以增强整个网络的可靠性和监测信息的准确性，有时需要使多个节点的监测范围互相交叠。这种监测区域的相互重叠将导致邻近节点报告信息存在一定程度的冗余。比如对于监测温度的传感器网络，每个位置的温度可能有多个传感器节点进行监测，这些节点所报告的温度数据会非常接近或完全相同。在这种冗余程度很高的情况下，把这些节点报告的数据全部发送给汇聚节点与仅发送一份数据相比，除了使网络消耗更多的能量外，汇聚节点并没有获得更多的信息。

数据融合就是针对上述情况对冗余数据进行网内处理，即中间节点在转发传感器数据之前，首先对数据进行整合，去除冗余信息，在满足应用需求的前提下将需要传输的数据量最小化。网内处理利用的是节点的计算资源和存储资源，其能量消耗与传送数据相比要少。

2. 获取数据的准确性

无线传感器网络由大量低廉的传感器节点组成，部署在各种各样的环境中，从传感器节点获得的信息存在较高的不可靠性，这些不可靠因素主要来自于以下几个方面：

◇   受到成本及体积的限制，节点配置的传感器精度一般较低。

◇   无线通信的机制使得传送的数据更容易因受到干扰而遭破坏。

◇   恶劣的工作环境除了影响数据传送外，还会破坏节点的功能部件，令其工作异常，产生错误数据。

因此采集少数几个分散的传感器节点的数据较难确保得到正确的信息，需要通过对监测同一对象的多个传感器所采集的数据进行整合，来有效提高所获得的信息的精度和可信度。

数据可以全部单独传送到汇聚节点后进行集中融合，这种方法得到的结果有时会产生融合错误，因此往往不如在网内进行融合处理的结果精确。

数据融合一般需要数据源局部信息的参与，如数据产生的地点、产生数据的节点所归属的簇等。相同地点的数据，如果属于不同的簇可能代表完全不同的数据含义，因此不同簇内采集的相同类型的感知数据是不能融合的，例如不同簇内采集的温度值是不能融合的。所以局部信息的参与使得局部融合比整体融合更精确。

3. 提高收集数据的效率

在网内进行数据融合，可以在一定程度上提高网络收集数据的整体效率。数据融合减少了需要传输的数据量，可以减轻网络的传输拥塞，降低数据的传输延迟；即使有效数据量并未减少，但通过对多个数据分组进行合并并减少数据分组个数，可以减少传输中的冲突碰撞现象，也能提高无线信道的利用率。

5.3 定位技术

在无线传感器网络中，位置信息对传感器网络的监测活动至关重要，事件发生的位置或获取信息的节点位置是传感器节点监测消息中包含的重要信息，没有位置信息的检测消息是没有意义的。因此，确定时间发生的位置或获取消息的节点位置是传感器网络最基本的功能之一，对无线传感器网络应用的有效性起关键作用。

5.3.1 概述

定位就是确定位置。确定位置有两层含义：一是确定自己在系统中的位置；二是确定目标在系统中的位置。

无线传感器网络的定位是指自组织的网络通过特定方法提供节点位置信息。这种自组织网络定位分为节点自身定位和目标定位。

◇ 节点自身定位：确定网络中节点的坐标位置的过程，是节点自身属性的确定过程，可以通过人工标定或者各种子节点定位算法完成。

◇ 目标定位：确定网络覆盖范围内一个事件或者一个目标的位置，是把网络中已知位置信息的节点作为参考节点，确定时间或者目标在网络中所处的位置。

无线传感器网络的定位方法有以下几种：

◇ 根据是否测量距离分为基于测距的定位和不需测距的定位。

◇ 根据部署场合分为室内定位和室外定位。

◇ 根据信息采集的方式分为被动定位和主动定位。

本节主要介绍基于测距的定位和无需测距的定位。

5.3.2 基于测距的定位

基于测距的定位技术是通过测量和估计节点之间的距离，以及根据几何关系来计算节点之间的位置。比较常用的方法是多边定位/三边定位和角度定位。

1. 多边定位/三边定位

使用多边定位/三边定位的方法需要测量距离，有了距离后根据三边来确定节点位置。测量距离可用的方法有：RSSI (Received Signal Strength Indicator，接收信号强度指示)信号传播时间/时间差/往返时间、接收信号相位差、近场电磁测距等。本节将着重介绍接收信号强度测距。

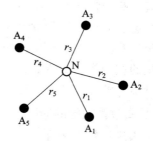

图 5-9 多边定位

1) 多边定位

多边定位是利用已知参考节点的坐标来计算待定节点的坐标。图 5-9 所示为多边定位示意图。

已知参考节点 A_1、A_2、A_3、A_4…的坐标为$(x_1$, $y_1)$、$(x_2$, $y_2)$、$(x_3$, $y_3)$、$(x_4$, $y_4)$、…。设待定节点 N 的坐标为$(x$, $y)$，则有

$$\begin{cases} (x-x_1)^2 + (y-y_1)^2 = r_1^2 \\ (x-x_2)^2 + (y-y_2)^2 = r_2^2 \\ \quad\quad\quad\vdots \\ (x-x_n)^2 + (y-y_n)^2 = r_n^2 \end{cases} \tag{5-3}$$

将第 1 个至第 n 个方程分别减去第 n 个方程，整理得

$$\begin{cases} 2(x_1-x_n)x + 2(y_2-y_n)y = x_1^2 - x_n^2 + y_1^2 - y_n^2 - r_1^2 + r_n^2 \\ 2(x_2-x_n)x + 2(y_2-y_n)y = x_2^2 - x_n^2 + y_2^2 - y_n^2 - r_2^2 + r_n^2 \\ \quad\quad\quad\vdots \\ 2(x_{n-1}-x_n)x + 2(y_{n-1}-y_n)y = x_{n-1}^2 - x_n^2 + y_{n-1}^2 - y_n^2 - r_{n-1}^2 + r_n^2 \end{cases} \tag{5-4}$$

写成线性方程形式 $AX = b$，其中

$$A = \begin{bmatrix} 2(x_1-x_n) & 2(y_2-y_n) \\ 2(x_2-x_n) & 2(y_2-y_n) \\ \vdots & \vdots \\ 2(x_{n-1}-x_n) & 2(y_{n-1}-y_n) \end{bmatrix}, \quad X = \begin{bmatrix} x \\ y \end{bmatrix}, \quad b = \begin{bmatrix} x_1^2 - x_n^2 + y_1^2 - y_n^2 - r_1^2 + r_n^2 \\ x_2^2 - x_n^2 + y_2^2 - y_n^2 - r_2^2 + r_n^2 \\ \vdots \\ x_{n-1}^2 - x_n^2 + y_{n-1}^2 - y_n^2 - r_{n-1}^2 + r_n^2 \end{bmatrix}$$

因为 $A^{-1}A = 1$，所以 $AX = b$ 方程两边乘以 A^{-1}，即 $A^{-1}AX = A^{-1}b$ 可以得到 $X = A^{-1}b$。

2) 三边定位

三边定位是多边定位的特例，如图 5-10 所示。

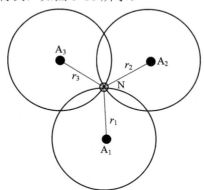

图 5-10　三边定位

若已知三个参考节点 A_1、A_2、A_3 位置分别为 (x_1, y_1)、(x_2, y_2)、(x_3, y_3)，被测节点到参考节点的距离分别为 r_1、r_2、r_3，那么有

$$\begin{cases} (x-x_1)^2 + (y-y_1)^2 = r_1^2 \\ (x-x_2)^2 + (y-y_2)^2 = r_2^2 \\ (x-x_3)^2 + (y-y_3)^2 = r_3^2 \end{cases} \tag{5-5}$$

根据多边定位的估计 $X = A^{-1}b$，如式(5-6)所示可以计算节点 N 的位置 (x, y) 为

$$\begin{bmatrix} x \\ y \end{bmatrix} = \begin{bmatrix} 2(x_1 - x_3) & 2(y_2 - y_3) \\ 2(x_2 - x_3) & 2(y_2 - y_3) \end{bmatrix}^{-1} \begin{bmatrix} x_1^2 - x_3^2 + y_1^2 - y_3^2 - r_1^2 + r_3^2 \\ x_2^2 - x_3^2 + y_2^2 - y_3^2 - r_2^2 + r_3^2 \end{bmatrix} \tag{5-6}$$

3) 接收信号强度测距

接收信号强度测距是通过信号在传播中的衰减来估计节点之间的距离。由于信号在传播过程中信号强度会降低，根据接收机收到的信号强度，可以估计发射机与接收机的距离。无线信道的数学模型如下：

$$[p_r(d)]_{\text{dBm}} = [p_r(d_0)]_{\text{dBm}} - 10n\lg\left(\frac{d}{d_0}\right) + X_{\text{dBm}} \tag{5-7}$$

式中：d 为接收端与发射端之间的距离(m)；d_0 为参考距离(m)，一般取 1 m；$p_r(d)$ 是接收端的接收信号功率(dBm)；$p_r(d_0)$ 是参考距离点对应的接收信号功率(dBm)；X_{dBm} 是一个平均值为 0 的高斯随机变量(dBm)，反映了当距离一定时，接收信号功率的变化；n 为路径损耗指数，是一个与环境相关的值。

在实际应用中，可采用简化的 Shadowing 模型：

$$[p_r(d)]_{\text{dBm}} = [p_r(d_0)]_{\text{dBm}} - 10n\lg\left(\frac{d}{d_0}\right) \tag{5-8}$$

并且通常取 $d_0 = 1$ m，从而得到实际应用中的 RSSI 测距公式：

$$[\text{RSSI}]_{\text{dBm}} = [p_r(d)]_{\text{dBm}} = A - 10n\lg d \tag{5-9}$$

式(5-9)中，A 为信号传输距离为 1m 时接收信号的功率(dBm)，典型值取 -45 dBm。可以看出 RSSI 和无线信号传输距离之间有确定关系。另外，RSSI 的测量具有重复性和互换性。

在应用环境下，RSSI 适度的变化有规律可循。但在实际应用环境中，多径、绕射、障碍物等不稳定因素都会对无线信号的传输产生影响，所以在解决好环境因素的影响后，RSSI 才可以进行室内和室外的测距及定位。

2. 接收信号角度定位

常用的接收信号角度定位方法是通过"顶点和夹角的射线定位法"来实现的。此定位方法的基本思想描述如下：由已知两个顶点和夹角的射线来确定一点，如图 5-11 所示。

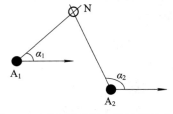

图 5-11 两个顶点和夹角的射线定位

参考节点 $A_1(x_1, y_1)$ 和 $A_2(x_2, y_2)$ 收到的信号夹角分别是 α_1 和 α_2，可以计算出节点 N 的坐标(x, y)为

$$\begin{cases} x = -\dfrac{(y_2 - x_2 \tan \alpha_2) - (y_1 - x_1 \tan \alpha_1)}{\tan \alpha_2 - \tan \alpha_1} \\[2mm] y = -\dfrac{(x_2 - y_2 \cot \alpha_2) - (x_1 - y_1 \cot \alpha_1)}{\cot \alpha_2 - \cot \alpha_1} \end{cases} \tag{5-10}$$

接收信号角度法使用信号夹角进行定位。这种方法需要特殊硬件测量接收信号的方向夹角。因为测量的信号夹角不可能很精确，所以接收信号角度不理想。

5.3.3　无需测距的定位

无需测距的定位技术即不需要直接测量距离和角度信息。无需测距的定位不是通过测量节点之间的距离，而是仅根据网络连通性确定网络中节点之间的跳数，同时根据已知参考节点的位置坐标等信息，估计出每一跳的大致距离，然后估计出节点在网络中的位置。

典型的无需测距的定位算法有质心定位算法、DV-Hop 定位算法、APIT 算法以及不定型定位算法。本节主要介绍质心定位算法和 DV-Hop 定位算法。

1. 质心定位算法

质心是指多边形的几何中心，是多边形顶点坐标的平均值。设多边形顶点位置的向量表示为 $p_i = (x_i, y_i)$，则质心为 $(X, Y) = \left(\dfrac{1}{n} \sum\limits_{i=1}^{n} x_i, \dfrac{1}{n} \sum\limits_{i=1}^{n} y_i \right)$。

这种方法非常简单，根据网络的连通性确定目标节点周围的参考节点，直接求解参考节点构成的多边形质心。

质心定位算法虽然实现简单、通信开销小，但仅能实现粗粒度定位，需要较高的参考节点密度，参考节点部署位置对定位效果影响很大。

2. DV-Hop 定位算法

DV-Hop 定位算法通过测量确定分布在两个参考节点之间的待定节点构成的多跳网络的跳数，估算出每一跳的距离，从而确定每个节点的位置。DV-Hop 定位算法示意图如图 5-12 所示。

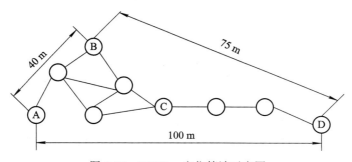

图 5-12　DV-Hop 定位算法示意图

图 5-12 中，节点 B 估算出整个网络的每一跳距离大约是 $(40 + 75) / (2 + 5)$。节点 B 可以根据单位距离和到 A、C、D 节点经历的跳数来估算自己的位置。DV-Hop 算法分为以下三个步骤：

◇ 计算节点与参考节点之间的跳数：参考节点广播自身的距离向量，以跳数为单位。网络的每个节点获得自身到参考节点以跳数为单位的距离。每个节点维护一个表 $\{X_i,Y_i,h_i\}$，并且和邻居节点交换更新的信息。

◇ 计算节点与参考节点之间的距离：若一个参考点获得到达另一个参考点的跳数距离，就估计每一跳的平均距离，并且更新邻居节点的跳数信息。任何节点收到更新的每跳距离后，就可以估计到达参考节点的以米为单位的距离。更新的每跳距离通过两个参考节点的实际位置和相距跳数来计算。

◇ 计算节点的位置：使用三边测量或者多边测量的方法计算出节点的位置。DV-Hop 定位算法在获得平均每跳距离的计算过程中，节点之间通信量过大，没有考虑不良节点(无法定位的节点)的影响，导致平均定位误差较大。

5.3.4　定位系统

目前较为流行的定位系统包括全球范围的 GPS(Global Positioning System，全球定位系统)和伽利略系统、区域范围的北斗和 LORAN 系统，以及无线传感器网络相关的定位系统。

1. 全球范围的 GPS 和伽利略系统

GPS 是 20 世纪 70 年代由美国陆海空三军联合研制的新一代空间卫星导航定位系统。其主要目的是为陆、海、空三大领域提供实时、全天候和全球性的导航服务，并用于情报收集、核爆检测和应急通信等一些军事目的，是美国独霸全球战略的重要组成。目前，GPS 精度达到 5 m，专用车载 GPS 导航仪已经广泛适用于车辆导航等应用领域。

伽利略系统能够与美国的 GPS、俄罗斯的 GLONASS 系统实现多系统内的相互合作，任何用户将来都可以用一个接收机采集各个系统的数据或者各系统数据的组合来实现定位导航要求，伽利略系统可以分发实时的米级定位精度信息，这是现有的卫星导航系统所没有的。同时，伽利略系统能够保证在许多特殊情况下提供服务，如果失败也能够在几秒中内通知用户。

2. 区域范围的北斗和 LORAN 系统

北斗双星定位系统是我国自行建立起来的一种区域性定位系统。2003 年 5 月，我国成功发射了第三颗"北斗一号"导航定位卫星，作为"北斗导航定位系统"的备份星，连同 2000 年 10 月和 12 月发射升空的两颗"北斗一号"导航定位卫星和一个地面中心站，形成了一个较为完善的"双星导航定位系统"。双星导航定位系统应归于"卫星无线电定位服务"。

LORAN(LOng RAnge Navigation)也是一种地区导航系统。基站以一定的时间间隔发送低频信号，船只、飞机等接收到多个信号基站的信号后，可以计算出自身所处的位置。LORAN 系统的发展经历了 LORAN-A、LORAN-C、LORAN-D 和 LORAN-F，最为重要的是 LORAN-C 系统。LORAN-C 是测量脉冲和测量相位相结合的双曲线导航系统，工作频率为 90～110 kHz。美国增强 LORAN 系统已经作为 GPS 的补充和后备。

3. 无线传感器网络定位系统

无线传感器定位系统以无线传感器网络为基础，配合专用定位硬件设备或者使用无线收发器自身的能力，计算目标在网络中的位置，实现定位功能。

◇ Microsoft 的 RADAR 定位系统利用"指纹识别"技术进行定位，解决 WLAN 中定位移动计算设备的问题。

◇ 室内定位系统 Badge 是一种基于测距的定位技术。该系统使用超声波系信号的传播时间实现三维空间定位，使用多边定位方法提供精度。

◇ 无需测距的定位技术主要处于算法研究阶段，算法仿真较多，实现的系统相对较少，主要原因是部署大规模网络比较困难，难以获得定位系统需要的支撑网络。

5.3.5 应用领域

定位的用途大体分为导航、跟踪、虚拟现实和网络路由。每一种用途有若干个应用场合。

◇ 导航：是定位最基本的用途。导航是了解移动物体在坐标中的位置，并且了解其所处的环境，进行路径规划，指导移动物体成功到达目的地的工作。车辆、船舶、飞机等交通工具都配备了导航系统。

◇ 跟踪：是快速增长的应用，使系统实时地了解物体所处位置和移动轨迹。物品跟踪在工厂生产、库存管理和医院仪器管理等环境中有广泛的应用和迫切的需求。

◇ 虚拟现实：需要实时定位物体的位置方向。参与者在场景中做出的动作，需要通过定位技术识别并输入到系统。定位的精度和实时性影响参与者的真实感。

◇ 网络路由：位置信息为基于地理位置的路由提供了支持。基于地理位置的网络路由是优化的路由。网络了解每个节点的位置，或者至少了解相邻节点的位置，可以作出优化路由的选择。在无线传感器网络中，优化路由可以提高系统性能、安全性和节省电能资源。

5.4 网络安全技术

无线传感器网络是一种应用相关网络，在一些应用领域安全是一个重要的问题。例如商业上的小区无线安防网络，军事上的在敌控区监视敌方军事部署的传感器网络等，对数据的采样和传输过程，甚至节点的物理分布，都要采取安全措施。

5.4.1 概述

由于无线传感器网络节点大多被部署在无人区域或者环境比较恶劣的地区，所以无线传感器网络的安全问题尤其突出。要解决无线传感器网络的安全问题需要解决以下几个问题：

◇ 机密性问题：所有敏感数据在存储和传输的过程中都要保证其机密性，让任何人在截获物理通信信号的时候不能直接获得消息内容。

◇ 点到点的消息认证问题：网络节点在接收到另外一个节点发送过来的消息时，能够确认这个数据包确实是从该节点发送过来的。

◇ 完整性鉴别问题：网络节点在接收到一个数据包的时候，能够确认这个数据包和发出来的是一样的，没有被中间节点篡改或者在传输中通信出错。

◇ 新鲜性问题：数据本身具有时效性，网络节点能够判断最新接收到的数据包是否是发送者最新产生的数据包。造成新鲜性问题一般有两种原因：一是由网络多路径延时的非确定性导致数据包的接收错序而引起的，二是由恶意节点的攻击而引起的。

◇ 认证组播、广播问题：认证组播/广播解决的是单一节点向一组节点/所有节点发送统一通告的认证安全问题。认证广播的发送者是一个，而接收者是很多个，所以认证方法和点到点通信认证方式完全不同。

◇ 安全管理问题：安全管理包括安全引导和安全维护两个部分。安全引导是指一个网络系统从分散的、独立的、没有安全通道保护的个体集合，按照预定的协议机制，逐步形成统一完整的、具有安全信道保护的、连通的安全网络的过程。

5.4.2 安全协议

SPINS(Security Privacy In Sensor Network，无线传感器网络安全隐私)协议族是最早的无线传感器网络的安全框架之一，包含了 SNEP(Secure Network Encryption Protocol，安全网络加密协议)和 μTESLA(micro Timed Efficient Streaming Loss-tolerant Authentication Protocol，微型容忍丢失的流认证协议)两个安全协议。SENP 协议提供数据机密性、点到点通信认证、完整性和新鲜性等安全服务；μTESLA 协议则提供对广播消息的数据认证服务。

1. SNEP 协议

SNEP 协议中，通信双方共同维护两个计数器，分别代表两种数据传输方向。每发送一组数据后，通信双方各自增加计数器。通过共享计数器状态，SNEP 协议通信开销比较低。基于计数器交换协议，通信双方可以进行计数器同步。

SNEP 协议中，使用消息认证码提供认证和数据完整性服务，MAC 认证可以保证点到点认证和数据的完整性。采用加密认证方式，可以加快接收者认证数据包的速度：接收者在收到数据包后马上可以对加密文件进行认证，发现问题直接丢弃，无需对数据包进行解密。另外，逐跳认证方式只能选择加密认证方式，因为中间节点没有端到端的通信密钥，不能对加密的数据包进行解密。

SNPE 协议支持数据的新鲜性认证，通过在消息中嵌入计数器值，可以实现使 SNEP 协议提供"弱数据新鲜性"。在 MAC 计算中加入一个随机数即可实现"强数据新鲜性"保证。"弱数据新鲜性"是指消息中只提供消息块的顺序，不携带时延信息。

2. μTESLA 协议

μTESLA 协议是为低功耗设备传感器节点专门打造的实现广播认证的微型化 TESLA 协议版本。在基站和节点松散同步的假设情况下，基于对称密钥体制，μTESLA 协议通过延迟公开广播认证密钥来模拟对称认证。μTESLA 协议实现了基站广播认证数据过程和节点广播认证消息过程。

在基站广播认证数据过程中，基站用一个密钥计算消息认证码。基于松散时间同步，节点知道同步误差上界，因而了解密钥公开时槽，从而知晓特定消息的认证密钥是否已经被公开。如果该密钥未公开，节点可以确信在传送过程中消息不会被篡改。节点缓存消息直至基站广播公开相应密钥。如果节点收到正确密钥，就用该密钥认证缓存中的消息；如果密钥不正确或者消息晚于密钥到达，该消息可能被篡改，将会被丢弃。

μTESLA 协议中，基站的消息认证码密钥来自一个单向散列密钥链，单向散列函数 *F*

公开。首先，基站随机选择密钥 K_n 作为密钥链中第一个密钥，重复运用函数 F 产生其他密钥，即

$$K_i = F(K_{i-1}) \quad 0 \leqslant i \leqslant n-1$$

密钥链中每个密钥都关联一个时槽。基站可以根据消息发送的相应时槽选择密钥来计算消息认证码，如图 5-13 所示。

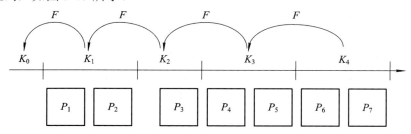

图 5-13　μTESLA 协议单向密钥链实例

假设接收者已知 K_0，并和发送方实现松散时间同步，密钥延时两个时槽后公开。数据包 P_1 和 P_2 在时槽 1 使用密钥 K_1 计算各自的消息认证码。同理 P_3 用 K_2 计算消息认证码，接收者在两个时槽后才能进行认证。假设 P_4、P_5、P_6 丢失，这使接收者不能验证接收到的 P_1 和 P_2。如果接收者收到 P_7，此时接收者可验证 P_3，同时恢复 K_1，如果满足 $K_0 = F(F(K_2))$，则 $K_1 = F(K_2)$。这样接收者就可以验证 P_1 和 P_2。

5.4.3　密钥分配管理

密码系统的两个基本要素是密码体制和密钥管理。密码体制规定明文和密文之间的变换方法。由于密码体制的反复使用，仅靠保密密码体制难以保证系统安全。根据近代密码学观点，密码系统的安全取决于密钥的安全。因此，密钥管理是系统所有安全服务的基础，它包括加密系统密钥的产生、分配、存储、使用、重构、失效和撤销等全过程。传感器网络中，大规模合法传感器节点间协商或共享密钥显得非常困难。在一定程度上，密钥管理是确保传感器网络安全通信的最大难题。

1. 密钥的分配

无线传感器网络密钥预分配模型根据分配方式可以分为预安装模型、确定预分配模型和随机预分配模型。

◇ 预安装模型无需进行密钥协商，其代表为主密钥模型和成对密钥模型。

(1) 主密钥模型：网络中所有节点预安装相同主密钥。该模型安全弹性差，攻击者俘获任一节点中的主密钥，就相当于俘获了整个网络。

(2) 成对密钥模型：每对通信节点分配一个唯一的密钥，安全性能较高，但是对于存储能力有限的无线传感器节点来说是不现实的，并且不利于网络扩展。

◇ 确定预分配模型通常基于数学的方法，在安全门限内可提供无条件安全，有效地抵御节点被俘获。其缺点是计算开销大，且当被俘获节点数超过安全门限值时，整个网络被攻破的概率急剧升高。

◇ 随机预分配模型旨在保证任意节点之间建立安全通道的前提下，尽量减少模型对节点资源的要求。其基本思想是在网络散布之前，每个节点从一个较大密钥池中随机选择少

量密钥构成密钥环，使得任意两个节点之间能以某种较大概率共享相同的密钥。这样，安全通信可以在具有相同密钥的节点间进行。其过程主要包括四个阶段：

(1) 建立一个足够大的密钥池。

(2) 密钥环预装入阶段。节点被散布前，每个节点从密钥池中随机选择一个小的密钥集合作为密钥环，并存储在节点中。

(3) 共享密钥发现阶段。如果在两个节点各自的密钥环中存在相同的密钥，则该密钥即可作为这两个节点安全通信的共享密钥。

(4) 安全路径建立阶段。如果两个节点各自的密钥中不存在相同的密钥，则需通过其他节点作为中继，建立一跳安全通信路径，进而协商会话密钥。

随机与分配模型可缓解节点存储空间制约问题，网络的安全弹性也较好，但共享密钥发现过程通常比较复杂，同时存在安全连通问题。

2. 密钥管理

在安全通信信道建立之前，网络中密钥分配问题是密钥管理中最核心的问题，无线传感器网络密钥管理问题通常需要解决以下几个方面的问题：

◇ 抗俘获攻击的安全弹性问题。攻击者可对传感器节点实施物理捕获和俘虏是传感器网络固有的安全弱点。因此，在存在部分节点及其密钥遭到攻击者俘获的情况下，要求密钥管理具有良好的安全弹性。

◇ 轻量级问题。传感器节点在计算能力、存储能力、通信带宽和能源方面存在较强的约束。这要求实现轻量级的密钥管理，同时要避免集中控制带来的通信拥塞和能源耗费。

◇ 分布式网内处理问题。通信拥塞和能源耗费增大网络遭受单点失效的可能性。因此，应避免集中控制。

◇ 网络安全扩展问题。由于能量耗尽、功能失效以及遭受攻击等情况的发生，使得有必要在传感器网络中补充新的节点。这要求在新节点和现有节点之间建立共享密钥，实现网络的安全扩展。

5.4.4 安全支撑

为了保证无线传感器网络的安全，除了安全协议和密钥管理外还需要考虑其他的安全支撑技术，比如公钥密码、对称密码和硬件加密。

1. 公钥密码

公钥密码可用于数据加密、身份认证等。在无线传感器网络中，公钥密码的应用场合包括广播消息认证、引导建立安全框架、特定应用场合的身份认证需求等。

2. 对称密码

在无线传感器网络中，对称密码用来加密数据，保证机密数据不被泄露。由于无线传感器网络的特性，对称密码的选择不仅要考虑密码算法的安全性，还要考虑加/解密时间，以及采用不同操作模式对通信开销所带来的影响，另外密钥长度、分组长度带来的通信量的影响也不容忽视。

3. 硬件加密

硬件加密是含有安全协议处理的模块。安全协议处理器主要由接口模块和加/解密模块构成，加/解密处理模块由控制译码器、运算译码器、运算执行器、控制堆栈、运算堆栈、随机存储器、程序存储器、多体存储控制器组成。

5.5　容错设计技术

容错设计技术经过长期的发展，已经形成了一个专门的领域。无线传感器网络的出现，对容错技术提出了新的挑战。无线传感器网络不仅自身容易发生故障，而且容易受到外界的干扰。本节将介绍容错的概念、故障模型、故障检测和诊断、故障修复和可靠性分析。

5.5.1　概述

无线传感器网络容错是指网络中某个节点或节点的某些部件发生故障时，网络仍然能够完成指定的任务。容错领域有几个基本概念：失效、故障、差错。

◇　失效是指某个设备中止了它完成所要求的能力。

◇　故障是指一个设备、元件或组件的一种物理状态，在此状态下它们不能按照所要求的方式工作。

◇　差错是指一个不正确的步骤、过程或结果。

故障只有在某些条件下才能在其输出端产生差错，由于这些差错在系统内部，不是很容易就能观测到。只有这种差错积累到一定程度或者在某种系统环境下，才能使系统失效。所以失效是面向用户的，而故障和差错是面向制造和维修的。失效、故障和差错统称为容错。

无线传感器网络容错的重要性包括：

◇　技术和实现因素：通常需要直接暴露在环境中，在受到成本和能量限制的同时，需要完成一系列的任务。

◇　无线传感器网络是一个新兴的研究和工程领域，处理特定问题的最优方法还不明确。

◇　无线传感器网络的应用模式：无线传感器网络通常是运行在无人干预模式，它们需要具有更强的容错能力。

最简单的容错示例是用声音和高度两个特征区分一间办公室中的办公人员。在办公室布设能够感知人体高度和声音的传感器。对于两个高度相同的人，声音是区分他们的唯一特征。如果声音传感器发生故障，那么就区分不出高度相同的两个人。如果办公室中所有人的高度都不相同，可以容忍任何一种传感器发生故障。

无线传感器网络容错设计需要考虑三个方面：故障模型、故障检测和诊断以及故障修复。

5.5.2　故障模型

无线传感器网络中的故障可以分为三种：部件故障、节点故障和网络故障。由于网络、节点和部件之间的包含关系，所以高层故障本质也是由底层故障所引起的，即部件故障和节点故障导致了网络故障。故障类型及描述如表 5-1 所示。

表 5-1 故障类型及描述

故障级别	故障表征	故障检测	修复机制
部件故障	故障节点能够正常通信，但是测量数据是错误的	检测出错误的测量数据	舍弃或校正出错的测量数据
节点故障	故障节点不能与其他节点进行通信	通过询问或重新路由等方法检测故障节点	通过移动冗余节点弥补形成的连接覆盖问题

1. 部件故障

由于传感器长期暴露在外界环境中，受到恶劣条件的影响，很容易发生部件故障。发生故障的传感器可能完全不能工作或者仍然可以给出测量数据，但测量数据是错误值。可以把传感器部件故障归纳为以下四种：

◇ 固定故障：传感器的读数一直为某个固定值，这个值通常大于或者小于正常的感知范围。

◇ 偏移故障：在真实值的基础上附加了一个常量。

◇ 倍数故障：真实值被放大或者缩小了某个倍数。

◇ 方差下降故障：这类故障通常是由于使用时间过长，感应器老化后变得不精确而产生的。

2. 节点故障

节点故障是指由于传感器节点能量耗尽或通信部件发生故障，节点不能与邻居节点通信，这时节点被判断为出现故障。

3. 网络故障

网络故障是指在某个区域内的节点都出现了故障(由部件故障和节点故障引起)，造成这个区域的网络停止工作。

5.5.3 检测和诊断

故障检测的目的是检测无线传感器网络中的异常行为，故障检测分为部件故障检测和节点故障检测。部件故障检测主要检测传感器部件的故障；节点故障检测只要检测定位发生故障的节点。

1. 部件故障检测

部件故障检测一般是采用观察传感器的输出是否正确来判断传感器节点是否发生故障。无线传感器网络相邻节点的同类传感器所测量的数据值一般比较相近，一个节点通过周围邻居节点的同类传感器检测自己的传感器是否发生了故障。根据故障检测时是否需要地理位置信息，可以分为需要地理位置信息的故障检测和不需要地理位置信息的故障检测两种。

1) 需要地理位置信息的故障检测

当一个节点传感器测量到的结果与周围节点测量到的结果都不相同时，这个节点的传感器部件很可能发生了故障，如图 5-14 所示。

节点 1~8 都感应到事件的发生，而节点 9 没有感应到事件的发生，那么可以认为节点 9 的传感器部件发生了故障。如果节点 9 和节点 1~7 都感应到事件，而节点 8 没有感应到事件的发生，那么可以判断节点 8 的传感器部件发生了故障。

在地理位置信息已知的情况下，利用 3 个可信节点就可以实现传感器故障检测。图 5-15 所示为三角法检测传感器故障示意图。

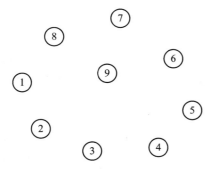

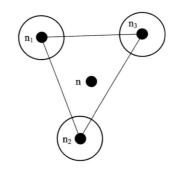

图 5-14　需要地理位置信息的故障检测　　　图 5-15　三个可信节点实现故障检测

节点 n_1、n_2 和 n_3 为无故障可信节点。三个圆形区域分别是它们的感知区域，节点 n 在三个圆心连线构成的三角形内部。如果节点 n 的判断和 n_1、n_2、n_3 对事件的判断不同，那么认为节点 n 发生了故障。

2）不需要地理位置信息的故障检测

若无线传感器网络中的正常节点都能侦听到邻居发送的信息，则节点可以依据侦听到的邻居数据来判断自己的测量值是否正确。判断策略可以分为多数投票策略、均值策略和中值策略。

◇　多数投票策略：通过与邻居节点测量值进行比较，得到与自己的测量值相同或者差距在允许范围内的邻居测量值个数，如果个数超过邻居数目的一半，则判定自己的测量值为正确的，否则为错误的。

◇　均值策略：计算邻居测量值的平均值，然后比较这个均值和自己的测量值，如果它们差距在允许范围内，则认为自己的测量值为正确的。

◇　中值策略：在很大程度上避免了错误的邻居测量值对测量精度的影响。中值策略利用邻居测量值和中值与自己的测量值进行比较，这样即使有很多邻居测量值错误时，它仍然能正确地判断出自己的测量节点。

多数投票策略的故障识别率比较高，但是这种方法会存在较大的误报率。如果邻居节点分布较散或离自己较远，即使邻居节点测量值与自己的测量值都正确，但是它们之间的差距也可能超出允许的范围。决策判断示例如图 5-16 所示。

节点 A 和节点 B 周围正常节点和故障节点的比例为 1∶1，以多数投票选举为例，节点 A 和节点 B 同时判断为正常节点，这样必然有一个是判断错误的；节点 C 的邻居节点中有三个故障节点，所以被判断为故障节点，实际上节点 C 是正常节点。均值策略的缺点在于邻居测量值可能存在错误，这些错误值偏离正确值较大时会使得均值可信度降低，这样就可能导致误判。所以中值策略是比较适合无线传感器网络的较好方法。

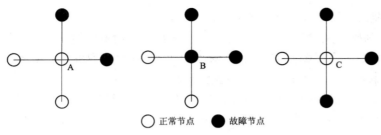

图 5-16 决策判断示例

2. 节点故障检测

无线传感器网络的实际部署中,由于电池耗尽或通信故障导致节点不能与网络正常连通,这类故障通常需要其他节点来检测。根据检测过程是否集中进行,节点故障检测可以分为集中式故障检测和分布式故障检测。

1) 集中式故障检测

集中式故障检测通过在汇聚节点放置检测程序,实时监测网络状态。汇聚节点需要收集的内容有:邻居列表、链路质量、字节数、下一跳(路由表)和路径丢失。网络初始化完成后,汇聚节点保存节点的邻居列表、路由表、链路质量等信息的参数值。在网络运行过程中,汇聚节点可以向其他节点发送收集信息的指令,然后其他节点向汇聚节点上报信息,或者其他节点周期性地向汇聚节点上报信息。汇聚节点利用这些信息判断发生的事件,有可能发生的事件包括:

 ◇ 节点丢失:节点没有出现在任何节点的邻居列表中。
 ◇ 孤立节点:节点没有任何邻居。
 ◇ 路由改变:比较当前路由表与上次路由表的变化。
 ◇ 邻居表改变:比较当前路由表与上次邻居表的变化。
 ◇ 链路质量改变:节点与其邻居节点的链路质量低于统计定义的阈值。

集中式检测需要汇聚节点的处理能力较高,适用于小型的无线传感器网络,在网络规模很大的情况下,这些信息的传播会消耗网络的大量资源。

2) 分布式故障检测

分布式故障检测不是由汇聚节点统一检测,而是由每个节点分别自行检测。隐藏终端、网络拥塞、非对称链路是几种常见的节点通信故障。节点发现数据传输速率下降后,它询问路由表中的子节点是否也有同样的现象,如果答案是肯定的,就继续询问下去,当遇到否定的回答时,这个节点就触发诊断程序,并把诊断到的原因及可能的措施记录下来。

分布式故障诊断算法流程如图 5-17 所示。

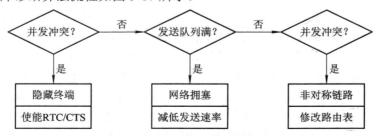

图 5-17 分布式故障诊断算法流程

整个算法分为多个阶段，每个阶段检测一种故障。每个阶段由两部分组成，一部分判断某一故障是否发生；另一部分是处理故障的措施。由于不同故障可能导致相同的现象，所以检测算法各个阶段的顺序要根据实际情况安排。

5.5.4　故障修复

为了提高容错能力，可以在无线传感器网络部署之初放置一些冗余节点。当有节点失效时，冗余的节点移动到指定位置，从而弥补失效节点所造成的连接割断或覆盖漏洞。故障修复分为基于连接的修复和基于覆盖的修复。

1. 基于连接的修复

无线传感器网络中有些节点一旦出现故障，网络就会断开，如图 5-18 所示。

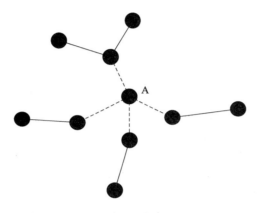

图 5-18　基于连接的修复

如果网络中的节点 A 失效后，网络将会被分割为独立的四部分，影响了整个网络的连通性。为了使无线传感器网络能够容忍节点发生故障，对网络进行基于连接的修复。基于连接的修复的一种方法就是任意两个节点之间有多条路径。

k 连通网络是基于连接修复的一种方法，它是指任意 $k-1$ 个节点发生故障时网络仍然能保持连通。图 5-19 所示为三连通图，它能容忍任意 2 个节点的故障而保持网络的连通性。

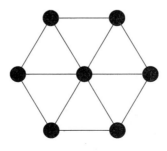

图 5-19　三连通图

2. 基于覆盖的修复

在无线传感器网络中由于节点失效，可能造成监测环境的某些区域不能被覆盖，不能被覆盖的区域称为覆盖空洞，需要采取相应的措施弥补覆盖空洞。节点的覆盖区域定义为整个感知区域去掉与其他节点重叠的感知区域,移动区域定义为有效节点移动到该区域即可重新覆盖漏掉的区域。节点的覆盖区域如图 5-20 所示。

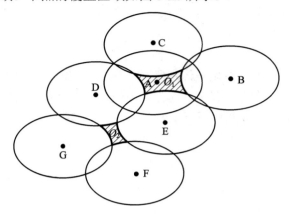

图 5-20　节点的覆盖区域

其中阴影部分 O_1 为节点 A 的覆盖区域,阴影部分 O_2 为移动区域。为了弥补覆盖空洞问题,可以在网络中部署一部分可以移动的节点,当其他节点失效时,这些移动节点就移动到某个区域以弥补失效节点对网络造成的影响。

覆盖修复过程分为以下四个步骤:

◇ 初始化阶段:节点计算自己的覆盖区域、每个覆盖区域对应的移动区域。

◇ 紧急请求阶段:将要失效的节点广播求助信息。

◇ 紧急回应阶段:将要失效的节点的邻居节点收到求助信息后计算如果自己移动到将要失效节点的区域,是否会影响到自身覆盖区域,如果不影响则给求助节点返回消息。

◇ 决策阶段:将要失效的节点根据收到的回应信息,决定让哪个节点移动。

5.5.5　可靠性分析

容错设计与无线传感器网络的每一层都息息相关,本节分别介绍物理层、MAC 层、网络层和数据的传输在容错设计时所要考虑的问题。

1. 物理层

物理层是实现无线传感器网络通信的基础,其可靠性能的优劣直接影响整个系统的容错能力。

物理层主要负责数据的发送与接收和编码调制与解调。数据的发送与接收主要是射频前端的匹配设计以及数字器件和模拟器件的有效隔离。对于编码的调制与解调主要采用的是直接序列及调频扩频调制技术,通过展宽信号带宽来提高传输的可靠性。对于无线传感器网络物理层设计既要保证一定的可靠性,还要尽可能降低功耗。随着 CMOS 工艺及软件无线电技术的发展,采用自适应调制及自适应编码方式的实现必将极大地提高通信的可靠性及容错能力。

2. MAC 层

MAC 层主要负责数据流的多路选择、数据成帧、媒介访问、差错控制,保证点到点、点到多点的可靠性链接，为数据传输建立通信链路，并提供对共享媒介的公平、有效的访问。

差错控制是指处理接收端收到的数据与发送端实际发送的数据不一致的机制，它是将错误限制在允许的范围内而采取的措施，MAC 层的差错控制是可靠传输的重要保证。

3. 网络层

网络层负责源节点到汇聚节点的路由，由于无线传感器节点容易失效，路由协议必须考虑容错性。通常是建立多径路由，这些路由路径可分为有无主次之分，如表 5-2 所示为容错多路径路由比较。

表 5-2　容错多路径路由比较

类型	优点	缺点	改进
路由分主次	控制拥塞、节能	需要维护路由表	建立局部缠绕多路径
路由不分主次	不需要维护路由表	能量消耗大	定向泛洪

局部多路径路由是当主路径上的节点失效后，可以选择备份的路径来消除故障节点的影响。定向泛洪是使用定向天线使信号只向特定的角度发送，固定发送角度很难适应无线传感器网络的拓扑变化，而且受到成本限制，所以还没有普遍应用。

4. 数据的传输

无线传感器网络数据的传输需要提供可靠的、低延迟的、能量有效的、公平的信息传输。为了达到这些要求，需要解决信号损耗、干扰、带宽有限、突发通信和节点资源受限等问题。

在无线传感器网络中主要有两种数据流向，即从传感器节点到汇聚节点和从汇聚节点到传感器节点，它们的目的不同，提供的可靠性方法也不同。

◇ 从传感器节点到汇聚节点：传感器节点需要将感知到的监测环境的事件传送到汇聚节点。为了保证汇聚节点能提取到发生时间的特征，需要保证事件区域节点到汇聚节点的可靠传输。时间区域一般会有多个传感节点感应到数据，这些数据具有相似性，所以端到端的传输要求比较低。汇聚节点不是对单个节点的数据感兴趣，而是对整个事件区域内感应节点所收集的消息感兴趣。

◇ 从汇聚节点到传感器节点：汇聚节点到传感器节点传输的数据流通常较为重要，可能包含编程配置文件、应用相关的查询和指令。这类数据分发要保证很高的可靠性。源节点低速向网络注入数据包以避免网络拥塞，接收节点有足够的时间来检测这些数据包是否丢失，假如发生丢失就请求重传。

5.6　服务质量保证

无线传感器网络是以数据为中心的任务网络，高效、准确完成用户定制任务是衡量网络性能的首要标准，因此要建立以合理使用有限的网络资源、为用户提供有保证的网络服务应用为目标的无线传感器网络 QoS(Quality of Service，网络服务质量)是极其重要的。本节主要介绍无线传感器网络感知的 QoS 和无线传感器网络传输的 QoS。

5.6.1　概述

QoS 是网络提供给应用/用户的服务性能的一种测量。传统中的服务质量，是指网络在传输数据流时要满足的一系列服务请求，强调端到端或网络到边界的整体性。

目前网络界针对如何定义网络 QoS 并没有一个统一的标准。QoS 论坛将 QoS 定义为网络元素(包括应用、主机或路由器等网络设备)对网络数据的传输、承诺的服务保证级别。RFC2386(基于互联网多媒体路由 QoS 框架)将 QoS 看做是网络在从源节点到目的节点传输分组流时需要满足的一系列服务要求。在网络 QoS 研究中，人们比较关注的服务质量标准包括可用性、吞吐量、时延、时延变化和丢包性等几个参数。

◇　可用性：综合考虑网络设备的可靠性与网络生存性等网络失效因素，当用户需要时网络即能开始工作的时间百分比。

◇　吞吐量：又称带宽，是在一定时间段内对网络流量的度量。一般而言，吞吐量越大越好。

◇　时延：一项服务从网络入口到出口的平均经过时间。产生时延的因素很多，包括分组时延、排队时延、交换时延和传播时延等。

◇　时延变化：同一业务流中不同分组所呈现的时延不同。高频率的时延变化称为抖动，而低频率的时延变化称为漂移。抖动主要是由于业务流中相继分组的排队等候时间不同引起的，是对服务质量影响最大的一个因素。

◇　丢包率：网络在传输过程中数据包丢失的比率。造成数据包丢失的主要原因包括网络链路质量较差、网络发生拥塞等。

解决无线传感器网络的服务质量问题，需要明确如何对无线传感器网络的服务性能进行度量，即明确其 QoS 指标的定义和相互关系。QoS 分层模型如图 5-21 所示。

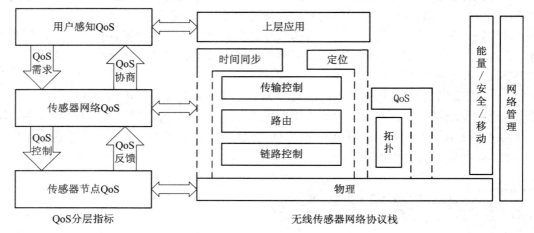

图 5-21　QoS 分层模型

从 QoS 分层模型中可以观察用户感知层的 QoS、无线传感器网络层的 QoS 以及传感器节点的 QoS 的基本关系。一方面，不同的应用向传感器网络提出具体的 QoS 需求，同时伴随网络和用户的协商；另一方面，传感器网络把用户的 QoS 需求转化为对网络节点的 QoS 控制，并由节点针对 QoS 性能参数进行反馈。

5.6.2　节点的 QoS

无线传感器节点负责硬件底层的操作控制，负责无线传感器网络感知层的服务质量和硬件控制的协调管理。

1. 休眠机制

传感器网络中通常布设大量的传感器节点，为了克服所有节点同时工作带来的冗余和冲突，设计合理的休眠机制，让暂时不需要工作的节点尽快转入休眠，能够减少传感器网络的能量消耗。描述休眠机制的参数有休眠周期时间和休眠节点比例，但实质决定衡量休眠机制的是整个网络覆盖率和连通性。

2. 功率控制

功率控制作为拓扑控制的主流研究方向，就是为传感器节点选择合适的发射功率，以保证一定的网络连通质量和覆盖质量。

3. 时间同步

无线传感器网络的时间同步是指使网络中所有或部分节点拥有相同的时间基准，即不同节点保持相同的时钟，或者节点可以彼此将对方的时钟转换为本地时钟。造成传感器网络节点间时钟不一致的因素主要包括温度、压力、电源电压等外界环境变化引起的时钟频率漂移造成的失步。定义时钟同步精确度即将网络中时钟同步信息的最大误差作为衡量指标。

4. 节点移动

在一些具有动态节点的无线传感器网络中，节点的移动性会带来新的研究问题。如在移动不可控的网络时，需要结合功率控制保证网络的正常运转；如在可控部署无线传感器网络中(例如面向移动目标追踪的应用场景)，需要设计高效的移动和定位策略以减少能耗。

5. 采样参数

采样参数包括了采样频率、采样精度和收发速率等指标，这些指标的设定往往和应用相关。比如相对于时间驱动的应用，事件驱动的应用更关注事件监测的成功率和实时性，因此一般要求更快的采样频率和采样速率。

5.6.3　网络层的 QoS

无线传感器网络的核心目标是协作地感知、采集和处理网络覆盖区域内目标对象的信息或事件，因此网络感知层的服务质量衡量了整个网络节点协作的服务能力。虽然对用户透明，但网络感知层却是保障整个网络正常工作的基础。

1. 网络覆盖率和连通性

无线传感器网络的节点一般采用人工、机械和空投等方式进行散布，往往不能进行精确的预先定位。为了保证网络的正常工作，传感器节点的通信半径、探测半径和节点位置、个数的选择都是制约覆盖率和连通性不可缺少的设计因素。具体的参数包括覆盖百分率(至少能被一个传感器监测到的区域比例)、覆盖冗余度(监测同一区域的传感器节点的数目)、连通百分率(能和汇聚节点直接通信的传感器节点集合的比例)。

2. 能量开销

无线传感器网络是一种以数据为中心的网络，对感知数据的管理、处理和传输是其主要的能耗来源。同时，由于在无线传感器网络中数据包传输占据了主要的能量开销，因此包括数据的压缩、聚合和融合等各种技术被广泛应用以降低整个网络的能量开销。

3. 传输可靠性(丢包率)

传输可靠性定义为目的节点成功接收到的数据包相对源节点实际发送的数据包的百分比。由于在无线传感器网络中冗余节点和冗余数据的大量存在，因此数据传输的可靠性始终是各种应用服务的基础。

4. 传输时延

从源节点到目的节点传输一个(或一组)数据包所需的总时延，具体包括传播时延、排队时延和路由时延等。

5. 处理精度

处理精度定义为处理后的数据和原始数据相比的有效信息丢失率，主要是由于网内压缩、聚合和融合技术造成的处理精度变化。

6. 处理时延

处理时延定义为对数据处理所需要的时间开销。

5.6.4 用户感知的 QoS

在无线传感器网络中，节点通过对目标的热、红外、声纳、雷达或地震波等信号的感知来获取诸如温度、体积、位置或速度等目标属性，并返回给相应的查询用户。在这样一种和应用高度相关的任务型网络中，用户感知的 QoS 始终是最重要的评价标准之一。

1. 网络生存周期(服务时间)

由于传感器节点通常由能量有限且不可再生的电池供电，因此在复杂的应用环境下如何延长网络的工作寿命就成为 WSN 的首要性能指标和重要研究内容。直观理解的网络生存周期，即从网络开始使用到不能满足用户需求所经历的时间。具体而言，已有的第一个节点的死亡时间(Key Node Dies，KND)、最后一个节点的死亡时间和一半节点的死亡时间作为整个网络寿命的度量标准。同时在无线传感器网络中，如果某些节点消耗完能量不能工作，则基站(Sink Node)将不能接收来自目标区域的数据。特别定义这类节点为关键节点，其死亡时间作为网络生存周期指标的有益补充。

2. 信息完整性(服务完整性)

信息完整性定义为在无线传感器网络中目标区域的事件能被成功检测的概率。比如在一个森林环境检测系统中，整个覆盖范围内的空气温度、湿度都属于应该能被及时检测的内容，不准确的漏警将带来极大的危害。

3. 感知延迟(服务延迟)

感知延迟包括了从事件发生到用户感知之间的总时延，即包括了节点采样延迟、处理时延和传输时延等。

4. 感知精度(服务准确性)

感知精度定义为在无线传感器网络目标区域检测的数据和真实事件的符合程度，包括时间精确度和空间精确度，比如在目标追踪中节点定位信息的延迟和位置误差。

5. 吞吐率

吞吐率用于衡量每单位时间目的节点从发送源节点接收到的数据包数量，是对无线传感器网络处理传输数据请求能力的总体评价。

小　结

通过本章的学习，学生应该掌握：

◆ 时间同步就是通过本地时钟的某些操作，达到为分布式系统提供一个统一的时间标准的过程，分为排序、相对同步和绝对同步。

◆ 数据融合是将来自多个传感器和信息源的多份数据或信息进行相关的处理，去除冗余数据，组合出更有效、更符合用户需求的数据的过程。

◆ 定位技术分为节点自身定位和目标节点定位。

◆ 要解决无线传感器网络的安全问题需要解决机密性问题、点到点的消息认证问题、完整性鉴别问题、新鲜性问题、认证组播、广播问题、安全管理问题。

◆ 容错是指网络中的某个节点或者节点的某些部件发生故障时，网络仍然能够完成指定的任务。

◆ QoS 是网络提供给应用/用户的服务性能的一种测量。

习　题

1．时间同步的方法有_____、_____和_____三种。

2．典型的时间同步协议有_____、_____和_____。

3．数据融合策略可以分为_____、_____和_____。

4．定位技术分为_____和_____。

5．下面属于容错设计中的检测和诊断的有_____。

A．部件故障检测　　　　　　　　B．基于连接的修复

C．基于覆盖的修复　　　　　　　D．节点故障检测

6．简述数据融合技术的定义和要点。

7．无线传感器网络时间同步需要重点解决哪些问题？

第 6 章　Zigbee 网络技术

本章目标

◆ 理解 Zigbee 技术的特点。
◆ 掌握 Zigbee 应用系统的组成。
◆ 掌握 Zigbee 网络拓扑和协议栈结构。
◆ 了解 Zigbee 技术的应用。

学习导航

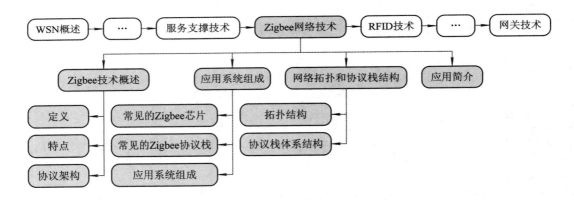

6.1　Zigbee 技术概述

无线传感器网络是集信息采集、信息传输、信息处理于一体的综合智能信息系统，具有低成本、低功耗、低数据速率、自组织网络等特点。Zigbee 技术是为低速率传感器和控制网络设计的标准无线网络协议栈，是适合无线传感器网络的标准。

6.1.1　定义

Zigbee 是一种近距离、低复杂度、低功耗、低成本的双向无线通信技术，主要用于距离短、功耗低且传输速率不高的各种电子设备之间进行数据传输(包括典型的周期性数据、间歇性数据和低反应时间数据)的应用。

Zigbee 的基础是 IEEE802.15.4，但是 Zigbee 并不等于 IEEE802.15.4。由于 IEEE 仅处理低级的 MAC 层和物理层协议，因此 Zigbee 联盟对网络层协议和应用层进行了标准化设定。

6.1.2 特点

Zigbee 可工作在 2.4GHz(全球流行)、868MHz(欧洲流行)和 915MHz(美国流行)三个频段上，分别具有最高 250 kb/s、20 kb/s 和 40 kb/s 的传输速率，它的传输距离在 10～75 m 范围内。Zigbee 作为一种无线通信技术具有以下特点。

1. 低功耗

低功耗是 Zigbee 重要的特点之一。一般的 Zigbee 芯片有多种电源管理模式，这些管理模式可以有效地对节点的工作和休眠进行配置，从而使得系统在不工作时可以关闭射频部分，极大地降低了系统功耗，节约电池的能量。

2. 低成本

Zigbee 网络协议简单，可以在计算能力和存储能力都很有限的 MCU 上运行，非常适用于对成本要求苛刻的场合。现有的 Zigbee 芯片一般成本较低，这对于一些需要布置大量无线传感器网络节点的应用领域是很重要的。

3. 大容量

Zigbee 设备既可以使用 64 位 IEEE 地址，也可以使用指配的 16 位短地址。在一个单独的 Zigbee 网络内，可以容纳最多 2^{16} 个设备。

4. 可靠

由于无线通信是共享信道的，因而面临着众多有线网络所没有的干扰和安全威胁。Zigbee 在物理层和 MAC 层采用 IEEE802.15.4 协议，使用带时隙或不带时隙的载波检测多址访问和冲突避免(CSMA/CA)的数据传输方法，并与确认和数据检验等措施相结合，可保证数据的可靠传输。同时为了提高灵活性和支持在资源匮乏的 MCU 上运行，Zigbee 支持三种安全模式。最高级安全模式采用属于高级加密标准(AES)的对称密码和公开密钥，可以大大提高数据传输的安全性。

5. 时延短

在无线通信中，时间的延迟也是重要的参数，Zigbee 针对时延作了优化，使通信时延和从休眠状态激活的时延都非常短。

6. 灵活的网络拓扑结构

Zigbee 支持星型、树型和网状型拓扑结构，既可以单跳，也可以通过路由实现多跳的数据传输。

6.1.3 协议架构

按照 OSI 模型，Zigbee 网络分为四层，从下至上分别为物理层、MAC 层、网络层和应用层。Zigbee 网络协议架构分层如图 6-1 所示。

图 6-1　Zigbee 网络协议架构分层

Zigbee 的最低两层即物理层和 MAC 层，使用 IEEE802.15.4 协议标准；而网络层和应用层由 Zigbee 联盟指定。每一层向它的上层提供数据或管理服务。Zigbee 的应用层由应用支持子层(APS)、Zigbee 设备对象(ZDO)和制造商定义的应用对象组成。

6.2　应用系统组成

Zigbee 是一种短距离的无线通信技术，其应用系统由硬件和软件组成。本节将详细讲解比较常见的 Zigbee 芯片及 Zigbee 协议栈。

6.2.1　常见的 Zigbee 芯片

目前最常见的 Zigbee 芯片为 CC243X 系列、CC253X 系列和 MC1322X 系列。下面分别介绍三种系列芯片的特点。

1. CC243X 系列

CC2430/CC2431 是 Chipcon 公司(已被 TI 收购)推出的用来实现嵌入式 Zigbee 应用的片上系统。它支持 2.4GHz IEEE802.15.4/Zigbee 协议，是世界上首个单芯片 Zigbee 解决方案。CC2430/CC2431 片上系统家族包括三个不同产品：CC2430-F32、CC2430-F64 和 CC2430-F128，它们的区别在于内置闪存的容量不同，以及针对不同 IEEE802.15.4/Zigbee，应用的成本不同。

CC2430/CC2431 在单个芯片上整合了 Zigbee 射频前端、内存和微控制器。它内置 1 个 8 位 8051 内核，具有 32/64/128KB 可编程闪存和 8KB 的 RAM，还包含模拟数字转换器 ADC、定时器、AES128 协同处理器、看门狗定时器、32 kHz 晶振休眠模式定时器、上电复位电路和掉电检测电路以及 21 个可编程 I/O 引脚。CC2430/CC2431 芯片具有以下特点：

✧　高性能、低功耗的 8051 微控制器内核。
✧　极高的灵敏度及抗干扰能力。
✧　强大的 DMA 功能。
✧　只需极少的外接元件。
✧　电流消耗小(当微控制器内核运行在 32 MHz 时，RX 为 27 mA，TX 为 25 mA)。
✧　硬件支持避免冲突的载波侦听多路访问。
✧　电源电压范围宽(2.0～3.6 V)。
✧　支持数字化接收信号强度指示器/链路质量指示(RSSI/LQI)。

2. CC253X 系列

CC253X 系列的 Zigbee 芯片主要是 CC2530/CC2531，它们是 CC2430/CC2431 的升级，在性能上要比 CC243X 系列稳定。CC253X 系列芯片广泛使用于 2.4G 片上系统解决方案，建立在基于 IEEE802.15.4 标准的协议之上。CC253X 系列芯片大致可以分为三个功能模块：CPU 和内存相关的模块，外设、时钟和电源管理相关模块，无线电相关的模块。

1) CPU 和内存

CC253X 系列芯片使用的 8051CPU 内核是一个单周期的 8051 兼容内核。它有三个不同的存储器访问总线(SFR、DATA、和 CODE/XDATA)，以单周期访问 SFR、DATA 和 SRAM。它还包括一个调试接口和一个中断控制器。

中断控制器提供了 18 个中断源，分为六个中断组，每组与四个中断优先级相关。当设备从空闲模式回到活动模式，也会发出一个中断服务请求。一些中断还可以从睡眠模式唤醒设备。

内存仲裁器位于系统中心，因为它通过 SFR 总线，把 CPU、DMA 控制器、物理存储器以及所有外设连接在一起。内存仲裁器有四个存取访问点，访问每一个访问点可以映射到三个物理存储器之一：8 KB 的 SRAM、闪存存储器和一个 XREG/SFR 寄存器。它负责执行仲裁，并确定同时到同一个物理存储器的内存访问的顺序。

8 KB 的 SRAM 是映射到 DATA 存储空间和 XDATA 存储空间的一部分，它是一个超低功耗的 SRAM，当数字部分掉电时能够保留自己的内容，这对于低功耗应用是一个很重要的功能。

32/64/128/256 KB 闪存块为设备提供了内电路可编程的非易失性程序存储器，映射到 CODE 和 XDATA 存储空间。除了保存程序代码和常量，非易失性程序存储器允许应用程序保存必须保留的数据，这样在设备重新启动之后可以使用这些数据。

2) 时钟和电源管理

数字内核和外设由一个 1.8V 低差稳压器供电。另外，CC253X 系列芯片包括一个电源管理功能，可以实现使用不同供电模式，用于延长电池的寿命，有利于低功耗运行。

3) 外设

CC253X 系列芯片有许多不同的外设，允许应用程序设计者开发先进的应用。这些外设包括调试接口、I/O 控制器、两个 8 位的定时器、一个 16 位的定时器、一个 MAC 定时器、ADC 和 AES 协处理器、看门狗电路、两个串口和 USB(仅限于 CC2531)。

4) 无线电

CC253X 系列芯片提供了一个 IEEE802.15.4 兼容无线收发器。RF 内核控制模拟无线模块。另外，它提供了 MCU 和无线设备之间的一个接口，可以发出命令、读取状态、自动操作和确定无线设备的顺序。无线设备还包括一个数据包过滤和地址识别模块。

3. MC1322X 系列

MC13224 是 MC1322X 系列的典型代表，是飞思卡尔公司研发的第三代 Zigbee 解决方案。它集成了完整低功耗 2.4GHz 无线电收发器，基于 32 位 ARM7 核的 MCU，是高密度低元件数 IEEE802.15.4 综合解决方案，能实现点对点连接和完整的 Zigbee 网状网络。

MC13224 支持国际 802.15.4 标准以及 ZigBee、ZigBeePRO 和 ZigBeeRF4CE 标准，提

供了优秀的接收器灵敏度和健壮的抗干扰性，具有多种供电模式，以及一套常用的外设集(包括 2 个高速 UART、12 位 ADC 和 64 个通用 GPIO、4 个定时器、I2C 等)。除了增强的 MCU，还改进了 RF 输出功率、灵敏度、选择性，并且提供了一个超越第二代 Zigbee 芯片的重要性能改进；除了通过增强优秀的 RF 性能、选择性和业界标准 ARM7TDMI-S 内核外，还支持一般低功耗无线通信，并且可以配备一个标准网络协议栈(ZigBee，ZigBeeRF4CE)来简化开发。因此 MC13224 芯片可广泛应用于住宅区和商业自动化、工业控制、卫生保健和消费类电子等产品，其主要特性包括：

- ✧ 2.4 GHz IEEE802.15.4 标准射频收发器。
- ✧ 出色的接收器灵敏度和抗干扰能力。
- ✧ 极少量的外部元件。
- ✧ 支持运行网状型系统。
- ✧ 128 KB 系统可编程闪存。
- ✧ 32 位 ARM7TDMI-S 微控制器内核。
- ✧ 96K 的 SRAM 及 80K 的 ROM。
- ✧ 硬件调试支持。
- ✧ 4 个 16 位定时器及 PWM。
- ✧ 红外发生电路。
- ✧ 32 kHZ 的睡眠计时器和定时捕获。
- ✧ CSMA/CA 硬件支持。
- ✧ 精确的数字接收信号强度指示/LQI 支持。
- ✧ 温度传感器。
- ✧ 2 个 8 通道 12 位 ADC。
- ✧ AES 加密安全协处理器。
- ✧ 2 个高速同步串口。
- ✧ 64 个通用 I/O 引脚。
- ✧ 看门狗定时器。

6.2.2 常见的 Zigbee 协议栈

常见的 Zigbee 的协议栈分为三种：非开源的协议栈、半开源的协议栈和开源的协议栈。

1. 非开源的协议栈

常见的非开源的 Zigbee 协议栈的解决方案包括 Freescale 解决方案和 Microchip 解决方案。

Freescale 中最简单的 Zigbee 解决方案就是 SMAC 协议，是面向简单的点对点应用，不涉及网络概念。Freescale 完整的 Zigbee 协议栈为 BeeStack 协议栈，也是最复杂的协议栈，看不到具体的代码，只提供一些封装好的函数直接调用。

Microchip 提供的 Zigbee 协议为 ZigBee® PRO 和 ZigBee® RF4CE，均是完整的 Zigbee 协议栈，但是收费偏高。

2. 半开源的协议栈

TI 公司开发的 ZStack 协议栈是一个半开源的 Zigbee 协议栈，是一款免费的 Zigbee 协议栈，它支持 Zigbee 和 ZigbeePRO，并向后兼容 Zigbee2006 和 Zigbee2004。Zstack 内嵌了 OSAL 操作系统，标准的 C 语言代码，使用 IAR 开发平台，比较易于学习，是一款适合工业级应用的 Zigbee 协议栈。

3. 开源的协议栈

Freakz 是一个彻底开源的 Zigbee 协议栈，配合 contiki 操作系统，contiki 的代码全部由 C 语言编写，对于初学者来说比较容易上手。Freakz 适合用于学习，对于工业应用，Zstack 比较实用。

6.2.3　应用系统组成

本节以基于 CC2530 的硬件平台和基于 Zstack 的 Zigbee 协议栈为例，介绍 Zigbee 应用系统组成，其总体上可以分为硬件平台和软件平台。

1. 硬件平台

Zigbee 网络主要由 Zigbee 网络协调器、Zigbee 网络路由器、Zigbee 终端节点组成，可以形成星型、树型及网状型三种网络拓扑结构(详见 6.3 节)。网络中三种设备类型的功能如下：

◇　Zigbee 网络协调器是整个网络的中心，它负责的功能包括建立、维持和管理网络、分配网络地址等，所以可以将 Zigbee 网络协调器认为是整个 Zigbee 网络的"大脑"。 图 6-2 所示为本书实践篇实验使用的 Zigbee 协调器。

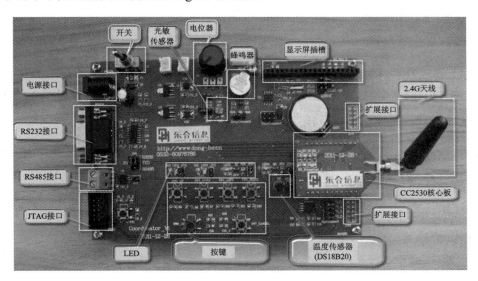

图 6-2　Zigbee 协调器

◇　Zigbee 网络路由器主要负责路由发现、消息传输、允许其他节点通过它关联到网络中。

◇　Zigbee 终端节点通过 Zigbee 协调器或者 Zigbee 路由器关联到网络中，Zigbee 终端节点不允许其他节点通过它关联到网络中。

2. 软件平台

软件选择 TI 的 Zstack-CC2530-2.2.0-1.3.0 协议栈并利用 IAR7.51 打开，如图 6-3 所示。

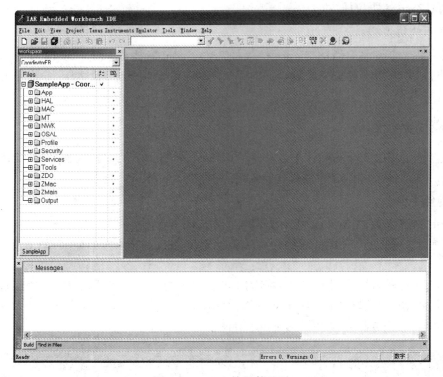

图 6-3　Zstack 协议栈目录

Zstack 协议栈目录的各项说明如下：

◇　APP：应用层目录，这是用户创建各种不同工程的区域，在这个目录中包含了应用层的内容和这个项目的主要内容，在协议栈里面一般是以操作系统的任务实现的。

◇　HAL：硬件层目录，包含硬件相关的配置和驱动以及操作函数。

◇　MAC：MAC 层目录，包含了 MAC 层的参数配置文件及 MAC 的 LIB 库的函数接口文件。

◇　MT：通过串口来控制各层，使各层进行交互。

◇　NWK：网络层目录，包含网络层配置文件及网络层库的函数接口文件、APS 层库的函数接口。

◇　OSAL：协议栈的操作系统。

◇　Profile：AF 层目录，包含 AF 层处理函数文件。

◇　Security：安全层目录，包含安全层目录接口函数，比如加密函数等。

◇　Services：在开发过程中，此目录内容不必修改或移植，TI 公司也没有进行详细介绍，因此本书也不作介绍。

◇　Tools：工程配置目录，包括空间划分即 Zstack 相关配置信息。

◇　ZDO：Zigbee 设备对象目录。

◇　ZMac：Zmac 文件夹和 Mac 文件夹一样，同为 MAC 层目录。包括 MAC 层参数配置及 MAC 层 LIB 库函数回调处理函数。

◇　ZMain：主函数目录，包括入口函数及硬件配置文件。

◇　Output：输出文件目录，这个由 EW8051 IDE 自动生成。

 ## 6.3　网络拓扑和协议栈结构

Zigbee 网络中的设备按照功能不同可以分为协调器节点、路由器节点和终端设备节点。协调器是整个网络的控制中心；路由器节点起转发数据的作用；终端设备负责采集信息数据信息。一般在一个 Zigbee 网络中终端设备的节点数目较多。

6.3.1　拓扑结构

Zigbee 网络支持三种拓扑结构：星型、树型和网状型结构，如图 6-4 所示。

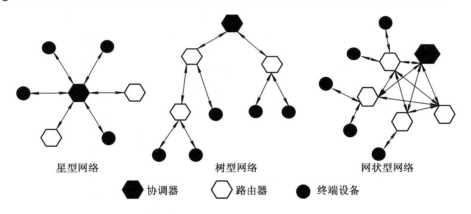

星型网络　　　　　　　树型网络　　　　　　　网状型网络

◆ 协调器　　　◇ 路由器　　　● 终端设备

图 6-4　Zigbee 网络拓扑结构

参考上图，总结出 Zigbee 网络的结构特点如下：

◇　星型网络：所有的终端设备只与协调器进行通信。

◇　树型网络：由一个协调器和多个星型结构连接而成，只有路由器或协调器才可以有子节点，并且设备只能与自己的父节点或子节点进行通信("终端设备"以及"没有父子关系的路由器"之间必须经过树状路由才能通信)。

◇　网状型网络：是在树型网络的基础上实现的。与树状网络不同的是，它允许网络中所有具有路由功能的节点互相通信，由路由器中的路由表进行路由通信。

1. 星型网络的形成过程

在星型网络中，协调器作为发起设备，一旦被激活，它就建立一个自己的网络，并作为 PAN 协调器。路由设备和终端设备可以选择 PAN 标识符加入网络。星型网络与星型网络根据 PAN 标识不同，各自进行通信。不同 PAN 网络中的设备不能进行通信。

2. 树型网络的形成过程

在树型网络中，由协调器发起网络，路由器和终端设备加入网络。设备加入网络后由协调器为其分配 16 位短地址，具有路由功能的设备可以拥有自己的子设备，但是在树型网络中，子设备只能和自己的父设备进行通信，如果某终端设备要与非自己父设备的其他设备通信，必须经过树型路由进行通信。

3. 网状型网络的形成过程

在网状型网络中，当协调器建立起网络后，其功能和网络中的路由器是一样的，每个设备都可以与在无线通信范围内的其他任何设备进行通信。路由器可以转发在其通信范围内的所有节点的数据，但是终端节点不能转发数据。(设备只有在相同的 PAN 标识符内才可以通信，不同的 PAN 标识符网络之间是不可以通信的。)

6.3.2 协议栈体系结构

Zigbee 网络协议的体系结构如图 6-5 所示，协议栈的层与层之间通过服务接入点(SAP)进行通信。

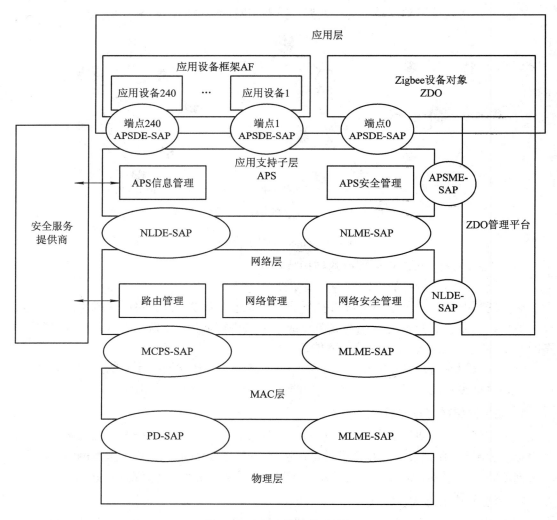

图 6-5　Zigbee 协议体系结构

图 6-5 中的 "SAP" 是某一特定层提供的服务与上层之间的接口。大多数层有两个接口："数据实体接口" 和 "管理实体接口"。

"数据实体接口" 的目标是向上层提供所需的常规数据服务；"管理实体接口" 的目标是向上层提供访问内部层参数、配置和管理数据服务。

由于 Zigbee 的最低两层物理层和 MAC 层是由 IEEE802.15.4 标准定义的，在本书的第 2 章和第 3 章中有详细的解释，本节将从网络层开始介绍。

Zigbee 协议栈的核心部分在网络层。网络层主要实现节点加入或离开网络、接收或抛弃其他节点、路由查找及数据传送等功能。"网络层数据实体" 通过网络层数据实体服务接入点(NLDE-SAP)提供数据传输服务；"网络层管理实体" 通过网络层管理实体服务点(NLME-SAP)提供网络管理服务。"网络层管理实体" 利用网络层数据实体完成一些网络的管理工作，并且完成对网络信息库的维护和管理。另外，网络层通过 MCPS-SAP 和 MLME-SAP 为 MAC 层提供接口。

网络层协议数据单元(NPDU)即网络层帧的结构，如图 6-6 所示。

字节：2	2	2	1	1	0/8	0/8	0/1	变长	变长
帧控制	目的地址	源地址	广播半径域	广播序列号	IEEE目的地址	IEEE源地址	多点传送控制	源路由帧	帧的有效载荷
网络层帧报头									网络层的有效载荷

图 6-6 网络层数据帧格式

网络层协议数据单元(NPDU)由网络层帧报头和网络层的有效载荷两部分组成。网络层帧报头包含帧控制信息、地址信息和帧序列等信息。在 Zigbee 网络协议中定义了两种类型的帧结构，即网络层数据帧和网络层命令帧。下面分别介绍网络层数据帧内的各个子域。

1) 帧控制子域

帧控制子域的结构如图 6-7 所示。

0、1	2~5	6、7	8	9	10	11	12	13~15
帧类型	协议版本	发现路由	广播标记	安全	源路由	IEEE目的地址	IEEE源地址	保留

图 6-7 帧控制子域结构

◆ 帧类型子域：占 2 位，00 表示数据帧，01 表示命令帧，10 和 11 表示保留。

◆ 协议版本子域：占 4 位，为 Zigbee 网络层协议标准的版本号。在一个特殊设备中使用的协议版本应作为网络层属性 nwkProtocolVersion 的值，在 Zstack-CC2530-2.2.0-1.3.0 版本号为 2。

◆ 发现路由子域：占 2 位，00 表示禁止路由发现，01 表示使能路由发现，10 表示强制路由发现，11 表示保留。

◆ 广播标记子域：占 1 位，0 表示为单播或者广播，1 表示组播。

◆ 安全子域：占 1 位，当该帧为网络层安全操作使能时，安全子域的值为 1；当安全在另一层执行或者完全失败时，值为 0。

◆ 源路由子域：占 1 位，1 表示源路由子帧在网络报头中存在。如果源路由子帧不存在，则源路由子域值为 0。

　　◇　IEEE 目的地址：为 1 时，网络帧报头办含整个 IEEE 目的地址。

　　◇　IEEE 源地址：为 1 时，网络帧报头包含整个 IEEE 源地址。

　　2) 目的地址

　　目的地址长度域为 2 个字节。如果帧控制域的广播标记子域值为 0，那么目的地址域值为 16 位的目的设备网络地址或者广播地址；如果广播标记子域值为 1，目的地址域值则为 16 位目的多播组的 Group ID。

　　3) 源地址

　　在网络层帧中必须有源地址，其长度为 2 个字节，其值是源设备的网络地址。

　　4) 半径域

　　半径域总是存在的，它的长度为 1 个字节。每个设备接收到一次帧，广播半径即减 1，广播半径限定了传输半径的范围。

　　5) 广播序列号域

　　每个帧中都包含序列号域，其长度为 1 个字节。每发送一个新的帧，序列号值即加 1。帧的源地址和序列号子域是 1 对，在限定了序列号 1 个字节的长度内是唯一的标识符。

　　6) IEEE 目的地址

　　如果存在 IEEE 目的地址，它将包含在网络层地址头中的目的地址域的 16 位网络地址相对应的 64 位 IEEE 地址中。如果该 16 位网络地址是广播或者多播地址，那么 IEEE 目的地址不存在。

　　7) IEEE 源地址

　　如果存在 IEEE 源地址域，则它将包含在网络层地址头中的源地址域的 16 位网络地址相对应的 64 位 IEEE 地址中。

　　8) 多点传送控制

　　多点控制域是 1 字节长度，且只有多播标志子域值是 1 时才存在。其结构如图 6-8 所示。

0、1	2～4	5～7
多播模式	非成员半径	最大非成员半径

图 6-8　多点控制子域结构

　　9) 源路由帧

　　源路由帧只有在帧控制域的源路由子域的值是 1 时，才存在源路由帧子域。它分为 3 个子域：应答计数器(1 个字节)、应答索引(1 个字节)以及应答列表(可变长)。

　　应答计数器子域表示包含在源路由帧转发列表中的应答数值。

　　应答索引子域表示传输数据包的应答列表子域的下一转发索引。这个域被数据包的发送设备初始化为 0，且每转发一次就加 1。

　　应答列表子域是节点的短地址列表，用来作为源路由数据包的目的转发。

　　10) 帧有效载荷

　　帧有效载荷的长度是可变的，包含的是上层的数据单元信息。

6.4　应用简介

Zigbee 技术主要应用在短距离范围内以及数据传输速率不高的各种电子设备之间，因此非常适用于家电和小型电子设备的无线控制指令传输。Zigbee 联盟预测的主要应用领域包括工业控制、消费性电子设备、农业自动化和医用设备。

1. 工业控制

在工业领域，利用传感器和 Zigbee 网络，使得数据的自动采集、分析和处理变得更加容易，如火警检测和预报、机器的检测和维护。这些应用不需要很高的数据吞吐量和连续的状态更新，重点是低功耗，最大程度地节省电池的能量。

2. 汽车管理控制

在汽车上，由于很多传感器只能在布线困难的内置转动的车轮或发动机中，比如轮胎压力监测系统，需要内置的无线通信设备。同样，Zigbee 技术也应用在小区车辆管理系统中，随着小区的智能化，地下停车场用于停放小区住户车辆，停车场管理系统能够快速准确的管理小区的车辆，有效地防止车辆被盗、排队等候和人工收费透明度不高的种种弊端。

3. 农业应用

在精准农业应用中，需要成千上万的传感器构成比较复杂的控制网络。传统农业主要使用孤立的、没有通信能力的机械设备，主要依靠人力监测农作物的生长状况。采用了传感器和 Zigbee 网络以后，农业可以逐渐地转向以信息和软件为中心的生产模式，将采用更多的自动化、网络化、智能化和远程控制的设备来耕种。传感器可以收集包括土壤湿度、PH 值、温度、湿度等信息。这些信息的采集和处理经由 Zigbee 网络传输到控制中心，供农民决策和参考。

Zigbee 技术的应用领域前景宽广，已经渗透到生活中的方方面面，涉及城市公共安全、公共卫生、安全生产、智能化交通、智能家居、环境监测等领域。

小　结

通过本章的学习，学生应该掌握：

◆ Zigbee 技术主要用于近距离无线连接，它的基础是 IEEE802.15.4。

◆ Zigbee 的特点是功耗低、成本低、时延短、网络容量大、可靠安全。

◆ 常见的 Zigbee 芯片有 MC1322X 系列、CC253X 系列和 CC243X 系列。

◆ 常见的 Zigbee 协议栈有 Microchip 提供的 Zigbee 协议、Freakz 协议栈和 ZStack 协议栈。

◆ Zigbee 有三种网络拓扑结构，分别是星型、树型和网状型网络拓扑结构。

◆ Zigbee 协议分为物理层、MAC 层、网络层和应用层，其中物理层和 MAC 层由 IEEE802.15.4 定义。

 习 题

1．按照 OSI 模型，Zigbee 网络分为 4 层，从下向上分别为＿＿＿＿、＿＿＿＿、＿＿＿＿和＿＿＿＿。

2．Zigbee 网络拓扑结构有＿＿＿＿、＿＿＿＿和＿＿＿＿。

3．列举常用的 Zigbee 芯片和 Zigbee 协议栈。

4．简述 Zigbee 的定义。

5．简述 Zigbee 的特点。

第7章 RFID 技 术

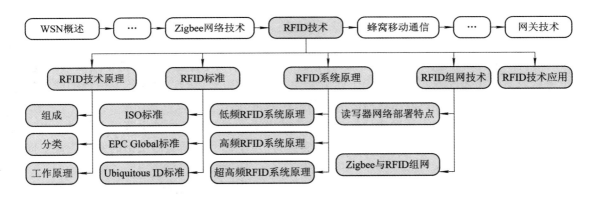

本章目标

- ◆ 了解 RFID 的组成及分类。
- ◆ 掌握 RFID 系统的工作原理。
- ◆ 掌握 RFID 标准。
- ◆ 了解 RFID 组网技术。

学习导航

```
WSN概述 → … → Zigbee网络技术 → RFID技术 → 蜂窝移动通信 → … → 网关技术
```

```
RFID技术原理    RFID标准    RFID系统原理    RFID组网技术    RFID技术应用
```

组成	ISO标准	低频RFID系统原理	读写器网络部署特点
分类	EPC Global标准	高频RFID系统原理	
工作原理	Ubiquitous ID标准	超高频RFID系统原理	Zigbee与RFID组网

7.1 RFID 技术原理

射频识别技术即无线电频率识别(Radio Frequency Identification，RFID)的简称，又称电子标签、无线射频识别，是一种无线通信技术。它主要利用无线微波对物体进行近距离无接触的探测和跟踪。在无线传感器网络中往往利用 RFID 技术赋予无线传感器网络节点ID 号。

7.1.1 组成

RFID 应用系统由读写器、标签和高层等部分组成，如图 7-1 所示。

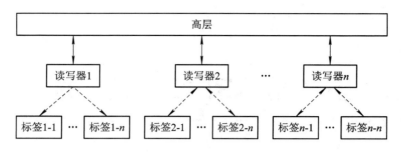

图 7-1 RFID 应用系统组成

读写器和标签可以构成一个简单的应用系统，例如公交车上的消费系统。复杂的应用需要一个读写器同时读取 n 个标签。更复杂的应用系统需要解决读写器的高层处理问题。

射频识别技术的核心在标签上，读写器是根据标签的性能而设计的。虽然在 RFID 系统中标签的价格和性能比读写器低，但通常情况下，在应用中标签的数量是很大的，尤其是在物流应用中，标签的应用量不仅大而且可能一次性使用，而读写器的数量相对要少并且可以重复使用。

7.1.2 分类

RFID 的分类多种多样，根据不同的标准和要求以及分类的依据不同，主要可以分为以下几种。

1. 按供电方式分类

根据标签的供电方式可以将 RFID 系统分为有源、无源和半有源系统。

有源的 RFID 与无源的 RFID 系统主要是指标签的工作电源是否由内部电池供给。有源电子标签又称为主动标签，标签的工作电源完全由内部电池供给，同时标签电池的能量供应部分转换为电子标签与读写器通信所需的射频能量。

无源电子标签又称为被动式标签，没有内装电池。在读写器的读出范围之外时，电子标签处于无源状态；在读写器的读出范围之内时，电子标签从读写器发出的射频能量中提取其工作所需的电源。

半有源射频标签内的电池供电，仅对标签内要求供电维持数据的电路，或者标签芯片工作所需电压的辅助支持，及本身耗电量很少的标签电路供电。标签进入工作状态之前，一直处于休眠状态，相当于无源标签，标签内部电池能量消耗很少，因而电池可维持几年，甚至长达 10 年之久。当标签进入读写器的读卡范围区域内，受到读写器发出的射频信号激励，进入工作状态时，标签与读写器之间信息交换的能量支持以读写器供应的射频能量为主。标签内部电池的作用主要在于弥补标签所处位置的射频场强不足，标签内部电池的能量并不转换为射频能量。

2. 按工作频率分类

根据工作频率，RFID 系统可以分为低频、高频、超高频和微波。RFID 主要频段标准及特性如表 7-1 所示。

表 7-1　RFID 主要频段标准及特性

频　段	低　频	高　频	超　高　频	微　波
工作频率	125～134 kHz	13.56 MHz	433 MHz 868～915 MHz	2.45 GHz 5.8 GHz
读取距离	<60 cm	0～60 cm	1～100 m	1～100 m
速度	慢	快	快	很快
方向性	无	无	部分有	有
现有的 ISO 标准	11784/85，14223	14443/15693	EPC C0，C1，C2，G2	18000-4
主要应用范围	进出管理、固定设备管理	图书馆、产品跟踪、公交消费	货架、卡车、拖车跟踪	收费站、集装箱

7.1.3　工作原理

RFID 系统由读写器、标签和应用系统组成。其主要的工作原理简单描述如下：

◇ 由读写器通过发射天线发送特定频率的射频信号。

◇ 当电子标签进入有效工作区域时产生感应电流，从而获得能量，电子标签被激活，使得电子标签将自身编码信息通过内置的射频天线发送出去。

◇ 读写器的接收天线接收到从标签发送来的调制信号，经天线调节器传送到读写器信号处理模块，经解调和解码后将有效信息送至后台主机系统进行相关的处理。

◇ 读写器的应用系统根据逻辑运算识别该标签的身份，针对不同的设定作出相应的处理和控制，最终发出指令信号控制读写器完成相应的读写操作。

1. 读写器

读写器又称为阅读器，主要负责与电子标签的双向通信，同时接收来自主机系统的控制指令。读写器的频率决定了 RFID 系统工作的频段，其功率决定了射频识别的有效距离。读写器根据使用技术的不同可以是读或者读/写装置，它是 RFID 系统信息控制和处理的中心。读写器系统组成如图 7-2 所示。

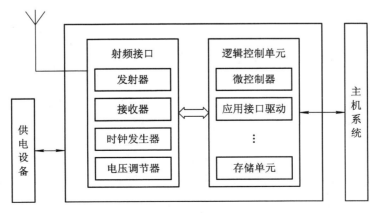

图 7-2　读写器系统组成

读写器由射频接口、逻辑控制单元和天线三部分组成。下面分别介绍三部分的主要任务和功能。

(1) 射频接口模块的主要任务和功能如下：

◆ 产生高频发射能量，激活电子标签并为其提供能量。

◆ 对发射信号进行调制，将数据传输给电子标签。

◆ 接收并调制来自电子标签的射频信号。

(2) 逻辑控制单元也称为读写模块，其主要任务和功能如下：

◆ 与应用系统软件进行通信，并执行从应用系统软件发送来的指令。

◆ 控制读写器和标签的通信过程。

◆ 对信号进行编码和解码。

◆ 对读写器和标签之间传输的数据进行加密和解密。

◆ 执行防碰撞算法。

◆ 对读写器和标签进行身份验证。

(3) 天线模块。天线是一种能将接收到的电磁波转换为电流信号，或者将电流信号转换成电磁波发射出去的装置。在 RFID 系统中，读写器必须通过天线发射能量，来形成电磁场，通过电磁场对电子标签进行识别。因此，读写器天线所形成的电磁场范围即为读写器的可读区域。

2. 电子标签

电子标签是由 IC 芯片和无线通信天线组成的超微型的小标签，其内置的射频天线用于和读写器进行通信。电子标签是 RFID 系统中真正的数据载体。系统工作时，读写器发出查询信号，电子标签在收到查询信号后，将其一部分能量整流为直流电源，供电子标签内的电路工作；另一部分能量信号被电子标签内保存的数据信息调制后反射回读写器。电子标签系统组成如图 7-3 所示。

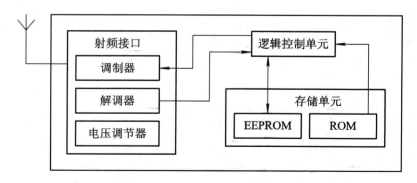

图 7-3　电子标签系统组成

从图 7-3 中可以看出，电子标签系统包括射频接口、逻辑控制单元和存储单元。其中射频接口部分包括调制器、解调器和电压调节器；存储单元包括 EEPROM 和 ROM。各个部分的功能如下：

◆ 天线：用来接收由读写器送来的信号，并把要求的数据传送回读写器。

◇　调制器：逻辑控制电路送出的数据经调制电路调制后，加载到天线并传送给读写器。

◇　解调器：去除载波，取出调制信号。

◇　电压调节器：把由读写器送来的射频信号转换为直流电源，并经过大电容存储能量，再通过稳压电路来提供稳定的电源。

◇　逻辑控制单元：译码读写器送来的信号，并依据要求返回数据给阅读器。

◇　存储单元：用于系统运行及存放识别数据。

3. 应用系统

对于独立的应用，读写器可以完成应用需求。例如，公交车上的读写器可以实现对公交票卡的读取和收费。但是对于由多读写器构成的网络架构的信息系统，应用系统是必不可少的，即针对 RFID 的具体应用，需要在应用系统中将读写器获取的数据有效地整合起来，提供查询历史档案等相关管理和服务功能，通过对数据的加工、分析和挖掘，为正确决策提供依据。

在 RFID 网络应用中，中间件技术提供了将现有的系统与 RFID 读写器连接起来的技术。RFID 中间件是介于 RFID 读写器和后端应用程序之间的独立软件，能够与多个 RFID 读写器和多个后端应用程序连接，分布式应用软件借助这种软件在不同的技术之间共享资源。中间件位于客户机、服务器的操作系统之上，管理计算机资源和网络通信。图 7-4 所示为中间件技术系统组成。

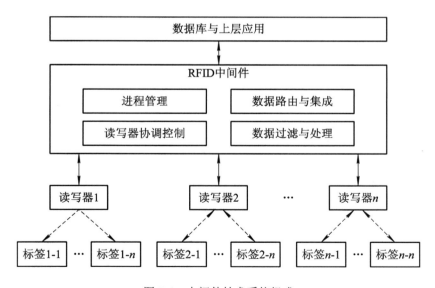

图 7-4　中间件技术系统组成

中间件各部分功能如下：

◇　读写器协调控制：终端用户可以通过 RFID 中间件接口直接配置、监控以及发送指令给读写器。一些 RFID 中间件开发商还提供了支持读写器即查即用的功能，使终端用户新添加不同类型的读写器时，不需要增加额外的程序代码。

◇　数据过滤与处理：当标签信息传输发生错误或有冗余数据产生时，RFID 中间件可以通过一定的算法纠正错误并过滤掉冗余数据。RFID 中间件可以避免不同的读写器读取同一电子标签的碰撞，确保了读卡的准确性。

◇ 数据路由与集成：RFID 中间件能够决定将采集到的数据传递给一个应用。RFID 中间件可以将企业现有的资源计划、客户关系管理以及仓库管理系统等软件集成在仪器中，提供数据的路由和集成，同时中间件还可以保存数据，分批地给各个应用提交数据。

◇ 进程管理：RFID 中间件根据客户定制的任务负责数据的监控与事件的触发。如在仓库管理中，设置中间件来监控货品库存的数量，当数量低于设置的标准时，RFID 中间件会触发事件，通知相应的应用软件。

7.2 RFID 标准

RFID 标准化的目的在于，通过制定、发布和实施标准，解决编码、通信、空中接口和数据共享等问题，最大程度地促进了 RFID 技术与相关系统的应用。RFID 标准的主要内容包括以下几个方面：

◇ 技术：包含的层面很多，主要是接口和通信技术，如空中接口、防碰撞方法、中间件技术和通信协议等。

◇ 一致性：主要指数据结构、编码格式和内存分配等相关内容。

◇ 电池辅助与传感器的融合：目前 RFID 技术也融合了传感器，例如可进行温控和应变检测的应答器在物品追踪中应用广泛。几乎所有带传感器的标签和有源标签都需要从电池中获得能量。

◇ 应用：RFID 技术涉及众多的具体应用，如停车收费系统、身份识别、动物识别、物流、跟踪和门禁等。各种不同的应用涉及不同的行业，因此标准也涉及了各行业的规范。

RFID 标准主要有国际标准、国家标准和行业标准。

◇ 国际标准是由国际标准化组织(ISO)和国际电工委员会(IEC)制定的。

◇ 国家标准是各国根据自身国制制定的有关标准,其中日本定义了 Ubiquitous ID 标准。

◇ 行业标准的典型一例是由国际物品编码协会(EAN)和美国同一代码委员会(UCC)指定的 EPC Global 标准，主要用于物品识别。

7.2.1 ISO 标准

ISO/IEC 制定的 RFID 标准可以分为技术标准、数据标准、性能标准和应用标准四类，如图 7-5 所示。

我国常用的两个 RFID 标准为 ISO14443 和 ISO15693，这两个标准主要用于非接触智能卡；ISO18000 系列包括了有源和无源 RFID 技术标准，主要是基于物品管理的 RFID 空中接口参数。

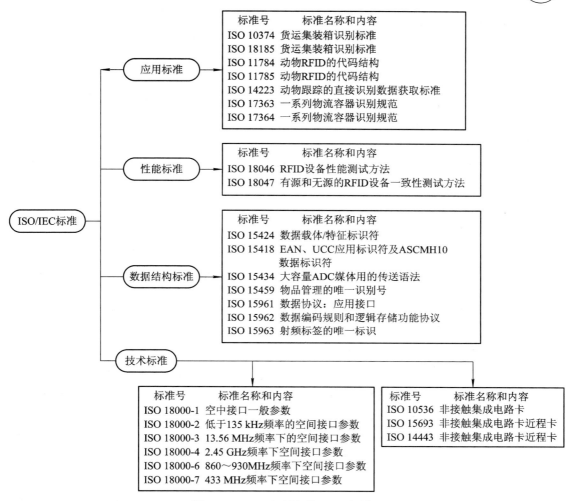

图 7-5　ISO/IEC 制定的 RFID 标准

1. ISO14443

ISO14443 是一种非接触式 IC 卡。非接触式 IC 卡由于作用距离不同,有三种不同的标准,如表 7-2 所示。

表 7-2　三种非接触式 IC 卡标准

标准	卡类型	读写器	作用距离
ISO 10536	密耦合	CCD(电荷耦合)	紧靠
ISO 14443	近耦合	PCD(接近耦合)	<10cm
ISO 15693	疏耦合	VCD(邻近耦合)	约 50cm

ISO14443 是近耦合非接触式 IC 卡的国际标准,主要用于身份证和各种智能卡、存储卡等。ISO14443 协议总共分为四部分:

◇　第一部分规定了卡片的物理特性,即非接触式 IC 卡的机械性能尺寸应满足 85.72 mm×54.03 mm×0.76 mm±容差。

◇　第二部分规定了信号能量及信号接口,协议规定了两种信号接口:A 型和 B 型,读写器需要采用两者之一的方式。

✧ 第三部分规定了卡片初始化和抗冲突特性。ISO14443 标准提供了两种不同的防碰撞协议,即 A 型和 B 型。A 型采用位检测防碰撞协议,B 型通过一组命令来管理防碰撞过程。

✧ 第四部分规定了卡片数据传输协议。用于非接触环境的半双工分组传输协议,可应用于电子标签的激活过程和解激活过程。

2. ISO15693

ISO15693 是疏耦合射频卡的国际标准,该标准由物理特性、空间接口与初始化、防碰撞协议和传输协议、命令扩展和安全特性四部分组成,下面重点介绍前三部分:

✧ 第一部分规定了卡片的物理特性,即非接触式 IC 卡的机械性能尺寸应满足 85.72 mm× 54.03 mm×0.76 mm±容差。

✧ 第二部分为空间接口与初始化,电子标签能量供应是由发送频率为 13.56MHz 的读写器的交变电磁场来提供的。电子标签中包含有一个大面积的天线线圈。典型的线圈有 3～6 匝。

✧ 第三部分为防碰撞协议和传输协议,ISO15693 标准的防碰撞技术采用时隙 ALOHA 算法。传输协议在本书中不作介绍。

3. ISO18000

ISO18000 分为 6 部分,即 ISO18000-1～ISO18000-4、ISO18000-6 和 ISO18000-7。

✧ ISO18000-1:基于单品管理的射频识别,它规范了空中接口通信协议中共同遵守的读写器与标签的通信参数表、知识产权基本规则等内容。

✧ ISO18000-2:基于单品管理的射频识别,适用于 125～134 kHz,规定了标签和读写器之间通信的物理接口,读写器应具有与 A 型(全双工)标签和 B 型(半双工)标签的通信能力;规定了协议和指令以及多标签通信的防碰撞方法。

✧ ISO18000-3:基于单品管理的射频识别,适用于高频段 13.56 MHz,规定了读写器与标签之间的物理接口、协议和命令以及防碰撞方法。

✧ ISO18000-4:基于单品管理的射频识别,适用于微波段 2.45 GHz,规定了读写器与标签之间的物理接口、协议和命令以及防碰撞方法。该标准包括两种模式,模式 1 是无源标签,工作方式是读写器主动;模式 2 是有源标签,工作方式是标签主动。

✧ ISO18000-6:基于单品管理的射频识别,适用于超高频段 860～960 MHz,规定了读写器与标签之间的物理接口、协议和命令以及防碰撞方法。它包含 A、B、C 三种无源标签的接口协议,通信距离最远可以达到 10 m。

✧ ISO18000-7:适用于超高频段 433.92 MHz,属于有源电子标签,规定了读写器与标签之间的物理接口、协议和命令以及防碰撞方法。其有源标签识读范围大,适用于大型固定资产的跟踪。

7.2.2　EPC Global 标准

EPC Global 是由美国统一代码协会(UCC)和国际物品编码协会(EAN)于 2003 年 9 月共同成立的非盈利性组织,其前身是 1999 年 10 月 1 日在美国麻省理工学院成立的非盈利性组织 Auto-ID 中心，以创建 "物联网"(Internet of Things)为自己的使命。为此，该中心将与众多企业成员共同制订一个统一的、类似于 Internet 的开放技术标准，在现有计算机互联网的基础上，实现商品信息的交换与共享。旗下有沃尔玛集团、英国 Tesco 等 100 多家欧美的零售流通企业，同时有 IBM、微软、飞利浦、Auto-ID Lab 等公司提供技术研究支持。

EPC Global 致力于建立一个向全球电子标签用户提供标准化服务的 EPC Global 网络，前提是遵循该公司制定的技术规范。目前 EPC global Network 技术规范 1.0 版给出了所有的系统定义和功能要求。EPC Global 已在加拿大、日本、中国等国建立了分支机构，专门负责 EPC 码段在这些国家的分配与管理、EPC 相关技术标准的制定、EPC 相关技术在本土的宣传普及以及推广应用等工作。EPC Global 体系框架如图 7-6 所示。

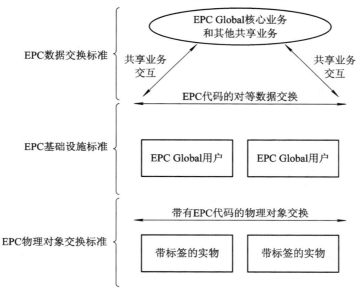

图 7-6 EPC Global 体系框架

EPC Global 体系架构分为 EPC 物理对象交换标准、EPC 基础设施标准和 EPC 数据交换标准三部分。各部分的功能如下：

◇ EPC 物理对象交换标准：EPC Global 体系框架定义了 EPC 物理对象交换标准，保证当用户将一种物理对象提交给另一个用户时，后者能确定该物理对象有 EPC 代码并能较好地对其进行说明。

◇ EPC 基础设施标准：该标准用来收集和记录 EPC 数据的主要设施部件接口标准，允许用户使用互操作部件来构建其内部系统。

◇ EPC 数据交换标准：该标准为用户提供了一种点对点共享 EPC 数据的方法，并提供了用户访问 EPC Global 核心业务和其他相关共享业务的机会。

7.2.3 Ubiquitous ID 标准

Ubiquitous ID(UID)Center 由日本政府的经济产业省牵头，主要由日本厂商组成，目前有 300 多家日本电子厂商、信息企业和印刷公司等参与。该识别中心实际上就是日本有关电子标签的标准化组织。

UID Center 的泛在识别技术体系架构由泛在识别码(ucode)、信息系统服务器、泛在通信器和 ucode 解析服务器等四部分构成。其特点如下：

◇ ucode 是赋予现实世界中任何物理对象的唯一识别码。它具备 128 位的充裕容量，并可以用 128 位为单元进一步扩展至 256、384 或 512 位。ucode 的最大优势是能包容现有编码体系的元编码设计，可以兼容多种编码。

◇ ucode 标签具有多种形式，包括条码、射频标签、智能卡、有源芯片等。泛在识别中心把标签进行分类，设立了 9 个级别的不同认证标准。信息系统服务器存储并提供与 ucode 相关的各种信息。

◇ ucode 通过解析服务器，确定与 ucode 相关的信息存放在哪个信息系统服务器上。ucode 解析服务器的通信协议为 ucodeRP 和 eTP，其中 eTP 是基于 eTron(PKI)的密码认证通信协议。

◇ 泛在通信器主要由 IC 标签、标签读写器和无线广域通信设备等部分构成，用来把读到的 ucode 送至 ucode 解析服务器，并从信息系统服务器获得有关信息。

泛在识别中心对网络和应用安全问题非常重视，针对未来可能出现的安全问题如截听和非法读取等，节点进行信息交换时需要相互认证，而且通信内容是加密的，避免非法阅读。

EPC Global 和 UID Center 的概要对比如表 7-3 所示。

表 7-3　EPC Global 和 UID Center 的概要对比

		EPC Global	UID Center
编码体系		EPC 编码通常为 64 位或 96 位，也可扩展为 256 位。对不同的应用，规定有不同的编码格式，主要存放企业代码、商品代码和序列号等。最新的 GEN2 标准的 EPC 编码可兼容多种编码	ucode 编码为 128 位，并可以用 128 位为单元进一步扩展至 256、384 或 512 位。ucode 的最大优势是能包容现有编码体系的元编码设计，可以兼容多种编码
技术支撑体系	对象名解析服务	ONS	ucode 解析服务器
	中间件	EPC 中间件	泛在通信器
	网络信息共享	EPCIS 服务器	信息系统服务器
	安全认证	基于互联网的安全认证	提出了可用于多种网络的安全认证体系 eTron

日本 UID 标准和欧美 EPC 标准，主要涉及产品电子编码、射频识别系统及信息网络系统三个部分，其思路在大部分层面上都是一致的，但在使用的无线频段、信息位数和应用领域等方面有许多不同点。例如，日本的电子标签采用的频段为 2.45 GHz 和 13.56 MHz，欧美的 EPC 标准采用 UHF 频段，902～928 MHz；日本的电子标签的信息位数为 128 位，EPC 标准的位数为 96 位。在 RFID 技术的普及战略方面，EPC global 将应用领域限定在物流领域，着重于成功的大规模应用；而 UID Center 则致力于 RFID 技术在人类生产和生活的各个领域中的应用，通过丰富的应用案例来推进 RFID 技术的普及。

7.3　RFID 系统原理

一般的射频识别系统由标签和读写器组成。标签放置在要识别的物体上；读写器可以对标签进行读或者写。本节将简要介绍低频、高频、超高频系统硬件原理。

7.3.1　低频 RFID 系统原理

与本书配套的低频 RFID 系统开发套件采用 125 kHz 频段，读写器射频前端采用 EM4095 芯片与低频电子标签配合使用。该系统主要应用于动物识别、容器识别、工具识别、电子闭锁防盗等。

1. 标签

低频段射频标签简称为低频标签，其工作频率范围为 30～300 kHz。典型的工作频率为 125 kHz 和 133 kHz。低频标签一般为无源标签，其工作能量通过电感耦合方式从读写器耦合线圈的辐射近场中获得。低频标签与读写器之间传送数据时，位于读写器天线辐射的近场区内。

2. 读写器

低频读写器射频前端读写模块采用 EM4095 芯片，是 EM Microelectronic 公司开发的一款 CMOS 集成的应用于 100～150 kHz 频率的 RFID 系统的前端收发芯片，其工作电压为 5 V，主要完成的工作包括：

◇　载波频率的天线驱动。

◇　对发送的数据进行 AM 调制后传送到天线上并发送。

◇　解调天线上感应到的 AM 信号。

EM4095 芯片的典型应用如图 7-7 所示。

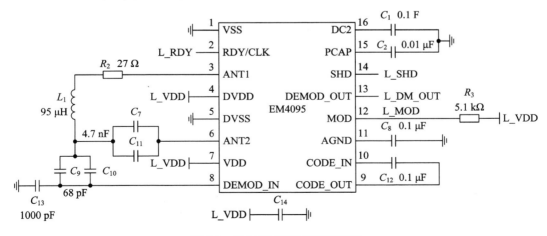

图 7-7　EM4095 芯片的典型应用

EM4095 芯片的 SHD 引脚和 MOD 引脚用来操作设备，当 SHD 为高电平的时候，

EM4095 芯片为睡眠模式，电流消耗很小，在上电的时候，SHD 输入必须是高电平，用来使其能正确的初始化操作；当 SHD 为低电平的时候，回路允许发射射频场，并且开始对天线上的振幅信号进行调制。引脚 MOD 用来对 125 kHz 射频信号进行调制。低频读写器外观如图 7-8 所示。

图 7-8　低频读写器外观

3. 天线

低频 125 kHz 频率天线耦合方式为电感耦合，所以在电路板 PCB 上制作天线需要考虑具有足够的电感量。线圈的绕制采用螺旋形方式，根据对电感量的要求和线圈的面积来确定电路板的层数，并在各层上以保证每层中电流的方向相同为前提来制作线圈。

7.3.2　高频 RFID 系统原理

与本书配套的高频 RFID 系统采用典型的 13.56MHz 频段，读写器射频前端采用MFRC522 芯片与高频电子标签 Mifare one 配合使用。该系统主要应用于一卡通、公交消费、考勤等。

1. 标签

高频标签采用的 Mifare one IC 卡为 A 类型卡，该卡必须在 13.56 MHz 标准内，其主要指标如下：

◇　容量为 8K 位 EEPROM。

◇　分为 16 个扇区，每个扇区为 4 块，每块 16 个字节，以块为存取单位；每个扇区有独立的一组密码及访问控制。

◇　每张卡有唯一的序列号，为 32 位。

◇　具有防冲突机制，支持多卡操作。

◇　无电源，自带天线，内含加密控制逻辑和通信逻辑电路。

◇　数据保存期为 10 年，可改写 10 万次，读无限次。

◇　工作温度为 −20℃～50℃(湿度为 90%)，工作频率为 13.56 MHz，通信速率为 160 kb/s，读写距离为 10 cm 以内。

2. 读写器

读写器射频前端的读写模块采用 MFRC522 射频芯片，MFRC522 是高度集成的非接触式 13.56MHz 读写芯片。此发送模块利用调制解调原理，完全集成到各种非接触式通信方法和协议中。MFRC522 发送模块支持 ISO14443A 标准。其内部发送器部分可驱动读写器天线与 ISO14443A 电子标签通信，无需其他电路。其电路原理框图如图 7-9 所示。

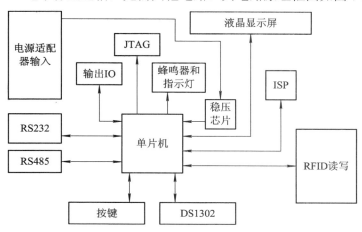

图 7-9　高频读写器原理框图

高频读写器主控部分由 AVR 单片机构成，外围集成了 RS232、RS485、蜂鸣器和指示灯及液晶显示屏部分等，具有对 Mifare one IC 卡进行读写、液晶显示及串口输出数据等功能。高频读写器实物图如图 7-10 所示。

图 7-10　高频读写器实物图

3. 天线

13.56 MHz 射频天线及其匹配电路共由三部分组成：天线线圈、匹配电路(LC 谐振电路)和滤波电路。在天线的匹配设计中必须保证产生一个尽可能强的电磁场，以使卡片能够获得足够的能量为其供电。由于谐振电路的带通特性，天线的输出能量必须保证足够的通带范围来传送调制后的信号。

天线线圈是一个特定的谐振频率的 LC 电路，其输出阻抗是输入端信号电压与信号电流之比，输入阻抗具有电感分量和电抗分量，电抗分量的存在会减少天线从馈线对信号功率的提取。因此在设计中应尽量使电抗分量为零，即让天线表现出纯电阻特性。

7.3.3 超高频 RFID 系统原理

超高频标签符合 ISO18000-6 标准，标签和读写器之间以命令和应答的方式进行信息交互。读写器为主动，标签为被动。

1. 标签

超高频电子标签分为 A 型和 B 型。A 型标签向读写器的数据传输采用反向散射的方式，数据传输速率为 40 kb/s，采用 FM0 编码。编码时字节的高位先编码，FM0 编码的波形如图 7-11 所示。图中第 1 个数字 1 的电平取决于它的前一位。编码规则是：数字 0，在位起始和位中间都有电平的跳变；数字 1，仅在位起始电平跳变。

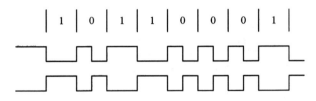

图 7-11　FM0 编码的波形图

B 型卡与 A 型卡相同，应答器向阅读器的数据传输采用反向散射调制，数据编码采用 FM0 编码，数据传输速率为 40 kb/s。

2. 读写器

读写器射频芯片采用符合 ISO18000-6C 协议的 AS3992，主控芯片采用 C8051F340。

1）射频芯片 AS3992

AS3992 内部集成了模拟前端和协议处理系统,其主要特点如下：

◇　支持 ISO18000-6C 协议。

◇　兼容 ISO18000-6A/B 协议。

◇　具有 8 位并行接口和 SPI 串行接口两种数据接口方式与 MCU 连接。

◇　芯片内部集成度高，集成接收电路、发送电路和协议转换单元。

◇　采用 FM0 进行编码。

AS3992 芯片内集成的接收电路包括混频器、低通和高通滤波器、PM 和 AM 解调器、EPC 协议处理器以及 CRC 校验等，如图 7-12 所示。

由图 7-12 可知，AS3992 工作流程下：

◇　需要发送出去的命令或信号经过协议处理器转化为标准的数据帧，经过调制、射频放大后输出到天线。

◇　来自天线的信号经过混频器和放大滤波以及调制解调和协议处理器后，送至 MCU。

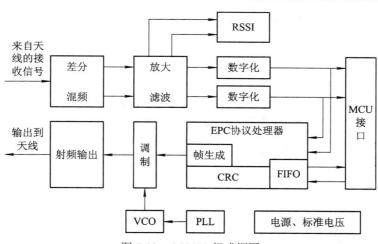

图 7-12 AS3992 组成框图

2) 主控芯片 C8051F340

C8051F340 芯片是集成的混合信号片上系统型 MCU,具有片内上电复位、VDD 监视器、电压调整器、看门狗定时器和时钟振荡器,其主要特性如下:

◇ 兼容高速、流水线结构的 8051 微控制器内核。

◇ 具有片内电压基准和温度传感器。

◇ 精确校准的 12MHz 内部振荡器和 4 倍时钟乘法器。

◇ 多达 64KB 的片上 FLASH 存储器。

◇ 多达 4352 字节的片内 RAM。

◇ 硬件实现 I2C、增强型 UART 和增强性 SPI 串行接口。

◇ 4 个通用的 16 位定时器和多达 10 个 I/O 端口。

7.4 RFID 组网技术

读写器网络规划和部署的目标是:以最低的成本构建具有一定服务质量的读写器网络,即达到目标区域最大程度的覆盖,满足要求的通信概率,尽可能地减少干扰,达到所要求的服务质量;尽量减少读写器数量,以降低成本。

7.4.1 读写器网络部署特点

在无线传感器网络的应用中,由于被动标签读卡距离较近,需要适当规划读写器的部署,它直接影响着读写器网络的覆盖和识别效果。合理有效的读写器部署方案可以减少网络搭建时间,全面覆盖有效区域。RFID 读写器网络部署的特点有以下缺点:

◇ RFID 网络系统结构呈现严重的非对称性,无源电子标签的性能比较弱,标签之间无法相互通信,无源标签无法主动发送通信信号,只能通过反向散射的方式与读写器进行通信。

◇ 读写器与标签通信的距离一般比较小,属于短距离通信。由于射频信号的本质特性,并且为了保证覆盖,读写识别区域之间的交叉不可必免。

◇ 由于标签之间不能互相通信，标签和读写器之间只能建立起星型网络，不能建立树型网络或者网状型网络。

鉴于 RFID 网络以上的缺点，本书提出无线传感器网络和 RFID 网络相结合的方法，可以避免 RFID 网络的缺点，并且由于 RFID 主要是标识身份 ID，可以弥补无线传感器网络中节点身份识别的难题。无线传感器节点与 RFID 网络相结合的优点在于：

◇ 利用 RFID 技术给无线传感器网络中的每一个节点赋予一个身份 ID，无线传感器节点利用 ID 可以明确告知用户节点所处的位置及所执行的功能。

◇ RFID 可以利用无线传感器网络的组网技术建立起自己的网络，并且增大传输距离。

◇ 无线传感器网络和 RFID 技术结合，使无线传感器网络中的节点有了身份标识，RFID 可以利用无线传感器网络的组网特性建立起 RFID 网络。

7.4.2 Zigbee 与 RFID 组网

RFID 涵盖的频率范围很宽，从几十 kHz 到几 GHz。RFID 主要偏向于身份识别，身份识别是生活和生产管理中比较重要的事情。为了便于管理，将个人、车辆、货物进行编号，即日常生活中的身份证号、银行卡号、车牌号和条码等，并使用读写器等设备将这些编号读进计算机进行数字化处理以提高管理的效率。

Zigbee 网络具有短距离无线传输组网的特点，RFID 具有身份识别的功能，将 Zigbee 网络和 RFID 相结合，再通过串口或者其他方式将 RFID 节点与 Zigbee 终端节点相连接，如图 7-13 所示。

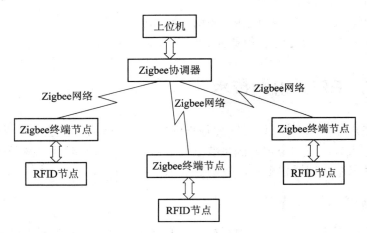

图 7-13   Zigbee 与 RFID 相连组网

RFID 给每个 Zigbee 终端节点一个身份标识，这个身份标识将借助 Zigbee 网络传输给 Zigbee 协调器，由 Zigbee 协调器上传给用户中心进行处理。每个 Zigbee 终端节点被 RFID 赋予一个身份标识，可以明确判断每个 Zigbee 终端节点所负责的不同功能。

在无线传感器网络中，RFID 的主要作用是为每个传感器节点赋予一个身份标识，以便于解决随机分布的无线传感器网络节点的身份和位置信息，即无线传感器节点在什么位置区域发生了什么事情的问题。

7.5　RFID 技术应用

目前 RFID 应用已经深入到我们生活的方方面面，应用领域包括交通、物流、库存以及消费等。本节介绍几种典型的 RFID 技术应用。

1. 公交管理系统

目前公交车大都采用 RFID 技术，公交消费系统是日常生活中常见的 RFID 应用系统。乘车者利用公交 IC 卡，进行乘车消费记录。此公交 IC 卡为频率为 13.56MHz，乘客上车只需将公交 IC 卡在读写器前晃动一下即可上车，当到达目的地下车时再晃动一下公交 IC 卡，以便系统能计算出乘客搭乘的站数和距离，如图 7-14 所示。目前我国地铁也实行此套 RFID 公交消费系统。

图 7-14　公交消费系统

2. 图书馆管理系统

新加坡国立图书馆是新加坡人民的骄傲，它是目前世界上唯一一个完全采用 RFID 管理的大型图书馆。新加坡的每个公民都可以用其身份证或驾驶证来国立图书馆借阅图书。在每本图书的后面都贴有一个 RFID 标签，借阅者只需将图书带到自助借阅机前(如图 7-15 所示)，插入身份证或驾驶证，把图书证放到蓝色面板上即可完成借阅过程。操作起来极其方便。

3. RFID 标签在运动计时中的应用

射频技术的使用使统计上万个马拉松参赛者的比赛时间变得简单，而不像以往的方式会花费大量的人力和物力。运动计时系统是基于 TI-RFID 技术，可以收集来自世界各地的马拉松

图 7-15　自助借阅机

运动员的数据。ChampionChip 计时系统是将一个 TI-RFID 感应器固定在运动员的鞋子上，当运动员通过在起跑线和终点线的地面或地下埋藏的感应天线时进行计时，从而保证每一个运动员的信息都可以被记录下来。图 7-16 所示为带感应器的运动鞋，它被世界许多重要

的比赛项目所接受，同时还可以对个别的运动员在比赛中的时间进行跟踪，在一些临时检测地点放置感应天线可以防止欺骗行为；它还可以应用到铁人三项、自行车比赛和滑冰比赛中，比赛数据可以放在 Internet 上让每一个人都能看到。

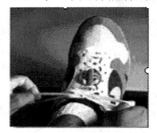

图 7-16　带感应器的运动鞋

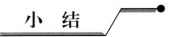

小　结

通过本章的学习，学生应该掌握：

◆　RFID 由读写器、标签和天线组成。

◆　读写器由射频接口、逻辑控制单元和天线三部分组成。

◆　电子标签是由 IC 芯片和无线通信天线组成的超微型的小标签，其内置的射频天线用于和读写器进行通信。

◆　天线是一种能将接收到的电磁波转换为电流信号，或者将电流信号转换成电磁波发射出去的装置。

◆　ISO 标准体系分为 ISO14443、ISO15693、ISO18000 三种。

◆　EPC Global 体系架构分为 EPC 物理对象交换标准、EPC 基础设施标准和 EPC 数据交换标准三部分。

◆　Ubiquitous ID 是日本有关电子标签的标准化组织。

习　题

1．根据标签的供电方式可以将 RFID 系统分为_____、_____和_____；根据工作频率可以分为_____、_____、_____和_____。

2．RFID 系统由_____、_____和_____组成。

3．ISO 标准体系分为_____、_____和_____三种。

4．EPC Global 体系架构分为_____、_____和_____三部分。

5．简述 RFID 的工作原理。

第 8 章　蜂窝移动通信

本章目标

◆　了解蜂窝移动通信概念。
◆　了解 GSM 通信技术。
◆　掌握 GPRS 通信技术。
◆　了解第三代移动通信。

学习导航

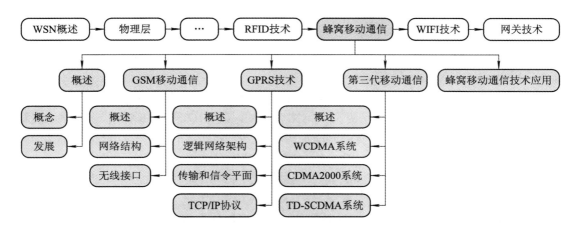

8.1　概述

由于无线传感器网络覆盖范围比较大，并且可能是一个远程控制的网络，因此当传感器节点采集到的数据要远程传送时，比较好的方法是采用蜂窝移动通信技术。蜂窝移动通信系统是当今社会重要的通信媒体。在全球特别是发展中国家，移动通信的渗透率不断增长，已经超越了固定通信。

8.1.1　概念

蜂窝移动通信是采用蜂窝无线组网方式，在终端和网络设备之间通过无线通道连接起来，进而实现用户在活动中可以互相通信。其主要特征是终端的移动性，并具有越区切换和跨本地网自动漫游的功能。

常见的蜂窝移动通信系统按照功能的不同分为三类：宏蜂窝、微蜂窝和智能蜂窝。

传统的蜂窝式网络由宏蜂窝小区构成，每小区的覆盖半径大多为 1～25 km，基站天线较高，间距较大。因为小区的覆盖面积较大，覆盖区域内存在两种特殊的微小区域："盲区"和"忙区"。"盲区"是指电波在传播过程中遇到障碍物而引起的阴影区域。"忙区"是指由于小区内话务分配不均匀，从而形成若干特别繁忙的地区。微蜂窝和智能蜂窝用来解决"盲区"和"忙区"。

微蜂窝覆盖半径大约为 100～1000 m。基站天线置于相对低的地方，高于地面 5～10 m，无线波束折射、反射、散射于建筑物间或建筑物内，限制在街道内部。与宏蜂窝相比，微蜂窝的主要特征为：覆盖范围小；传输功率低；一般安装在建筑物上，无线传播环境影响较大；体积小，安装方便灵活。

智能蜂窝是指基站采用具有高分辨阵列信号处理能力的自适应天线，智能地检测移动台所处的位置，并以一定的方式将确定的信号功率传递给移动台的蜂窝小区。对于上行链路而言，采用自适应天线阵接收技术，可以极大地降低多址干扰，增加系统的容量；对于下行链路而言，则可以将信号的有效区域控制在移动台附近，半径为 100～200 m，利用智能蜂窝小区的概念进行组网设计，能够显著地提高系统容量、改善系统性能。

8.1.2 发展

20 世纪 70 年代中期，伴随着民用移动通信用户数量的增加，业务范围的扩大，有限的频谱供给与可用频道数要求递增之间的矛盾日益尖锐。为了更有效地利用有限的频谱资源，美国贝尔实验室提出了蜂窝组网的理论。

第一代移动通信技术又称 1G，它是以模拟技术为基础的蜂窝无线电话系统。1G 天线系统在设计上只能传输语音流量，并受到网络容量的限制。1G 网络的典型代表是移动电话系统。移动电话系统是第一种具有随时随地通信能力的大容量的蜂窝移动通信系统。它采用频率复合技术，可以保证移动终端在整个服务区域内自动接入公用电话网，具有更大的容量和更好的语音质量，很好地解决了公用移动通信系统所面临的大容量要求与频谱资源限制的矛盾。

第二代移动通信技术又称 2G，一般定义为无法直接传送电子邮件、软件等信息，只具有通话和传送一些如时间日期等信息的手机通信规格。2G 技术分为两种：一是基于 TDMA 发展而来的以 GSM 为代表的规格；一是基于 CDMA 复用形式的一种规格。GSM 移动通信业务是指利用工作在 900/1800 MHz 频段的 GSM 移动通信网络提供的语音和数据业务。GSM 移动通信系统的无线接口利用 TDMA 技术；而 CDMA 移动通信业务是指利用工作在 800 MHz 频段上的 CDMA 移动通信网络提供的语音数据业务。

第三代移动通信技术又称 3G，是指支持高速数据传输的蜂窝移动通信技术。3G 服务能够同时传送声音及数据信息，速率一般在几百 kb/s 以上。目前 3G 存在四种标准：WCDMA、CDMA2000、TD-SCDMA、WiMAX。

第四代移动通信技术又称 4G，是集 3G 与 WLAN 于一体并能够传输高质量视频图像以及图像传输质量与高清晰度不相上下的技术产品。4G 系统能够以 100 Mb/s 的速度下载，比拨号上网要快,上传速度可以达到 20 Mb/s,能够满足几乎所有用户对于无线服务的要求。

蜂窝通信技术发展历程经历了 1G、2G、3G 和 4G,如图 8-1 所示。

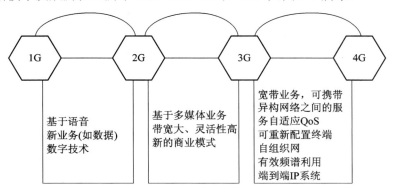

图 8-1　蜂窝移动技术发展历程

上述四代蜂窝移动通信的主要特点(区别)如下:

◇　1G 的主要贡献是引入了蜂窝的概念,通过采用频率合成技术使容量大大提高。语音业务是其唯一业务。

◇　2G 虽然仍定位于语音业务,但开始引进数据业务,更重要的是引入数字技术,在欧洲形成了统一标准,国际漫游的范围扩大了。

◇　3G 定位于多媒体 IP 业务,传输容量变大,灵活性更高。

◇　4G 将定位于宽带多媒体业务。

8.2　GSM 移动通信

GSM(Global System for Mobiles,全球数字移动通信系统)是由欧洲主要电信运营商和设备制造厂家组成的标准化委员会设计出来的,它是在蜂窝系统的基础上发展而成的。

8.2.1　概述

GSM 是第二代蜂窝系统的标准,它是为解决欧洲第一代蜂窝系统四分五裂的状态而发展起来的。GSM 是世界上第一个对数字调制、网络层结构和业务进行规定的蜂窝系统。

GSM 业务按 ISDN(Integrate Service Digital Networ,综合业务数字网)的原则可分为电信业务和数据业务。

◇　电信业务:包括标准移动电话业务、移动台发起或基站发起的业务。

◇　数据业务:包括计算机间通信和分组交换业务。

从用户的观点来讲,GSM 有两个显著特点:第一是用户识别卡(SIM),它是一种存储装置,可存储用户识别信息,使用 SIM 卡可以用任何 GSM 手机来通话;第二是空中保密性,系统提供商提供密码,可以对 GSM 发射器发送的数据比特流进行加密,从而实现保密。

GSM 按用户业务可以分为以下三大类:

◇　电信业务:包括紧急呼叫和传真。GSM 也可提供可视图文和图文电视业务。

◇　承载业务或数据业务：所支持的业务包括分组交换协议，数据速率从 300 b/s 到 9.6 kb/s。数据可以用透明方式传送，也可以用非透明方式传送。在透明方式下，GSM 为用户数据提供标准信道编码；在非透明方式下，GSM 提供基于特定数据接口的特殊编码功能。

◇　补充 ISDN 业务：本质上是数字业务，它包括呼叫转换、封闭用户群和呼叫者识别，这些业务在模拟移动网络中是无法实现的。补充业务还包括短消息业务。该业务允许 GSM 基站传送正常语音业务时，可同时传送一定长度的字母数字消息。短消息业务提供小区广播，它允许 GSM 基站以连续方式重复传送字母和数字消息。短消息业务也可用于安全和咨询业务，例如：在接受范围内，向所有 GSM 用户广播交通或气象信息。

8.2.2　网络结构

GSM 系统网络结构主要包括三个相关的子系统，这些子系统通过一定的网络接口互相连接，并与用户相连。它们是基站子系统(BSS)、网络子系统(NSS)和操作支持子系统(OSS)。移动台(MS)也是一个子系统，通常被认为是基站子系统的一部分。

基站子系统也称无线子系统，提供并管理移动台和移动业务交换中心之间的无线传输通道。同时基站子系统也管理移动台与所有其他 GSM 子系统的天线接口。每个基站子系统包括多个基站控制器(BSC)，基站控制器经由移动业务交换中心将移动台连接到网络子系统。网络子系统管理系统的交换功能，允许系统工程师对 GSM 系统的所有方面进行监视、诊断和检修。该子系统与其他 GSM 子系统内部相连，仅提供给负责网络业务设备的 GSM 运营公司。图 8-2 所示为 GSM 系统网络结构框图。

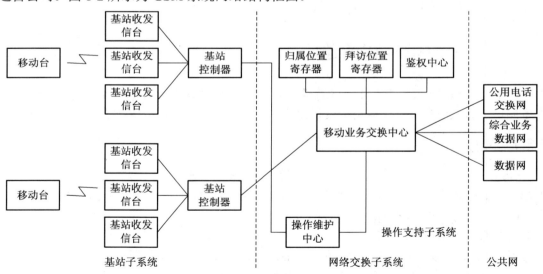

图 8-2　GSM 系统网络结构框图

移动台通过无线空中接口与基站子系统相连。基站子系统包括基站控制器，基站控制器连接到移动业务交换中心，每个移动业务交换中心控制几百个基站收发信台。一些基站收发信台可存在于基站控制器处，而其他一些是远程分布的，通过微波链路或专门租用线路直接与基站控制器相连。在相同的基站控制器控制下的两个基站收发信台间进行移动台切换，可由基站控制器处理而不需要移动业务中心，这样就减少了移动业务交换中心的交换负担。

网络交换子系统用来处理外部网络以及位于无线子系统中基站控制器之间的 GSM 呼叫交换，同时也负责管理并提供几个用户数据库的接入。在网络交换子系统中，移动业务交换中心是中心单元，控制着所有基站控制器之间的业务。网络交换子系统中有三个不同的数据库：归属位置寄存器、访问位置寄存器和鉴权中心。

♦　归属位置寄存器包含着每一个相同移动业务交换中心用户信息和位置信息。在特定 GSM 系统中，每个用户被分配一个独有的国际移动用户识别号码，该号码用来区分每一个归属用户。

♦　访问位置寄存器中暂时保存着正在访问某一特定移动业务交换中心覆盖区的漫游用户的用户识别号码和用户信息。访问位置寄存器连接到某一特定区域的几个相近移动业务交换中心上，并包含该区域每一个访问用户的信息。一旦漫游用户注册到访问位置寄存器，移动业务交换中心就将必要的信息发送到访问用户的归属位置寄存器，根据漫游用户的归属位置寄存器，漫游用户呼叫可以适时地发送到公共电话交换网。

♦　鉴权中心是一个严格保护的数据库，它处理归属位置寄存器和访问位置寄存器中每个用户的鉴权和加密。鉴权中心包含有一个设备识别寄存器，负责识别与保存在归属位置寄存器和访问位置寄存器中的信息不相符合的识别数据。

操作支持子系统支持一个或者多个操作维护中心，该中心用于监视和维护 GSM 系统中每个移动台、基站、基站控制器和移动业务交换中心的性能。操作支持子系统主要有三个功能：

♦　维护特定区域内所有通信硬件和网络操作。

♦　管理所有收费过程。

♦　管理系统中的所有移动设备。

在每个 GSM 系统中，每一个任务都有一个特定的操作维护中心。操作维护中心负责调整所有基站参数和计费过程，同时为系统操作者提供一定的功能来确定系统中每一个移动设备的性能和完整性。

8.2.3　无线接口

GSM 系统的无线接口框图如图 8-3 所示。

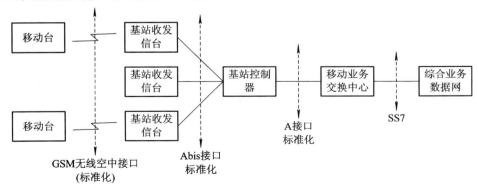

图 8-3　GSM 系统无线接口框图

图中 Abis 接口定义为基站子系统的两个功能实体基站控制器和基站收发信台之间的通

信接口，用于基站收发信台与基站控制器的远端互连方式。该接口支持所有向用户提供的服务，并转发对基站收发信台无线设备的控制和无线频率的分配。对所有制造商，Abis 接口被定义为标准化接口。实际上，每个 GSM 基站制造商的 Abis 接口略有不同。

基站控制器经由专用/租用线路或微波链路直接连接到移动业务交换中心。基站控制器和移动业务交换中心之间的接口叫做 A 接口，A 接口在 GSM 中也是标准化接口。A 接口定义为网络子系统与基站子系统间的通信接口。A 接口采用 SS7 协议，该协议被称为信令修正控制部分，支持移动业务交换中心和基站子系统之间的通信，也支持个人用户与移动业务交换中心之间的网络信息。A 接口允许业务提供者可以使用不同制造商提供的基站和交换设备。

SS7(Signaling System 7，信令系统#7)是定义的一组电信协议，主要用于为电话公司提供局间信令，SS7 采用公共信道信令技术，为信令服务提供商提供独立的分组交换网络。

8.3 GPRS 技术

GPRS(General Packet Radio Service，通用分组业务)是在现有的 GSM 移动通信基础上发展起来的一种移动分组数据业务，是第二代移动通信到第三代移动通信的过渡。

8.3.1 概述

1. GPRS 的产生与发展

GPRS 是一种以全球手机系统(GSM)为基础的数据传输技术，是 GSM 的延续。GPRS 通过在 GSM 数字移动通信网络中引入分组交换的功能实体，以完成用分组方式进行的数据传输。它突破了 GSM 网只能提供电路交换的思维方式，只通过增加相应的功能实体和对现有的基站系统进行部分改造来实现分组交换。GPRS 具有以下特点：

◇ 高速数据传输：速度为 GSM 的 10 倍，还可以稳定地传送大容量的高质量音频与视频文件。

◇ 永远在线：由于建立新的连接几乎无需任何时间(即无需为每次数据的访问建立呼叫系统)，随时都可以与网络保持联系。

◇ 仅按数据流量计费：根据用户传输的数据量来计费，而不是按上网时间计费。只要不进行数据传输，一直在线也无需付费。

GPRS 通过在原 GSM 网络基础上增加一系列的功能实体来完成分组数据功能，新增功能实体组成 GSM-GPRS 网络，作为独立的网络实体对 GSM 数据进行旁听，完成 GPRS 业务，原 GSM 网络则完成语音功能，尽量减少对 GSM 网络的改动。GPRS 网络与 GSM 原网络通过一系列的接口协议共同完成对移动台的移动管理功能。

目前全世界已有近百个运营商开通 GPRS 商用系统、试商用系统或实验系统，国际上有名的大型电信设备制造厂商也都在积极开发 GPRS 相关产品，提出一系列解决方案，世界各地移动网络运营商配合电信设备制造厂商提供大量的 GPRS 服务。

2. GPRS 功能与业务介绍

GPRS 网络的高层功能包括以下几个方面：网络接入控制功能、分组路由和转发功能、移动性管理功能、逻辑链路管理功能、无线资源管理功能等。

◇　网络接入控制功能：网络接入控制功能控制移动台对网络的接入，使移动台使用网络的相关资源完成数据功能。用户可以从移动终端和固定网络(如 Internet)发起。网络接入控制功能包含位置登记功能、鉴权和授权功能、许可控制功能和消息屏蔽功能。

◇　分组路由和转发功能：分组路由和转发功能完成对分组数据的寻址和发送工作，保证分组数据按最优路径送往目的地。分组路由和转发功能由转发功能、路由功能、地址转换和映射功能、封装功能、隧道功能、压缩功能和加密功能等部分组成。

◇　移动性管理功能：移动性管理功能用于公共陆地移动网络中，保持对移动台当前位置跟踪功能。GPRS 网的移动性管理处理功能与现有的 GSM 系统类似。一个或多个蜂窝构成一个路由区。一个 GPRS 服务支持节点对每个路由区提供服务。

◇　逻辑链路管理功能：逻辑链路指移动台到 GPRS 网络间所建立的分组数据传送的逻辑链路，当逻辑链路建立后，移动台与逻辑链路具有一一对应关系。逻辑链路管理功能包括以下功能：逻辑链路建立功能、逻辑链路维护功能和逻辑链路释放功能。

◇　无线资源管理功能：无线资源管理功能处理无线通信通道的分配和管理。GPRS无线资源管理功能要实现 GPRS 和 GSM 共用无线信道。

在移动网络中，GPRS 使得用户能够在端到端分组传输模式下发送和接收数据，GPRS网提供的承载业务包括：点对点无线连接网络业务、点对点面向连接的数据业务、点对多点数据业务和其他业务。

◇　点对点无线连接网络业务：属于数据报类型业务，各个数据分组彼此互相独立，用户之间的信息传输不需要端到端的呼叫建立程序，分组的传送没有逻辑连接，分组的交付没有确认保护，主要支持突发非交互式应用业务，是由 IP 协议支持的业务。

◇　点对点面向连接的数据业务：属于虚电路型业务，它为两个用户或多个用户之间传送多路数据分组建立逻辑虚电路。点对点面向连接的数据业务要求有建立连接，数据传送和连接释放工作程序，支持突发事件处理和交互式应用业务，是面向应用的网络协议。

◇　点对多点数据业务：GPRS 提供点对多点数据业务可根据某个业务请求者要求，把信息送给多个用户，又可细分为点对多点信道广播业务、点对多点群呼叫业务和 IP 业务。

◇　其他业务：包括 GPRS 补充业务，GSM 短消息业务、匿名的接入业务和各种 GPRS电信业务。

8.3.2　逻辑网络架构

1. GPRS 网络总体架构

GPRS 网络是在 GSM 网络中引入三个主要组件来实现的，使用户能够在端到端分组方式下发送和接收数据。GPRS 网络总架构如图 8-4 所示。

移动台通过无线方式连接到 GPRS 蜂窝电话上，GPRS 蜂窝电话与 GSM 基站通信，但与电路交换式数据呼叫不同，GPRS 分组是从基站发送到 GPRS 服务支持节点，而不是通过移动交换中心连接到语音网络上。GPRS 服务支持节点与 GPRS 网关支持节点进行通信。GPRS 网关支持节点对分组数据进行相应的处理，再发送到目的网络上，如因特网。来自因特网标识有移动台地址的 IP 包，由 GPRS 网关支持节点接收再转发到 GPRS 服务支持节点，传送到移动台上。

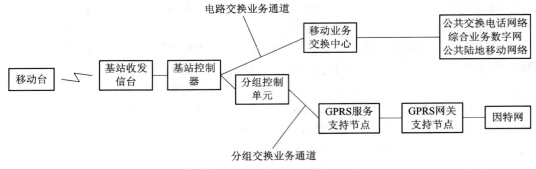

图 8-4　GPRS 网络总架构

2. GPRS 逻辑体系结构及主要接口

GPRS 通过在 GSM 网络结构中增添"GPRS 服务支持节点"和"GPRS 网关支持节点"两个新的网络节点来实现。由于增加了这两个网络节点，需要命名新的接口。GPRS 逻辑体系结构如图 8-5 所示(图中给出了 GPRS 体系结构中的接口及参考点)。

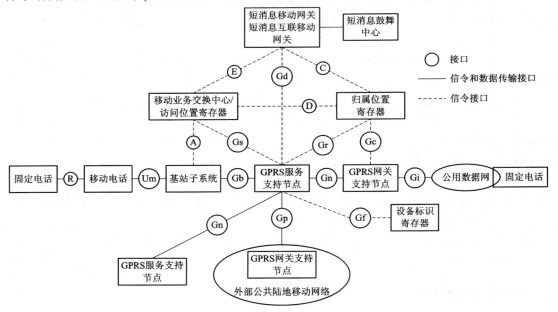

图 8-5　GPRS 逻辑体系结构

GPRS 体系结构中的接口及参考点解释如下：

◇　R：非综合业务数字网与移动终端之间的参考点。

◇　Gb：GPRS 服务支持节点与基站子系统之间的接口。

◇　Gc：GPRS 网关支持节点与归属位置寄存器之间的接口。

◇　Gd：短消息与移动交换中心网关之间的接口，短消息互联移动网关与 GPRS 服务支持节点之间的接口。

◇　Gi：GPRS 与外部分组交换之间的参考点。

◇ Gn：同一 GSM 网络中两个 GPRS 服务支持节点之间的接口。

◇ Gp：不同 GSM 网络中两个 GPRS 服务支持节点之间的接口。

◇ Gr：GPRS 服务支持节点与归属寄存器之间的接口。

◇ Gs：GPRS 服务支持节点与移动业务交换中心/访问寄存器之间的接口。

◇ Gf：GPRS 服务支持节点与移动台识别寄存器之间的接口。

◇ Um：移动台与 GPRS 固定网部分之间的无线接口。

3. GPRS 协议

移动台与 GPRS 服务支持节点之间的 GPRS 分层协议如图 8-6 所示。

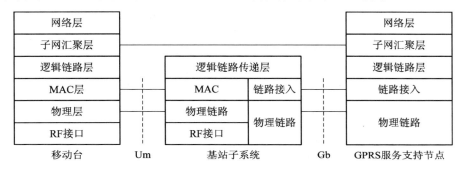

图 8-6　GPRS 协议模型

Um 接口是 GSM 的空中接口。Um 接口通信协议有 5 层，自下至上依次为物理层、MAC 层、逻辑链路层、子网汇聚层和网络层。

◇ 物理层：属于射频接口部分，逻辑链路层负责提供空中接口的各种逻辑信道。

◇ MAC 层：定义和分配空中接口的 GPRS 逻辑信道，使得这些信道能被不同的移动台共享。

◇ 逻辑链路层：提供无线链路协议，负责高层链路接入层的链路接入数据单元上形成的数据链路地址、帧字段，生成完整的数据链路帧。

◇ 子网汇聚层：完成传送数据的分组、打包，确定 TCP/IP 地址和加密方式。

◇ 网络层：提供 TCP/IP 协议，这些协议中传统的 GSM 网络设备是透明的。

8.3.3　传输平面和信令平面

移动台和 GPRS 服务支持节点之间使用逻辑接口，其中，传输平面用于分组数据传送，信令平面用于信令传送。

1. GPRS 数据传输平面

数据传输平面接口结构包括移动台、基站子系统、GPRS 服务支撑节点和 GPRS 网关支持节点，如图 8-7 所示。

逻辑链路层(LLC)在移动台和 GPRS 服务支持节点之间提供逻辑链路和帧结构。移动台和 GPRS 服务支持节点之间的任何数据在逻辑链路协议数据单元(LL-PDU)上发送，并支持检测、从丢失或受损的逻辑链路数据单元中恢复、加密和流量控制。信息不只通过基本的 GSM 无线接口加密，而且通过 Abis 接口和 Gb 也加密。

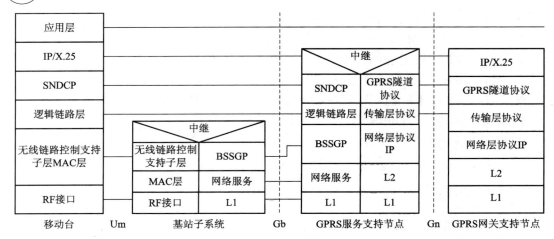

图 8-7 数据传输平面

数据传输平面中一些名词的解释如下：

◇ GPRS 隧道协议(GTP)：提供流量控制功能。

◇ 传输层协议(UDP/TCP)建立端到端连接的可靠链路，TCP 面向连接的协议具有保护和流量控制功能，确保数据传输的准确性。UDP 不提供错误恢复能力，只充当数据报的发送者和接收者。

◇ L2：数据链路层协议，可采用以太网协议。L1 为物理层。

◇ BSSGP：该层包含了网络层一部分传输层功能，主要解释路由信息和服务质量信息。

◇ 逻辑链路层(LLC)：提供端到端的可靠的逻辑链路连接。

◇ SNDCP：执行用户数据的分段、压缩功能等。

◇ 无线链路控制支持子层(RLC)：属于链路层和网络层协议，具有链路层一部分功能和网络层一部分功能。

2. GPRS 信令平面

从移动台到 GPRS 服务支持子层的信令平面接口结构如图 8-8 所示。在底层，传输平面和信令平面是相同的。在逻辑链路层以上，在信令平面中，用 GPRS 移动性管理与会话管理(GSM/SM)协议来代替 SNDCP，并将 GSM/SM 用于鉴权功能、会话建立和校正。

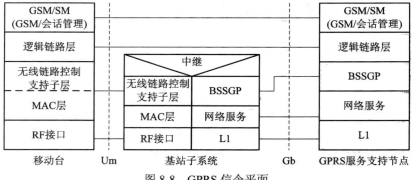

图 8-8 GPRS 信令平面

8.3.4　TCP/IP 协议

1. TCP/IP 协议

TCP/IP(Transmission Control Protocol/Internet Protocol，传输控制协议/因特网互联协议)，是 Internet 最基本的协议，由网络层的 IP 协议和传输层的 TCP 协议组成。在 GPRS 中，需要 TCP/IP 协议来完成数据的装包和拆包过程，以及保证数据的正确性。

2. TCP 的连接及确认传送机制

TCP 为保证数据的正确，每发出一个包，都要求接收方收到后返回一个确认包。同时，发送端也要对所有接收到的包进行确认。由于数据包的包头本身就可以包含确认信息，所以在发送数据包的同时确认已经收到对方的包。通常 TCP 不是立即对多接收到的信息进行确认，它通过一定的延时来实现这个目的，如果在延时时间内有信息发送到对方，则将确认信息携带过去，否则在延迟到期时再回送确认信息。采用这种机制时，每次确认将可能包含多个数据包的确认信息。

3. TCP 的可靠传输控制方法

TCP 协议采用确认机制和流量控制等机制保证数据传送的正确性。采用 TCP 进行传送时，发送端通过发送计时器控制数据包的确认。如果特定时间内没有接收到数据发送确认信息，则发送端就认为数据包已经丢失，随之进行数据包的重发。另外，TCP 包头中还携带数据校验位信息，以发现在传输过程中数据的变化，如果数据包在到达时计算得到的校验位发生了变化。TCP 将丢弃这个数据包，并由发送端进行重传。在接收端，错误的 IP 数据包将被重新排序，重复的数据包将被丢弃，从而保证正确的 IP 数据包序列传送到应用层。最后，TCP 还进行数据传送过程中的流量控制，以防止数据传送过程中接收缓存区的溢出。

4. TCP 的慢启动与拥塞控制机制

如果发送端所传送的数据量过大，超出了网络的传送能力或者接收端的接收能力和处理能力，将可能造成网络拥塞，即数据包虽然被送上网络，但大多数数据包本身或其相应的确认在到达目的地之前被中间路由器丢弃，将引起发送端数据重传，使拥塞问题恶化。

TCP 使用一系列拥塞控制和流量控制算法来控制发送行为。它们可以保证 TCP 以合适的速率发送数据以达到有效利用网络可用资源的目的。

TCP/IP 流量控制采用可变发送窗口方式。接收端根据接收能力确认接收窗口大小并通知发送端，发送端根据网络拥塞和接收端的接收能力确定拥塞窗口。接收窗口和拥塞窗口中的最小值将作为发送窗口变量，用于确定发送端在没有接收到确认的情况下，最大可以发送的数据段的数量。发送端所传送的 TCP 包的序列号都不能大于最大确认包的序列号与发送窗口变量之和。发送端将根据数据确认情况及时调整各个窗口的参数，以保证网络的最大吞吐量等性能。

在 TCP/IP 进行传送数据时，使用的可靠传输和流量控制机制包括慢启动机制、拥塞避免机制和快速重传与快速恢复机制。

◆　慢启动机制：一般用于数据发送起始阶段，此时由于不了解网络的初始带宽和拥塞情况，采用较大速率传送时可能造成网络拥塞和数据丢失现象，所以发送端缓慢增加拥塞窗口以调整发送窗口，来控制数据初始流量的增加。

◇ 拥塞避免机制：一般在接近门限窗口或者产生数据包丢失时启动，门限窗口是系统在发生拥塞情况下设定的拥塞窗口的最大值，当拥塞窗口达到门限窗口值时，意味着再增加数据流量将可能造成网络拥塞。此时，系统降低拥塞窗口的增长速率，进入拥塞避免阶段。

◇ 快速重传与快速恢复机制：这是一种数据确认机制。它监测数据包的确认情况并对丢失的数据包采用快速重传和快速恢复机制予以重传。

5. TCP/IP 协议中的其他重要参量

TCP/IP 协议中的重要参量包括直接拥塞指示标志(ECN)、通路最大传输单元(MTU)检测机制、头压缩、有限传送和时间标志。

◇ 直接拥塞指示标志：一般情况下，大多数路由器在缓存区出现拥塞的情况下会丢弃数据包，使用直接拥塞指示标志可以起到拥塞控制的目的，并且能够防止数据包的丢失。在直接拥塞指示机制作用过程中，中间路由器在检测到拥塞之后，首先通知接收端，由接收端通知发送端降低发送窗口变量，使得数据传送速率降低、达到拥塞控制的目的。

◇ 通路最大传输单元(MTU)检测机制：如果 IP 包的长度超过通路上的 MTU 大小，就不可避免地会产生数据包分段。分段会带来一系列的问题，如造成增加系统的处理负担，而且部分数据的丢失也会引起整个数据包的重传；另外，在一些情况下，防火墙还会由于数据包中缺少包头信息而阻塞数据包传送。因此，如果能够确认链路上所能够传送的数据包的最大长度，避免分段则可以提高网络吞吐量，减少分段所带来的问题。TCP/IP 协议中的路径 MTU 监测机制有效地解决了这个问题。

◇ 头压缩：使用 IP 头压缩技术可以减小响应时间、提高吞吐量、降低掉包率。但由于头压缩算法不传送整个 IP 包头信息，只传送连续数据包之间的数据包头变化情况，因此链路上单个 TCP 数据段的丢失将引起传送和接收的 TCP 序列号失步。这样，当某一个压缩的 TCP 数据段丢失时，解压缩器将会产生错误的 TCP 包头。TCP 包头接收器将因为校验位错误而丢弃当前窗口中所有的剩余包。因为无线链路的不稳定，造成的丢包率较大，建议在无线链路上应用 TCP 协议时不使用头压缩技术。

◇ 有限传送：对于拥塞窗口大小或者在窗口范围中大量数据丢失的情况，可以采用有限传送机制来提高系统的性能。一般情况下，如果一个数据段的应答在指定的时间内没有返回，就会被认为是重发超时，这个数据段就会被重新发送；另外，如果发送端接收到两个相同的确认信息，就可能表示接收端数据包的重组，如果发送端收到三个相同的应答消息就表示数据包的丢失，这两种情况下都会触发发送端的快速重传机制。数据恢复阶段，可以采用多种技术进行恢复，如慢启动恢复、快速恢复和基于选择性应答的恢复

◇ 时间标志：提供传送时间信息。TCP 对每个数据包标定时间和序列号信息，以提供网络带宽时延较大下的传送窗口控制机制。

6. GPRS 系统中的 TCP/IP 应用特性

无线系统与有线系统相比，比较独特，对 TCP/IP 协议的应用有较大的影响，主要表现在：不对称性、延迟较大、存在延迟突变、带宽振荡、存在分组丢失、用户移动性和数据包较小。

◇ 不对称性：GPRS 系统在带宽、延迟、媒体接入方式和误码率各个方面存在不对称性，主要表现为上下行方向的带宽不同、媒体接入不对称性、误包率的不对称性。

◇　延迟较大：由于无线系统的复杂性，GSM 和 GPRS 系统无线处理单元采用各种信道适配技术。如物理层通过信道交织、卷积等手段保证通信质量，对移动终端和基站设备的处理能力带来了很大挑战，引起拥塞控制，从而影响 TCP 的吞吐量。

◇　存在延迟突变：GPRS 系统中数据传送时延变化受到信号强度、业务权限、带宽限制和用户行为等方面的影响，使通信链路上延迟可能发生突然的增加。例如，在进入信号覆盖盲区时，丢失无线覆盖导致无线链路中断，引起链路层恢复时造成时延增加；切换过程中，新旧小区之间信令和数据交换造成的延迟增加；语音业务对信道占用具有优先权，一旦有语音业务，它将会抢占数据业务信道，造成数据业务带宽突变；不同服务等级的数据业务具有不同的优先权级别，从而对业务信道占有不同的优先权，造成低权限的数据传送被抑制，信道被抢占的现象。

◇　带宽振荡：鉴于无线频谱的有限性，GPRS 系统通过用户间的信道共享来提高数据速率，多种控制机制可用于信道分配，以增加资源利用的有效性。如果多个用户想要同时传送大量数据，控制程序将不得不对各个用户重复进行资源的分配和释放过程。这种高速信道的周期性分配和释放造成的带宽变化称为带宽振荡。同时，小区中用户的切入、切出可用带宽都将受到影响。

◇　存在分组丢失：由于无线信道的衰落特性，GPRS 系统数据传送过程中无线帧误码率较多，由于采用链路层重传机制，分组丢包率能够保持较低的水平。但是链路层重传机制仍然会增加时延，造成数据包重传，引起 TCP 的拥塞控制。

◇　用户移动性：用户移动过程中的路由更新和小区切换将可能造成数据传送错误和延时，并且切换后网络性能与原来有差异，如产生带宽与链路质量等方面的变化，这都可能对系统性能造成影响。

◇　数据包较小：无线终端功耗大，内存小，不适合处理较大的数据量。无线系统中的 IP 应用多为小数据包。

8.4　第三代移动通信

第三代移动通信(简称 3G)是由国际电信联盟提出的采用 CDMA 数字技术的新一代通信系统，是近 20 年现代移动通信技术与实践的总结和发展。

8.4.1　概述

3G 是 1985 年国际电信联盟提出，当时称为未来公共陆地移动系统，由于该系统预计在 2002 年左右投入商用，并且一期主频位于 2GHz 频段附近，所以将其正式命名为 IMT-2000(International Mobile Telecommunications in the year 2000)。欧洲的电信业称其为 UMTS(通用移动通信系统)。

国际典型联盟定义了 IMT2000 网络的框架、功能模型、需求以及服务等，作为 3G 标准家族的总框架，要求 3G 系统具备多媒体的传输能力，支持的数据传输速率达到以下标准：

◇　快速移动环境最高速率达到 144 kb/s。

◇　室内环境最高速率达到 2 Mb/s。

◇　室内或室外或步行环境，最高速率达 384 kb/s。

IMT-2000 网络框架将 3G 系统划分为四个功能子系统(如图 8-9 所示)：核心网、无线接入网、移动台和用户识别模块。

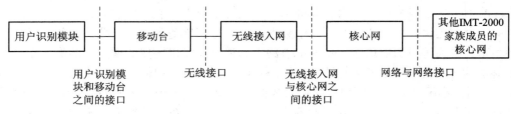

图 8-9　IMT-2000 网络框架

该框架还定义了 4 个标准接口：网络与网络接口；无线接入网与核心网之间的接口；无线接口，即用户网络接口；用户识别模块和移动台之间的接口。

第三代移动通信主要提出三个标准：WCDMA、CDMA2000、TD-SCDMA。

◇　WCDMA：由欧洲电信标准化协会(ETSI)提出的宽带 CDMA 技术，它在一个带宽达 5 MHz 的范围内直接对信号进行扩频，兼容 GSM。

◇　CDMA2000：由美国提出的标准技术，由多个 1.25 MHz 窄带直接扩频系统组成的一个带宽系统。

◇　TD-SCDMA：由中国信息产业部电信科学技术研究院提出的标准，它结合了时分双工 TDD 和 CDMA 的技术优势。

8.4.2　WCDMA 系统

UMTS(Universal Mobile Telecommunication System，通用移动通信系统)是采用 WCDMA 空中接口技术的第三代移动通信系统，通常 UMTS 系统也被称为 WCDMA 通信系统。UMTS 系统由三部分组成：核心网(CN)、UMTS 陆地无线接入网(UTRAN)和用户装置(UE)，核心网与无线接入网之间的接口定义为 Iu 接口，UTRAN 与 UE 的接口定义为 Uu 接口，如图 8-10 所示。

核心网从逻辑上可分为电路交换(CS)和分组交换域(PS)，电路交换域是 UMTS 的电路交换核心网，用于支持电路数据业务；分组交换域是 UMTS 的分组业务核心网，用于支持分组数据业务(GPRS)和一些多媒体业务。

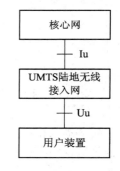

图 8-10　UMTS 无线接入网

根据 UMTS 陆地无线接入网连接到核心网逻辑域的不同，Iu 可分为 Iu-CS 和 Iu-PS，其中 Iu-CS 是 UMTS 陆地无线接入网与电路交换域的接口，Iu-PS 是 UMTS 陆地无线接入网与分组交换域的接口，如图 8-11 所示。

UMTS 陆地无线接入网包括多个无线接入网(RNS)子系统。无线接入网子系统包括无线网络控制器(RNC)和一个或多个基站，基站与无线网络控制器通过 Iub(Iub 是无线网络控制器与移动基站之间的接口)接口互联。在 UMTS 陆地无线接入网内，不同的无线网络控制器通过 Iur(Iur 是无线网络控制器与无线网络控制器之间的接口)互联，Iur 通过无线网络控制器之间的直接物理连接或者通过传输网连接。

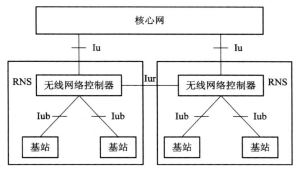

图 8-11 UMTS 陆地无线接入网结构

UMTS 陆地无线接入网功能如下：

◇ 系统接入控制。系统接入是一种方式，使 UMTS 用户连接到 UMTS，以便使用 UMTS 业务的方法。用户系统接入的发起者既可以是移动端，也可以是网络端。

◇ 接入控制。接入控制的目的是接入或否决新的用户、新的无线接入承载或新的无线连接。接入控制应该避免过载情况。

◇ 拥塞控制。拥塞控制的任务是监视、检测和处理系统已连接的用户接近或达到过载情况，即网络的某部分已经或即将用完资源。拥塞控制应该使系统尽可能平滑地回到稳定状态。

8.4.3 CDMA2000 系统

CDMA2000 采用 CDMA 技术的带宽扩频接口，用以满足 3G 无线通信系统的需求。CDMA2000 无线传输技术上的关键设计有如下特点：

◇ 宽带 CDMA 无线接口在提高系统性能和容量优势比较明显。

◇ 支持多种范围的射频信道带宽：1.25 MHz、3.75 MHz、7.5 MHz、11.25 MHz 和 15 MHz。

◇ 增强的 MAC 功能用以支持高效率的高速分组数据业务。

◇ 为支持 MAC 对物理层进行了优化。

◇ 可支持多种空中接口信令的灵活的信令结构。

CDMA2000 的网络结构如图 8-12 所示，包含移动台、基站子系统、网络交换子系统和操作维护子系统。

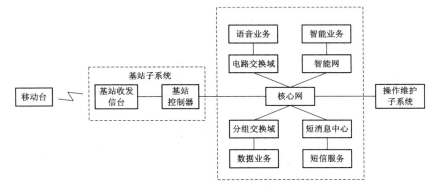

图 8-12 CDMA2000 网络结构框图

其中网络交换子系统是 CDMA2000 的核心网，包括电路数据域、分组数据域、智能网和短消息中心。电路数据域完成语音部分的交换，分组数据域完成数据部分的交换，智能网为移动用户提供智能业务，短消息中心为移动用户提供短信服务。

8.4.4　TD-SCDMA 系统

TD-SCDMA(Time Division-Synchronous Code Division Muliple Access，时分同步码分多址的简称)，是第三代无线通信的一种技术标准。该标准是中国指定的 3G 标准。

TD-SCDMA 具有以下特点：

◇　TD-SCDMA 在频谱利用率、频率灵活性、对业务支持具有多样性及成本等方面有独特优势。

◇　TD-SCDMA 由于采用时分双工，上行和下行信道技术特性基本一致。

◇　具有 TDMA 的优点，可以灵活设置上行和下行时隙的比例而调整上行和下行的数据速率比例，适合因特网业务中上行数据少而下行数据多的应用场合。

在核心网方面，TD-SCDMA 与 WCDMA 采用完全相同的标准规范，包括核心网与无线接入网之间采用相同的 Iu 接口，在空中接口高层协议上两者也完全相同。这些共同之处保证了两个系统之间的无缝漫游、切换、业务支持的一致性等。TD-SCDMA 的所有技术特点和优势在空中接口的物理层体现，TD-SCDMA 采用双工方式。所以物理层技术的差别是 TD-SCDMA 与 WCDMA 最主要的差别所在。

8.5　蜂窝移动通信技术应用

蜂窝移动通信技术应用已经深入到日常生活中的各方面。其中公众业务包括移动业务多样化、移动业务与互联网业务融合，行业应用包括无线移动城市、传感网与物联网、泛在通信、三网融合等。

1. 公众业务的应用

移动手机应用：移动手机已经成为个人娱乐与信息助手，借助手机可以语音通话，短信业务以及移动搜索、移动博客、手机邮件、移动支付及即时通信。

移动业务与互联网业务融合：随着智能手机的普及、3G 时代的到来以及各种手机应用的推出，互联网已经从电脑走向手机及其他移动设备，从办公室、书房、网吧走向口袋。移动互联网主要占据的是人们的上下班途中的时间、外出旅行时间、等候时间以及在外的休闲娱乐时间，使人们能够便捷地享受互联网的服务。

2. 无线城市和移动城市

城市信息化离不开通信网络，更需要无线、移动通信的支持，数字化城市管理位置信息挖掘助力智能化交通信息。

对于政府用户：通过无线城市实现政务公开、网上办事、市民互动，可提高公众对政府的满意度，通过使用智能城市管理类应用，可以提高城市管理效率和提升城市品牌形象。

对于市民用户：通过无线城市可访问与日常生活息息相关的各种便民信息，获取政治、经济、衣食住行各类新闻资讯，享受商家在线提供的各种优惠打折活动，达到生活方便、快捷、丰富。

对于移动：无线城市是个人数据业务和行业信息化的集中展现和聚合平台，无线城市的应用丰富和规模推广，将形成公司持续发展的动力，带动公司的第二轮增长。

3. 传感网与物联网

2009 年 8 月，我国提出要大力发展传感网，掌握核心技术；把物联网和 3G 技术结合起来，加快物联网发展；尽快建立中国的传感信息中心或者叫"感知中国"中心。

移动通信网络连接的是人与人，人是智能的，网络无需智能。物联网连接的物与物，物是非智能的。因此，要求物联网必须是智能的自知系统。不仅是通信的网络，更是感知的网络，物联网必须具备协同处理、网络自知等功能。

4. 泛在网络

泛在网络有两层重要含义：随时随地的网络、网络的通信超越人与人的通信，继而出现了人与物的通信，物与物的通信。泛在网络与互联网的融合将泛在网络融入到人们生活及环境之中，实现人人、时时、事事的服务。泛在网络应用于公共交通服务、家庭应用、安全监督以及工业应用等。

5. 三网融合

三网融合的三网指电信网、互联网和广电网。融合在现阶段主要指高层业务的融合，即业务在三网中的任何融合终端上播放，网络互联互通，资源共享。

通过本章的学习，学生应该掌握：

◆ 蜂窝移动通信采用蜂窝无线组网方式，在终端和网络设备之间通过无线通道连接起来，进而实现用户在活动中可以互相通信。

◆ GSM 是第二代蜂窝系统的标准，是世界上第一个对数字调制、网络层结构和业务做了规定的蜂窝系统。

◆ GPRS 是一种以全球手机系统(GSM)为基础的数据传输技术，是 GSM 的延续。

◆ 第三代移动通信简称 3G，是由国际电信联盟提出的采用 CDMA 数字技术的新一代通信系统，是近 20 年现代移动通信技术与实践的总结和发展。

1．蜂窝移动通信是采用_____方式，在_____和_____之间通过无线信道连接起来，进而实现用户在活动中可以互相通信。

2．GPRS 是一种以_____为基础的数据传输技术，是_____的延续。

3．GPRS 技术属于第_____代移动通信技术。

A．1　　　　　　　B．2　　　　　　　C．3　　　　　　　D．4

4．简述 GPRS 技术的特点。

第9章　WIFI　技　术

本章目标

◆　了解 WIFI 技术及其标准。
◆　了解 WIFI 技术协议架构。
◆　了解 WIFI 技术应用。

学习导航

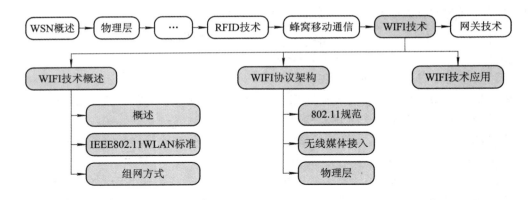

9.1　WIFI技术概述

目前国内外的无线传感器网络所使用的无线通信技术大多采用 Zigbee 技术。但是针对于需要高速率传输的无线传感器网络，选择 Zigbee 技术并不是最佳的选择，而 WIFI 技术正好可以弥补 Zigbee 传输速率低的缺点。

WIFI 全称为 Wireless Fidelity，又称 IEEE802.11b 标准，它的最大优点就是传输速度较高，可以达到 11 Mb/s，另外有效距离也较长，与已有的各种 IEEE802.11DSSS 设备兼容。本章介绍 WIFI 技术的技术标准、组网方式及协议架构。

9.1.1　概述

WIFI 即无线保真技术或无线相容性认证，是一种无线局域网传输的技术与规格，即

IEEE 所定义的无线通信标准 IEEE802.11。无线局域网是有线局域网的扩展和替换，是在有线局域网的基础上通过无线 HUB、无线访问节点(AP)、无线网桥、无线网卡等设备使无线通信得以实现。IEEE802.11 标准发于 1997 年，其中定义了介质访问控制层和物理层，随后，IEEE 又发布了一些补充协议，包括物理层的补充协议 802.11a/b/g 和其他一些服务相关协议。总之，WIFI 属于短距离无线技术，使用 2.4G 附近的频段，覆盖范围可达到几百米，多用于家庭和办公无线接入场合。

WIFI 技术具有如下特点：

◇　无线电波的覆盖范围广。WIFI 覆盖范围半径可达到 100 m 左右，可以在普通大楼中使用。

◇　WIFI 传输速度快，可以达到 11 Mb/s，但是传输的无线通信质量和传输的安全性能不是很好。

◇　厂商进入该领域的门槛较低。厂商只要在机场、车站、咖啡店等公共场所设置"热点"，并通过高速线路将因特网接入上述场所。

◇　无需布线。WIFI 最主要的优势在于无需布线，可以不受布线条件的限制，因此非常适合移动办公用户的需要。

9.1.2　IEEE802.11 WLAN 标准

IEEE WLAN 标准开始于 20 世纪 80 年代中期，它是由美国联邦通信委员会(FCC)为工业、科研和医学频段的公共应用提供授权而产生。这项政策使各大公司和终端用户不需要获得 FCC 许可证，就可以应用无线产品，促进了 WLAN 技术的发展和应用。WLAN 标准的第一个版本发于 1997 年，即 IEEE802.11，定义了介质访问控制层(MAC)和物理层。最初的版本主要用于办公室局域网和校园网，用户和用户终端的无线接入业务主要限于数据存取，速率最高达到 2 Mb/s。

由于 802.11 在速率和传输距离上都不能满足需要，1999 年，IEEE 小组又相继推出两个补充版本：802.11a 和 802.11b。802.11a 定义了一个在 5GHz 的 ISM 频段上，数据传输速率可达到 54Mbit/s 的物理层；802.11b 定义了一个在 2.4GHz 的 ISM 频段上，但数据传输速率高达 11Mbit/s 的物理层，成为第一个在 WIFI 标准下将产品推向市场的标准。1999 年，工业界成立了 WIFI 联盟，致力解决符合 802.11 标准的产品的生产和设备兼容性问题。2003 年 6 月，IEEE 802.11g 规范正式批准，物理层速率提高到 54 Mb/s，并提高了与 IEEE802.11b 设备在 2.4GHz ISM 频段的公用能力。

表 9-1 所示为 IEEE802.11 标准的发展，对各种版本的安全、局部灵活性、网状网络、高层数据传输速率性能改进等主要特性进行简要分析。

表 9-1　IEEE802.11 标准家族

标准	主 要 特 性
IEEE802.11	原始标准，支持速率 2 Mb/s，工作在 2.4 GHz ISM 频段
IEEE802.11a	高速 WLAN 标准，支持速率 54 Mb/s，工作在 5 GHz ISM 频段，使用 OFDM 调制
IEEE802.11b	最初的 WIFI 标准，提供速率 11 Mb/s，工作在 2.4 GHz ISM 频段，使用 DSSS 和 CCK

续表

标准	主 要 特 性
IEEE802.11d	使所用频率的物理层电平配置、功率电平、信号带宽可遵从当地 RF 规范,从而有利于国际漫游业务
IEEE802.11e	规定所有 IEEE802.11 无线接口的服务质量要求,提供 TDMA 的优先权和纠错方法,从而提高时延敏感型应用的性能
IEEE802.11f	定义了推荐方法和公用接入点协议,使得接入点之间能够交换需要的信息,以支持分布式服务系统,保证不同生产厂商的接入点的公用性。例如支持漫游
IEEE802.11g	数据速率提高到 54 Mb/s,工作在 2.4 GHz ISM 频段,使用 OFDM 调制技术,可与相同网络中的 IEEE802.11b 设备共同工作
IEEE802.11h	5 GHz 频段的频谱管理,使用动态频率选择和传输功率控制,满足欧洲对军用雷达和卫星通信的干扰最小化的要求
IEEE802.11i	指出了用户认证和加密协议的安全弱点。在标准中采用高级加密标准和 IEEE802.1x 认证
IEEE802.11j	日本对 IEEE802.11a 的扩充,在 4.9～5.0 GHz 之间增加 RF 信道
IEEE802.11k	通过信道选择、漫游和 TPC 来进行网络性能优化。通过有效加载网络中的所有接入点,包括信号强度强弱的接入点,来最大化整个网络吞吐量
IEEE802.11n	采用 MIMO 无线通信技术、更宽的 RF 信道及改进的协议栈,提供更高的数据速率,从 150 Mb/s、350 Mb/s 至 600 Mb/s,可向后兼容 IEEE802.11a、802.11b 和 802.11g
IEEE802.11p	车辆环境无线接入,提供车辆之间的通信或车辆的路边接入点的通信,使用工作在 5.9 GHz 的授权智能交通系统
IEEE802.11r	支持移动设备从基本业务区到基本业务区的快速切换,支持时延敏感服务,如 VoIP 在不同接入点之间的站点漫游
IEEE802.11s	扩展了 IEEE802.11MAC 来支持扩展业务区网状网络。IEEE802.11s 协议使得消息在自组织多跳网状拓扑结构网络中传递
IEEE802.11T	评估 IEEE802.11 设备及网络的性能测量、性能指标及测试过程的推荐方法,大写字母 T 表示推荐而不是技术标准
IEEE802.11u	修正物理层和 MAC 层,提供一个通用及标准的方法与非 IEEE802.11 网络(如蓝牙、WIMAX)共同工作
IEEE802.11v	扩大了网络吞吐量,减少冲突,提高网络管理的可靠性
IEEE802.11w	扩展了 IEEE802.11 对数据帧的管理和保护以提高网络安全

9.1.3 组网方式

WIFI 连接点的网络成员和结构如下:

◇ 基本服务单元:网络最基本的服务单元。最简单的服务单元可以只由两个站点组成,站点可以动态地连接到基本服务单元中。

◇ 分配系统:用于连接不同的基本服务单元。分配系统使用的媒介逻辑上和基本服务单元相同，但使用的媒介是截然分开的，尽管物理上可能会是同一个媒介，例如同一个无线频段。

◇　站点：网络最基本的组成部分，指任何采用 IEEE802.11 MAC 层和物理层协议的设备。

◇　接入点：在一组站点和分布式系统之间提供接口的站点。接入点既有普通站点身份，又有接入到分配系统的功能。

◇　扩展服务单元：由分配系统和基本服务单元组合而成。这种组合是逻辑上的组合。不同的基本服务单元有可能在地理位置上相距较远。分配系统也可以使用各种各样的技术。

IEEE802.11 只负责在站点使用的无线的媒介上寻址。分配系统和其他局域网的寻址不属于无线局域网的范围。IEEE802.11 标准定义了两种基本服务单元：Ad hoc 模式和固定模式。

1. Ad hoc 模式

若两个或两个以上的 IEEE802.11 站点直接相互通信而不依靠接入点或有线网络，则形成 Ad hoc 网络。Ad hoc 模式也称为对等模式，允许一组具有无线功能的计算机或移动设备之间为数据共享而迅速建立起无线连接，如图 9-1 所示。

Ad hoc 模式中的基本业务区称为独立基本业务区，在同一独立基本业务区下所有站点广播相同的信标帧，使用随机生成的基本服务组 ID。

图 9-1　Ad hoc 模式拓扑结构

2. 固定模式

固定模式为站点与接入通信取代站点间直接通信。例如：家庭 WLAN 有一个接入点及多个通过以太网集成器或交换机连接的有线设备，如图 9-2 所示。

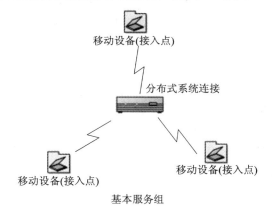

图 9-2　固定结构模式拓扑结构

每个移动设备既是普通的站点，又是接入点。在基本服务组内站点间通过接入点实现通信，即使两个站点位于相同的单元中。

在简单的网络中，采用这种在单元内先从发送站点到接入点、再从接入点到目的站点的通信方式似乎是没必要的，但当接收站处于待机模式、临时不在通信范围内以及切断时，接入点可以缓存数据。这是基本服务组和独立基本服务组相比优势所在。在固定结构模式中接入点还可以承担广播信标帧的任务。

接入点连接到分布式系统，分布式系统通常是有线网络，接入点也可以作为连接到其他无线网络单元的无线网桥，此时，含有一个接入点的单元即为一个基本服务组。在一个局域网中的两个或多个这样的单元构成了扩展业务组。

9.2　WIFI 协议架构

IEEE802.11 标准规范定义了一个通用的媒体访问层(MAC)，提供了支持基于 802.11 无线网络操作的多种功能。

9.2.1　802.11 规范

IEEE802.11 标准规范逻辑结构包括了无线局域网的物理层和媒体访问控制层(MAC)。逻辑链路控制层(LLC) 由 IEEE802.2 规范定义，也用于以太网 IEEE802.3 中。逻辑链路控制层为网络层和高层协议提供链路，如图 9-3 所示。

图 9-3　IEEE802.11 逻辑结构

每个 IEEE802.11 站点都由 MAC 层实现，通过 MAC 层站点可以建立网络或接入已存在的网络，并传送给逻辑链路控制层数据。以上使用了两种服务：站点服务和分布式系统服务，并通过通信站点 MAC 层之间的各种管理、控制、数据帧的传输来实现站点服务和系统服务。在使用站点服务和系统服务之前，MAC 首先需要接入到基本服务组内的无线传输媒体，同时多站点也竞争加入接入传输媒体。

9.2.2　无线媒体接入

由于无线电收发信机不能在既发送又接收的同时还监听其他站点的发射，所以无线网络站点无法检测到自己的发射和其他站点发射的冲突，导致了无线网络中多个发射站点的共享媒体接入的实现比有线网络复杂。

IEEE802.11 标准定义了一些 MAC 层协调功能来调节多个站点的媒体接入，可选择点协调功能和分布式协调功能两种模式。

◇　点协调功能可以在时间要求严格的情况下为站点提供无竞争的媒体接入。

◇　分布式协调功能可对基于接入竞争采取带有冲突避免的载波检测多路访问(CSMA/CA)机制。

这两种模式可以在时间上交替使用，即一个点协调功能的无竞争周期后面紧跟一个分布式协调的竞争周期。

分布式协调功能使用的媒体接入方法是载波监听/冲突避免(CSMA/CA),如图 9-4 所示。

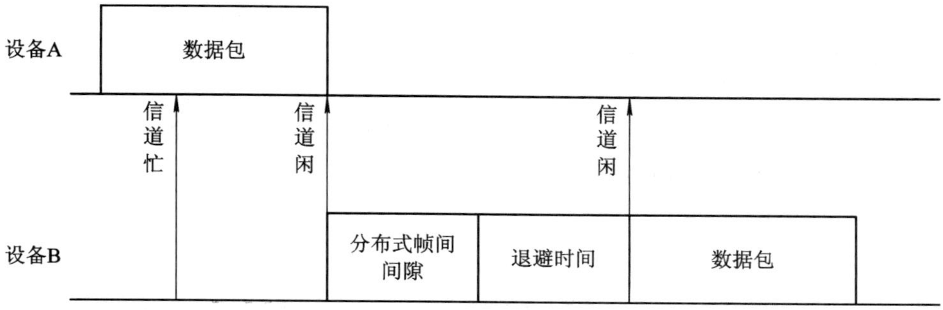

```
设备A    ┌──数据包──┐
        │          │
────────┴──────────┴──────────────────────────────────
         信↑       信↑              信↑
         道        道               道
         忙        闲               闲

设备B                  ┌────────┬────────┬──────────┐
                       │分布式帧间│退避时间 │  数据包   │
                       │  间隙   │        │          │
───────────────────────┴────────┴────────┴──────────┘
```

图 9-4 IEEE802.11 CSMA/CA

在这种方式下,要发送数据的站点首先检测信道是否繁忙,如果信道正在被使用就继续检测信道,直至信道空闲。一旦信道空闲,站点就再等一个设定的时间即分布式帧间间隙(对于 IEEE802.11b 网络,这个时间为 50 μs),如果站点在分布式帧间间隙结束前没有监听到其他站点发送数据,首先应将时间分为多个时隙单元,然后选择一个以时隙为单元的随机退避时间,继续检测信道。

CSMA/CA 是一种简单的媒体接入协议,由于发送数据包的同时不能检测到信道上有无冲突,因而只能尽量避免冲突。当存在干扰时,站点会不停地退避来避免或等待信道空闲,网络的吞吐量会严重下降,也没有服务质量的保证。因为所有的站点都要竞争接入,所以 CSMA/CA 是基于竞争的协议。

9.2.3 物理层

1997 年完成并公布的 IEEE802.11 标准的最初版本支持 3 种可选的物理层:调频序列扩频、直接序列扩频和红外物理层。这三种物理层支持的数据速率为 1 Mb/s 和 2 Mb/s。

◇ 调频序列扩频:规定了 2.44 GHz 为中心、间隔为 1 MHz 的 78 个调频信道,这些调频信道 26 个为一组,被分成 3 组,最大跳跃速率为 2.5 跳/s,由物理层管理子层决定选用哪一组。调频序列扩频采用两级和四级高斯频移键控(GFSK),分别实现速率 1 Mb/s 和 2 Mb/s。

◇ 直接序列扩频(工作在 2.4 G):将工作的频段分为 11 个信道,信道相互覆盖且频率间隔是 5 MHz。直接序列扩频序列采用差分二进制相移键控和四相差分键控,分别实现数据速率 1 Mb/s 和 2 Mb/s。

◇ 红外物理层:规定工作波长为 800~900 nm,与 IrDA 的红外线收发器阵列不同,红外物理层采用漫射的传播模式。通过天花板反射红外线波束实现站点之间的连接,根据天花板的高度不同,连接范围大概为 10~20 m。红外物理层采用 16-PPM 和 4-PPM 脉冲调制(PPM),分别实现数据速率 1 Mb/s 和 2 Mb/s。

IEEE802.11 标准的物理层标准主要有 IEEE802.11b、IEEE802.11a 和 IEEE802.11g,这些标准分别定义了不同的物理层传输方式、调制方式。IEEE802.11 标准的扩充版本集中在 IEEE802.11b、IEEE802.11a、IEEE802.11g 和 IEEE802.11n。

9.3　WIFI 技术应用

无线局域网的应用范围广泛，室内应用包括大型办公室、车间、酒店宾馆、智能仓库等；室外应用包括城市建筑物群间通信、学校校园网络、工矿企业厂区自动化等。下面介绍几种典型的行业引用。

1. 交通运输

交通运输行业的重要特征之一就是流动性，包括行业中的承运管理方、承运的工具、流动的货物、流动的旅客等。迅速流动的特征及对象是无线网络产品主要针对的市场，因为无线网络解决方案具有构建迅速、使用自由的重要特征，这些特征是任何基于线缆的网络产品无法比拟的。例如在空旷的码头、机场等场合，利用无线网络产品可以在不依赖环境的情况下构建局域网络。无线网络不仅可以用于交通运输行业的生产和管理，而且还可以为网络时代的交通运输环境提供信息增值服务。在交通运输行业，无线网络产品至少可以在以下的应用中体现出其特点：

- ✧　实时远程交通报告分析。
- ✧　车队指挥及控制，用于城市公交、学校班车、租车服务、机场车辆服务。
- ✧　无线安全监控，包括码头、航道、道路和机场。
- ✧　具有空间自由的停车管理系统。
- ✧　航空行李及货物控制。
- ✧　实时旅客信息发布。
- ✧　移动售票服务。
- ✧　机场旅客 Internet 访问无线接入服务。

2. 医疗行业

无线网络产品的自由和便捷是对医疗行业最具有吸引力的特点。任何密集的网络线缆都无法满足医疗行业环境及业务特征的需求，突发、移动、清洁、便利等特性是用于医疗行业的计算机网络必须具有的性能。但是直到无线网络产品的出现，并没有一种性能价格比优秀的网络组网方案能够满足医疗卫生行业的需求。摆脱了网络线揽束缚的无线网络产品为医疗卫生行业的应用提供了较好的解决方案，具体表现如下：

- ✧　病房看护监控。
- ✧　生理支持系统及监护。
- ✧　支持系统供给及资源管理。
- ✧　急救系统监控。
- ✧　灾情救援支持。

3. 教育行业

教育行业是多媒体网络技术应用的一个较大的场合。从幼儿园到高等学校，校园网络已经成为大多数校园的必要设施。无论对于一个已经拥有宽带的校园网络，或者是一个还未建设校园网络的教育单位，无线网络技术是一个可以发挥优势的新事物。利用无线网络技术和产品，可以迅速建立校园网络，以满足学生和教师的任意联网需要。对于较为完善的校园信息系统，通过无线网络可以使得访问网上教育资源变得自由和轻松，无论在教室、宿舍、学术交流中心，甚至是草坪，无线网络都将覆盖校园的任何地方。在教育行业，WIFI技术具有如下典型的应用：

◇　迅速建立小型或中型的校区网络，投资较少。

◇　为已建成的校园网络增加网络覆盖面，使网络覆盖整个校区。

◇　学生宿舍网络接入系统。

◇　校园活动需要的临时性网络，如招生活动、学术交流中心。

◇　任意地点访问教育网络资源，包括教室、会议中心，甚至户外。

小　结

通过本章的学习，学生应该掌握：

◆　WIFI 即无线保真技术或无线相容性认证，是一种无线局域网传输的技术与规格。

◆　IEEE802.11 标准规范定义了一个通用的媒体访问层(MAC)，提供了支持基于802.11 无线网络操作的多种功能。

习　题

1．WIFI 全称为 Wireless Fidelity，又称_____，它的最大优点就是传输速度较高，可以达到_____。

2．IEEE802.11 标准规范逻辑结构包括了_____和_____。

3．1997 年完成并公布的 IEEE802.11 标准的最初版本支持 3 种可选的物理层：_____、_____和_____。

4．简述 WIFI 连接点的网络成员和结构。

第10章　网关技术

本章目标

◆　理解无线传感器网关特点和功能。
◆　理解无线传感器网关的分类。
◆　掌握无线传感器网络网关系统原理。

学习导航

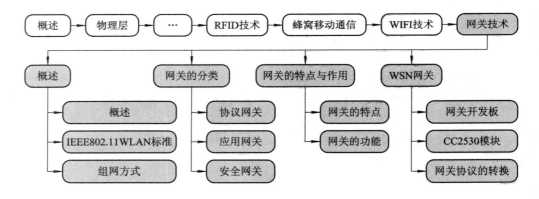

10.1　概述

　　网关，又称网间连接器。网关在传输层上实现网络互联，是最复杂的网络互联设备，用于两个或两个以上高层协议不同的网络互联。网关的结构类似于路由器设备，不同的是互联层。网关既可以用于广域网互联，也可以用于局域网互联，是一种充当协议转换重任的计算机系统或设备。

　　无线传感器网络网关节点是无线传感器网络的控制中心，能够主动扫描其覆盖范围内的所有传感器节点，管理整个无线监测网络完整的路由表，接收来自其他节点的数据，并对数据进行校正、融合等处理，通过 GPRS 或者以太网等网络基础设施发送到远程监控中心。同时对于监控中心所发出的指令给予相应的处理。网关节点通常连接两个或多个相互独立的网络，需要在传输层以上对不同的协议进行转换，因此对中央控制器的数据传输和运算能力有较高的要求。

10.2 网关的分类

网关根据应用领域的不同，分类也不同，一般可以分为协议网关、应用网关和安全网关。

10.2.1 协议网关

协议网关通常在不同协议的网络间做协议转换工作，这是网关最常见的功能。协议转换必须在数据链路层以上的所有协议层都运行，而且要对节点使用这些协议层的进程透明。协议转换必须考虑两个协议之间特定的相似性和差异性，所以协议网关的功能比较复杂。协议网关中比较典型的代表是专用网关和两层协议网关。

1. 专用网关

专用网关能够在传统的大型机系统和迅速发展的分布式系统间建立桥梁。典型的专用网关把基于 PC 的客户端连到局域网边缘的转换器。该转换器通过 X.25 网络提供对大型机系统的访问。专用网关示意图如图 10-1 所示。

专用网关示意图演示了从 PC 客户端到网关的过程，网关将 IP 数据通过 X.25 广域网传送给大型机系统。这些网关通常需要安装在连接到局域网的计算机上的单功能的电路板中，这使其价格低，并且较容易升级。

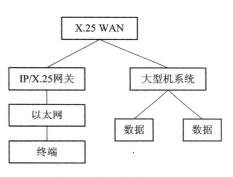

图 10-1 专用网关示意图

2. 两层协议网关

两层协议网关提供局域网到局域网的转换。在使用不同帧类型或时钟频率的局域网间的互连可能就需要这种转换。

所有的 IEEE802 标准都共享公共介质访问层，但是不同的标准之间的帧结构可能不同，例如：IEEE802.3 标准和 IEEE802.5 标准。不同标准间帧结构的不同导致两种协议之间不能直接通信，如图 10-2 所示。

字节：6	1	6	6	2	可变长度	4
序号	开始标识符	目的地址	源地址	长度	数据	帧校验

IEEE802.3以太网帧结构

字节：1	1	1	6	6	可变长度	1
开始标识符	访问控制域	帧控制域	目的地址	源地址	数据	帧尾

IEEE802.5令牌环帧结构

图 10-2 不同的协议帧格式

协议网关利用两层协议帧结构的共同点，例如 MAC 地址，提供帧结构不同部分的转换，使两层协议互通。第一代局域网需要独立的设备来提供协议网关，现在多协议交换集线器通常提供高带宽主干，在不同的帧类型间作为协议网关。

10.2.2　应用网关

应用网关是在应用层连接两部分应用程序的网关，是在不同数据格式间翻译数据的系统。这类网关一般只适合于某种特定的应用系统的协议转换。

应用网关典型应用是在不同数据格式间翻译数据，接收一种格式的输入，将之翻译，然后以新的格式发送。如图 10-3 所示，输入、输出接口可以是分立的，也可以使用同一网络相连。

图 10-3　应用网关数据格式转换

应用网关可以用于局域网客户机与外部数据源相连，这种网关的本地主机提供了与远程交互式应用的连接。将应用的逻辑和执行代码置于局域网中，客户端避免了低带宽、高延迟的广域网的特点，使得客户端的响应时间更短。应用网关将请求发送给相应的计算机来获取数据，如果需要可以将数据格式转换成客户所要求的格式。图 10-4 所示为局域网与外部数据转换。

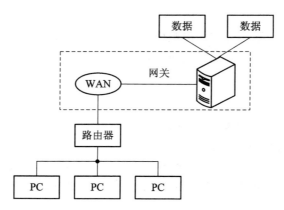

图 10-4　局域网与外部数据转换

10.2.3　安全网关

安全网关类似于防火墙，网关可以是本地的，也可以是远程的。目前，网关已成为网络上每个用户都能访问大型主机的通用工具。

在网络中安全网关是指一种将内部网和公众访问网分开的方法，实际上是一种网关隔离技术。安全网关是在两个网络通讯时执行的一种访问控制尺度，它允许合法的数据进入网络，同时将不合法的数据隔离在网络外部。安全网关具有很好的保护作用，入侵者必须穿越安全网关的防线，才能接触到目标计算器。此外，可以将安全网关配置成不同的保护级别。

 ## 10.3 网关的特点与功能

网关是一种不同的网络协议相互转换的设备，但是在设计无线传感器网络网关时，必须要考虑传感器网络的特点，所以在设计无线传感器网络网关时，必须考虑其特殊的特点和功能。本节将介绍广义网关和无线传感器网络网关的特点和功能。

10.3.1 网关的特点

广义上的网关有以下两个特点：

✧ 连接不同协议的网络。在一个大型的计算机网络中，当类型不同而协议又差别很大时，可以利用网关实现多个物理上或逻辑上独立的网络间的连接。由于协议转换的复杂性，一般只进行一对一的转换或者少数集中应用协议的转换。

✧ 可以用于广域网互联，也可以用于局域网互联。对具有不同网络体系结构而且物理上又彼此独立的网络，可以使用网关连接起来。被连接的两个网络可以是相同的，也可以是不同的。用网关互联的两个网络在物理上可以是同一个网络。

无线传感器网络由成百上千个节点组成，且一般部署在环境比较恶劣的场合。在恶劣的环境中，频繁地为数量巨大的节点更换电池是不现实的。因此，无线传感器网络网关节点的能源供给都是一次性电池。无线传感器网络网关具有以下特点：

✧ 能耗方面：具有寿命长，高能效、低成本等特点。

✧ 数据处理方面：具有数据吞吐量大、计算能力、存储能力要求高等特点。

✧ 在通信距离方面：网关的传输范围比普通的无线传感器网络节点较远，以保证数据传输到外网的监控中心。

在采用无线网络作为网关和监控中心的传输媒介时，要保证网关能与最近的基站通信。

10.3.2 网关的功能

广义上的网关具有以下功能：

✧ 协议转换能力。

✧ 流量控制能力。

✧ 各个网络之间可靠传输信息的能力。

✧ 路由选择能力。

✧ 将数据分组分段和重装的能力。

无线传感器网络网关在完成协议转换的同时，可以承担组建和管理无线传感器网络的诸多工作，具体功能如下：

✧ 扫描并选定数据传输的物理信道，分配无线传感器网络内的网络，发送广播同步帧，初始化无线传感器网络设备。

✧ 配合无线传感器网络所采用的 MAC 算法和理由协议，协助节点完成与邻居节点连接的建立和路由的形成。

◇ 对接收数据进行协议转换。

◇ 对从各个节点接收到的数据的具体应用和需求以及当前的带宽，自适应的启动数据融合算法，降低数据冗余度。

◇ 处理来自监控中心的控制命令。

10.4　WSN 网关

无线传感器网络网关属于协议网关的一种，可以转换不同的协议。在无线传感器网络中汇聚节点用于连接传感器网络、互联网和 Internet 等外部网络，可实现几种通信协议之间的转换，所以在无线传感器网络中可以认为汇聚节点是无线传感器网络的网关。本节将介绍一种以 Zigbee 技术为基础的无线传感器网络网关。

此无线传感器网络网关由网关开发板、显示屏、CC2530 模块等组成，其外观如图 10-5 所示。

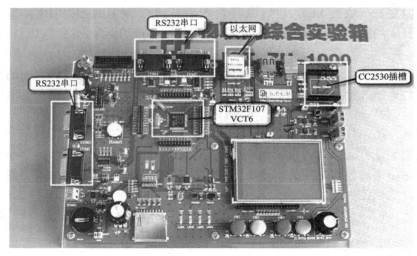

图 10-5　网关外观

10.4.1　网关开发板

网关开发板以 STM32F107VCT6 为核心处理器，外部集成了串口、USB、CC2530 插槽、SD 卡插槽、蜂鸣器、以太网等。

STM32F107VCT6 处理器基于 ARM V7 架构的 Cortex-M3 内核，主频为 72 MHz，内部含有 256K 字节的 FLASH 和 64 KB 的 SRAM。STM32F107VCT6 MCU 的主要硬件资源如下：

◇ ARM CM3 内核，最高频率可达 72 MHz。

◇ 60 针和 100 针两种管脚配置，多种封装方式。

◇ 64～256 KB FLASH 存储器，64 KB SRAM 存储器。

◇ 2.0～3.6 V 电源。

◇ 2 个 12 位、1 μs A/D 转换器(16 通道)。

◇ 2 个 12 位 D/A 转换器。

◇ 12 通道 DMA 控制器。

◇ 支持 SWD 和 JTAG 调试接口。

◇ 10 个定时计数器。

◇ 14 个通信接口。

网关开发板的 STM32F107VCT6 处理器可以完成以下两种主要协议的转换：

◇ 以太网↔串口。

◇ 以太网↔USB。

10.4.2　CC2530 模块

CC2530 是 Zigbee 芯片的一种，广泛使用于 2.4G 片上系统解决方案。建立在基于 IEEE802.15.4 标准的协议之上，支持 Zigbee2006、Zigbee2007 和 ZigbeePro 协议。CC2530 芯片支持"Zigbee 协议↔串口"协议的转化。

在无线传感器网络数据采集和传输的过程中，CC2530 模块通过无线可以接收到其他传感器节点的数据，此无线通信协议为 Zigbee 协议。

10.4.3　网关协议的转换

网关的主要作用就是通过协议转换将数据发送出去。将 CC2530 模块插入到网关开发板的 CC2530 插槽中，便成为网关开发板的一部分。网关协议转化过程如图 10-6 所示。

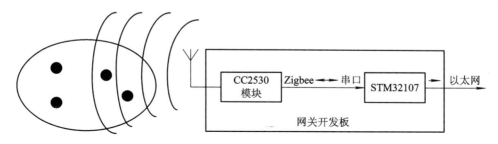

● 支持Zigbee协议的传感器节点

图 10-6　网关协议转化过程

CC2530 模块通过 Zigbee 协议接收到其他支持 Zigbee 协议节点发送的数据后，将此数据经过"Zigbee 协议↔串口"的转化，通过串口可以将数据传输至网关开发板的 STM32F107VCT6 处理器中。

网关开发板的 STM32F107VCT6 处理器可以通过处理将协议转换为以太网，将数据通过以太网发送出去。

小 结

通过本章的学习，学生应该掌握：

◆ 网关又称网间连接器，协议转换器，是多个网络间提供数据转换服务的计算机系统或设备。

◆ 协议网关在不同协议的网络区域作协议转化。

◆ 应用网关是在应用层连接两部分应用程序的网关，是在不同数据格式间翻译数据的系统。

◆ 安全网关类似于防火墙，网关可以是本地的，也可以是远程的。

◆ 无线传感器网络网关在完成协议转换的同时，可以承担组建和管理无线传感器网络的诸多工作。

◆ 无线传感器网关是协议网关的一种，主要完成不同协议之间的转化。

 习 题

1．网关根据应用领域的不同，分类也不同，一般可以分为_____、_____和_____。

2．无线传感器网络网关属于_____的一种，可以转换不同的协议。

3．简述无线传感器网络网关的特点和功能。

4．简述 Zigbee 协议与以太网协议的转换过程(以 CC2530 和 STM32F107 为例)。

实践篇

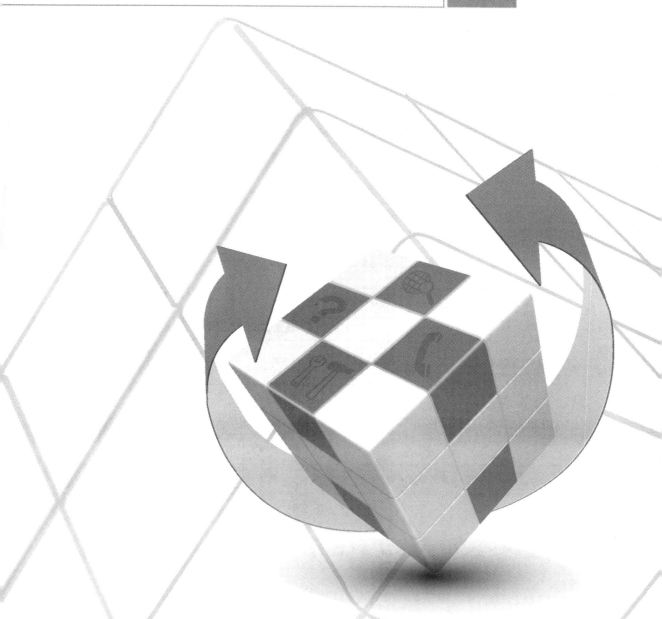

实践 1　MAC 层协议

 实践指导

Zigbee 协议中的最低两层(即物理层和 MAC 层)采用 IEEE802.15.4 协议标准，本实验使用与教材配套的 "Zigbee 开发套件" 来验证 IEEE802.15.4 标准的 MAC 帧结构。

➢ **实践 1.G.1**

认知 MAC 帧的一般格式。

实验目的

用 Zigbee 嗅探器观察和分析 MAC 数据帧、命令帧、信标帧和确认帧。

实验分析

MAC 帧的一般格式，即所有的 MAC 帧都由以下三部分组成：MAC 帧头(MHR)、MAC 有效载荷和 MAC 帧尾，如图 S1.1 所示。MAC 帧头部分由帧控制字段和帧序号字段组成；MAC 有效载荷部分的长度与帧类型相关，确认帧的有效载荷部分长度为 0；MAC 帧尾是校验序列(FCS)。

字节数：2	1	0/2	0/2/8	0/2	0/2/8	可变长度	2
帧控制	帧序号	目的PAN标识码	目的地址	源PAN标识码	源地址	帧有效载荷	FCS
		地址信息					
MAC帧头(MHR)		MAC有效载荷					MAC帧尾(MFR)

图 S1.1　MAC 帧一般结构

帧控制字段的长度为 16 位，共分为 9 个子域。帧控制字段的格式如图 S1.2 所示。

0~2	3	4	5	6	7~9	10、11	12、13	14、15
帧类型	安全使能	数据待传	确认请求	网内/网际	预留	目的地址模式	预留	源地址模式

图 S1.2　帧控制字段

其中：

◇　帧类型子域：占 3 位，000 表示信标帧；001 表示数据帧；010 表示确认帧；011

表示 MAC 命令帧，其他取值预留。

◇　安全使能子域：占 1 位，0 表示 MAC 层没有对该帧做加密处理；1 表示该帧使用了 MACPIB 中的密钥进行保护。

◇　数据待传指示：1 表示在当前帧之后，发送设备还有数据要传送给接收设备，接收设备需要再发送数据请求命令来索取数据；0 表示发送数据帧的设备没有更多的数据要传送给接收设备。

◇　确认请求：占 1 位，1 表示接收设备在接收到该数据帧或命令帧后，如果判断其为有效帧就要向发送设备反馈一个确认帧；0 表示接收设备不需要反馈确认帧。

◇　网内/网际子域：占 1 位，表示该数据帧是否在同一 PAN 内传输。如果该指示位为 1 且存在源地址和目的地址，则 MAC 帧中将不包含源 PAN 标识码字段；如果该指示位为 0 且存在源地址和目的地址，则 MAC 帧中将包含 PAN 标识码和目的 PAN 标识码。

◇　目的地址模式子域：占 2 位，00 表示没有目的 PAN 标识码和目的地址；01 表示预留；10 表示目的地址是 16 位短地址；11 表示目的地址是 64 位扩展地址。如果目的地址模式为 00 且帧类型域指示该帧不是确认帧或信标帧，则源地址模式应非零，暗指该帧是发送给 PAN 协调器的，PAN 协调器的 PAN 标识码与源 PAN 标识码一致。

◇　源地址模式子域：占 2 位，00 表示没有源 PAN 标识码和源地址；01 表示预留；10 表示源地址是 16 位短地址；11 表示源地址是 64 位扩展地址。如果源地址模式为 00 且帧类型域指示该帧不是确认帧，则目的地址模式应非零，暗指该帧是由与目的 PAN 标识码一致的 PAN 协调器发出的。

实验步骤

1. 硬件设备的认知

本实验硬件设备包括两部分：Zigbee 开发套件和 Zigbee 嗅探器。

1）Zigbee 开发套件

Zigbee 开发套件以实验箱中的 Zigbee 协调器和 Zigbee 路由器底板为主要开发板。开发套件使用过程中需要用到的设备及附件清单如表 S1.1 所示。其中，核心板、协调器底板以及路由器底板合称 Zigbee 模块。

表 S1.1　Zigbee 开发套件套件清单

序号	名称	规格型号	数量	用途	备注
1	核心板	CC2530 Core	7	协调器、路由器的核心板	核心板不能独立使用，需要插入协调器或路由器底板的插座上才能使用
2	协调器底板	DH-2530-Coordinator	1	协调器应用底板	
3	路由器底板	DH-2530-Router	6	路由器或终端应用底板	
4	Zigbee 仿真器	SmartRF04EB	1	程序下载调试	
5	电源适配器	5V 电源	1	协调器和路由器的供电电源	
6	USB 转串口	FT232	1	协调器与 PC 串口通信	
7	串口连接线		1	协调器和其他设备，如 GPRS 串口通信线	

套件外观如图 S1.3 所示。

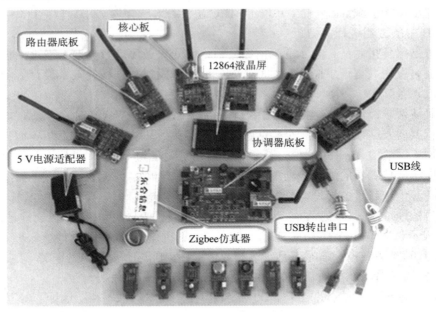

图 S1.3　套件外观

2) Zigbee 嗅探器

Zigbee 嗅探器(英文名字是 ZigbeeSniffer，以下简称为嗅探器)作为 Zigbee 开发套件的配套设备，是专门针对 Zigbee 无线通信开发的数据包分析设备，主要用于帮助开发者捕获 Zigbee 通信的数据包，分析数据和网络拓扑结构，快速寻找 Zigbee 组网时出现的问题。

嗅探器配合 PC 端的"ZigbeeSniffer 程序"可实现以下功能：

◇　支持 2.4G 网络，可以设置监控 Zigbee 网络中 16 个通道的任何一个。

◇　配合 PC 版嗅探器软件实现实时监控。

◇　自动显示网络拓扑结构。

嗅探器外观如图 S1.4 所示。

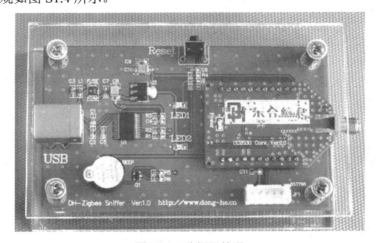

图 S1.4　嗅探器外观

2. 硬件设备的连接

硬件设备的连接包括两部分：Zigbee 开发套件的连接和嗅探器的连接。

1) Zigbee 开发套件的连接

◇　将 CC2530 节点插在协调器底板相应的插槽中，注意 CC2530 节点带有天线接口的一端向外。

◇　将 5 V 电源插在协调器底板的电源接口，仿真器连接在协调器底板的 JTAG 接口。

◇　将 LCD 液晶显示屏插入显示屏插槽中，开关拨至打开位置，并且通电。

图 S1.5 所示为硬件连接图。

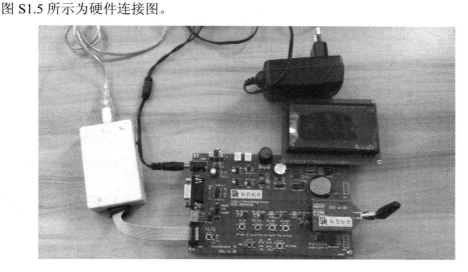

图 S1.5　硬件连接图

2) 嗅探器硬件连接

图 S1.6 所示为嗅探器的硬件连接图。USB 线一端连接嗅探器，另一端连接 PC 机，并插上天线。

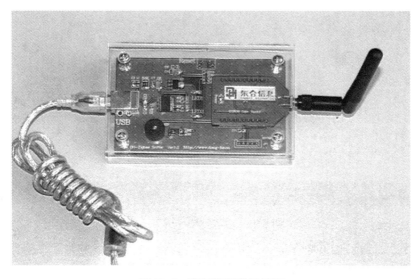

图 S1.6　嗅探器硬件连接图

3. ZigbeeSniffer 程序的安装和使用

嗅探器需要配合 PC 端 "ZigbeeSniffer 程序" 来使用, "ZigbeeSniffer 程序" 不需要安装, 直接双击 "ZigbeeSniffer.exe"(其存放目录为 "WSN\CH1\ZigbeeSniffer")即可运行。图 S1.7 所示为 "ZigbeeSniffer.exe" 的图标。

ZigbeeSniffer.exe

图 S1.7　嗅探器程序

1) 运行 ZigbeeSniffer 程序

当嗅探器已经连接到 PC 机后, 双击运行 "ZigbeeSniffer.exe", 弹出图 S1.8 所示的程序主界面。

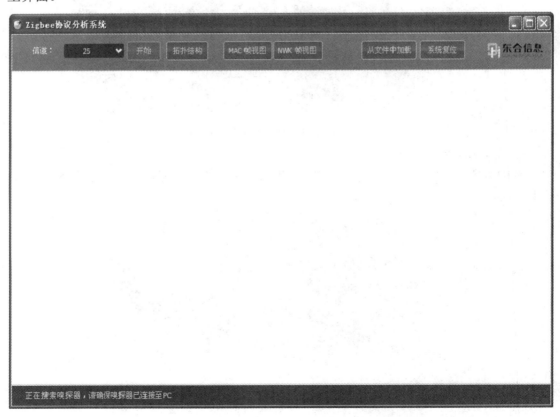

图 S1.8　嗅探器程序主界面

程序运行后, 自动搜索嗅探器, 连接成功后, 将在主界面下方显示 "嗅探器就绪" 信息, 如图 S1.9 所示, 同时嗅探器上的蜂鸣器将发出一声 "嘀" 响。

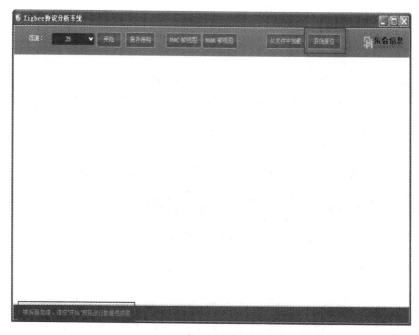

图 S1.9　连接到嗅探器

若程序不能自动搜索到嗅探器，则可以将嗅探器重新拔插一下，然后点击图 S1.9 中"系统复位"按钮。

2) 帧视图

嗅探器连接成功后，点击"ZigbeeSniffer 协议分析系统"界面上的"MAC 帧视图"按钮，程序将显示实时帧视图子窗体，如图 S1.10 所示。点击"开始"按钮，程序将进入 Zigbee 数据包抓取过程。

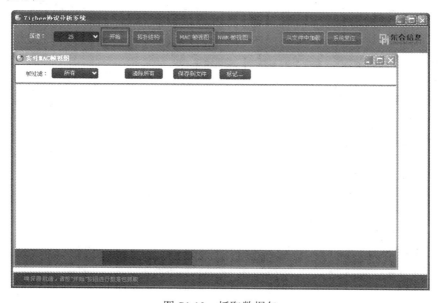

图 S1.10　抓取数据包

　　若此时嗅探器附近有 Zigbee 设备，嗅探器将自动抓取空中的数据包，并送到程序内显示，如图 S1.11 所示。

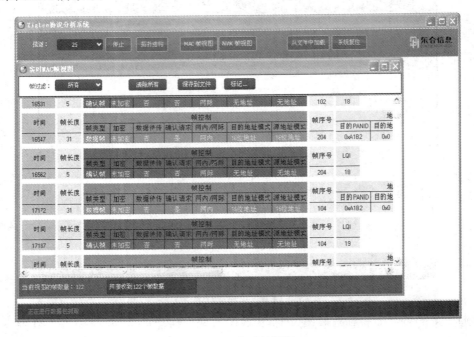

图 S1.11　实时帧视图

3) 保存或打开数据文件

　　点击实时帧视图窗体中的"保存到文件"按钮，可以将当前抓取到的帧数据存入文件，如图 S1.12 所示。

图 S1.12　保存帧视图

点击程序主窗体的"从文件中加载"按钮，可以打开保存过的帧数据文件，如图 S1.13
和图 S1.14 所示。

图 S1.13　打开帧数据文件(一)

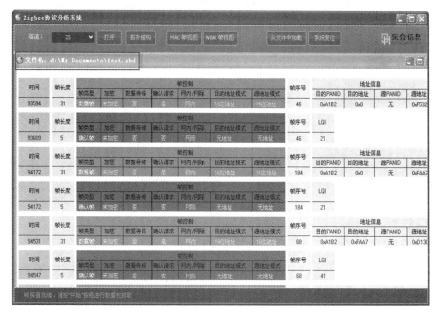

图 S1.14　打开帧数据文件(二)

4) 显示拓扑结构

点击程序主窗体中的"拓扑结构"按钮，将显示拓扑结构图子窗体，如图 S1.15 所示。

若此时"开始"按钮已经按下，并且嗅探器附近有 Zigbee 设备，窗体将自动显示 Zigbee
网络拓扑结构，如图 S1.16 所示。当设备之间有通信时，两者之间的连接线将闪烁显示。

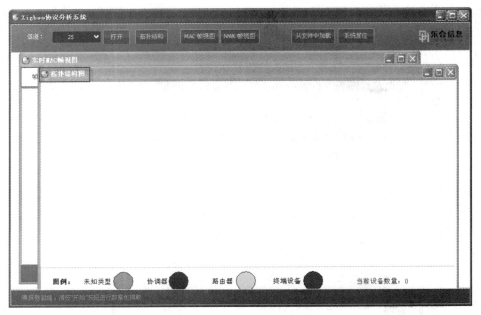

图 S1.15　拓扑结构子窗体

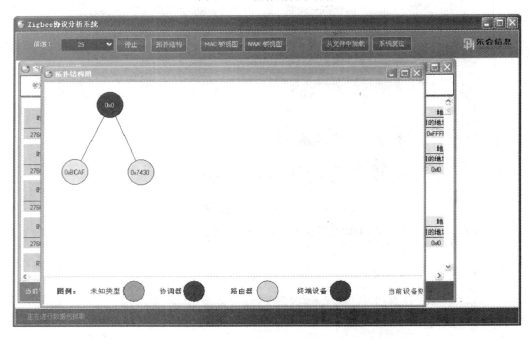

图 S1.16　Zigbee 网络拓扑结构

4. Zigbee 实验例程下载调试

1）运行 IAR Embedded Workbench

首先打开 IAR for MCS-51 7.51A，点击"开始→程序→IAR Systems→IAR Embedded Workbench for MCS-51 7.51A Evaluation→IAR Embedded Workbench"，如图 S1.17 所示。

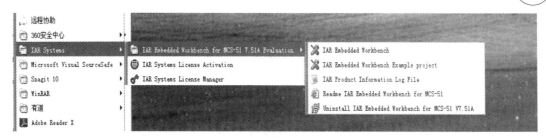

图 S1.17　打开路径

程序运行后出现图 S1.18 所示的界面。

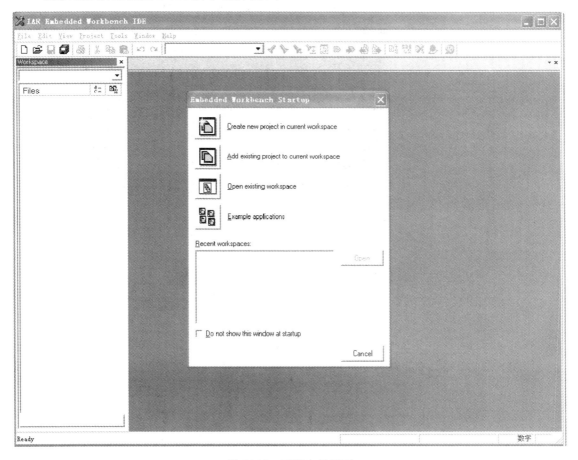

图 S1.18　工程向导界面

2) 打开例程

选择"Open existing workspace",打开配套例程(目录为"WSN\CH1\1.G.1\Texas Instruments\ZStack-CC2530-2.2.0-1.3.0\Projects\zstack\Samples\SampleApp\CC2530DB"),在 CC2530DB 中打开 SampleApp.eww 文件(路径根据个人电脑文件存放的位置来定),如图 S1.19 所示。

打开程序后的界面如图 S1.20 所示。

图 S1.19　选择打开的文件

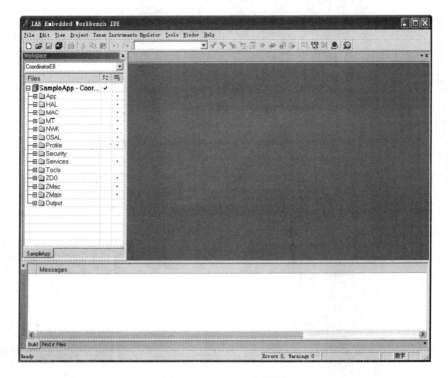

图 S1.20　EW 工作界面

3) 参数设置

如图 S1.21 所示，右击工程，选择"Options"选项进行参数设置。

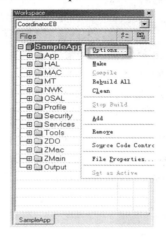

图 S1.21　选择"Options"选项

点击"Debugger"选项，在"Setup"选项卡中将"Driver"的参数设置为"Texas Instruments"，如图 S1.22 所示，然后点击"OK"按钮，即可保存和启用设置。

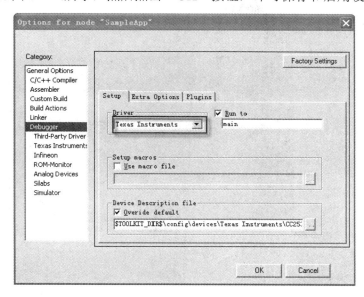

图 S1.22　设置调试驱动

4）编译程序

点击"Project"菜单中的"Rebuild All"菜单项进行编译，如图 S1.23 所示。

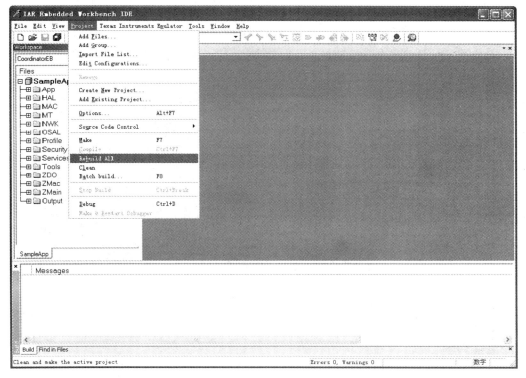

图 S1.23　编译

编译过程中，将在主窗体下方的"Messages"窗口内显示编译信息。图 S1.24 所示是编程成功后的显示效果。

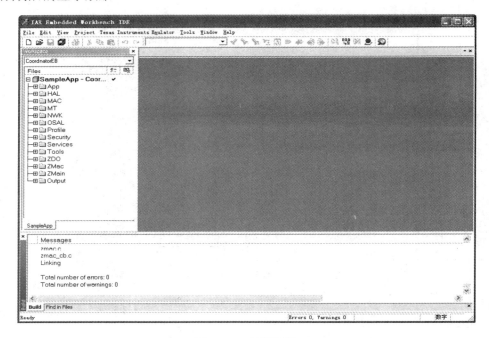

图 S1.24　编译过程

5) 调试程序

点击"Project"菜单中的"Debug"菜单项进行下载调试，如图 S1.25 所示。

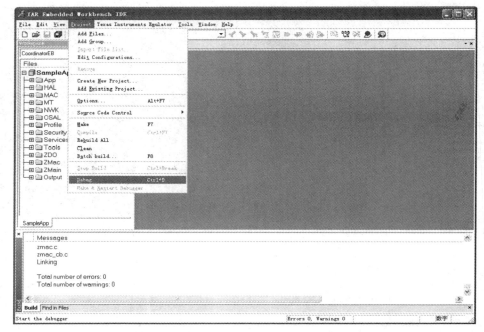

图 S1.25　下载调试

5. 实验结果及分析

1) 下载程序到设备

按照前面的介绍打开所需要的程序文件，分别将相应的路由器程序和协调器程序下载到相应的设备中，器路由器程序和协调器程序的选择如图 S1.26 所示。

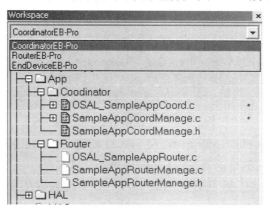

图 S1.26　程序的选择

点击图 S1.26 中标出的下拉菜单按钮，会出现程序选择的列表。其中下拉列表中的 CoordinatorEB-Pro 为协调器程序，RouterEB-Pro 为路由器程序，EndDeviceEB-Pro 为终端设备程序。

2) 帧数据分析

程序下载完毕后，按下开发套件板上的复位按键，使程序运行起来。利用"ZigbeeSniffer 程序"可以捕获数据帧。图 S1.27 所示为命令帧和信标帧。

时间	帧长度	帧控制							帧序号	地址信息				载荷帧	LQI
		帧类型	加密	数据待传	确认请求	网内/网际	目的地址模式	源地址模式		目的PANID	目的地址	源PANID	源地址	07	
51922	10	命令帧	未加密	否	否	网际	16位地址	无地址	195	0xFFFF	0xFFFF	无	无		19

时间	帧长度	帧控制							帧序号	地址信息				载荷帧	LQI
		帧类型	加密	数据待传	确认请求	网内/网际	目的地址模式	源地址模式		目的PANID	目的地址	源PANID	源地址	FF CF 00 00 00 22 84 00 00 00	
51937	28	信标帧	未加密	否	否	网际	无地址	16位地址	38	无	无	0xA1B2	0x0	00 00 00 00 00 FF FF FF 00	13

图 S1.27　命令帧和信标帧

(1) MAC 命令帧：包括帧控制字段、帧序号字段、地址信息字段和帧载荷字段。帧控制字段如图 S1.28 所示。

帧控制						
帧类型	加密	数据待传	确认请求	网内/网际	目的地址模式	源地址模式
命令帧	未加密	否	否	网际	16位地址	无地址

图 S1.28　命令帧帧控制字段

⚠ 注意

◇　帧类型子域判断为命令帧。

◇　安全使能子域显示为加密。

◇ 此命令帧不需要数据等待和确认请求。

◇ 网内/网际显示是否在同一 PAN 内传输。

◇ 目的地址模式为 16 位短地址模式。

◇ 源地址模式为"无",即不需要源地址模式。

地址信息字段如图 S1.29 所示。

地址信息			
目的PANID	目的地址	源PANID	源地址
0xFFFF	0xFFFF	无	无

图 S1.29 命令帧地址信息字段

在帧控制字段中显示目的地址为 16 位短地址模式,源地址模式为"无"。由图 S1.29 可见地址信息字段的目的地址为 0xFFFF,源地址为"无"。

命令帧帧载荷标识字段指示所使用的 MAC 命令,其取值范围为 0x07,如图 S1.30 所示。

载荷帧
07

图 S1.30 命令帧载荷字段

(2) MAC 信标帧:包括 MAC 帧头、有效载荷和帧尾。其中帧头由帧控制字段、帧序号和地址信息组成,如图 S1.31 所示。

帧控制							帧序号	地址信息			
帧类型	加密	数据待传	确认请求	网内/网际	目的地址模式	源地址模式		目的PANID	目的地址	源PANID	源地址
信标帧	未加密	否	否	网际	无地址	16位地址	38	无	无	0xA1B2	0x0

图 S1.31 MAC 信标帧帧头部分

⚠ 注意

◇ 帧控制字段包含了网际传输和源地址模式。

◇ 信标帧中的地址信息只包含源设备的 PANID 和地址。

(3) 数据帧和确认帧(如图 S1.32 所示)。

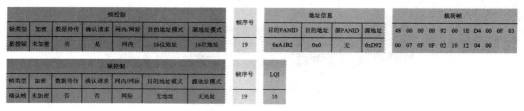

帧控制							帧序号	地址信息				载荷帧		
帧类型	加密	数据待传	确认请求	网内/网际	目的地址模式	源地址模式		目的PANID	目的地址	源PANID	源地址	48 00 00 00 92 00 1E D4 00 0F 03		
数据帧	未加密	否	是	网内	16位地址	16位地址	19	0xA1B2	0x0	无	0xD92	00 07 0F 0F 02 10 12 04 00		

帧控制							帧序号	LQI
帧类型	加密	数据待传	确认请求	网内/网际	目的地址模式	源地址模式		
确认帧	未加密	否	否	网际	无地址	无地址	19	10

图 S1.32 数据帧和确认帧

数据帧由帧控制字段、帧序号、地址信息和载荷帧组成。数据帧用来传输上层发到 MAC 子层的数据。

◇ 帧控制字段显示了发送源地址模式和目的地址模式分别为 16 位地址。

❖   地址信息显示发送节点的地址(即源地址)和接收节点的地址(即目的地址)。

❖   载荷帧字段包含了上层需要传送的数据。

确认帧格式由控制帧和帧序号组成。其中确认帧的序列号应该与被确认帧的序列号相同，并且负载长度为 0。

实践 2 路由层协议

 实践指导

Zigbee 技术是无线传感器网络的一种实现形式。无线传感器网络可以借助 Zigbee 技术实现无线传感器网络检测区域的大范围的节点分布、路由传输和数据采集。其路由采取的是 AODV 的路由方式,本章实验继续使用与教材配套的"Zigbee 开发套件",以 Zigbee 技术为例来认识路由的作用和过程。

➤ 实践 2.G.1

路由认知实验。

实验目的

(1) 建立 Zigbee 网络。
(2) 理解无线传感器网络中的路由功能。

实验分析

无线传感器网络中节点之间的通信距离有限,大范围的通信需要节点之间的中继传输即路由过程。当两个传感器节点之间的传输距离较远时,中间需要路由节点转发,转发过程如下:

(1) 协调器广播数据。
(2) 路由器转发协调器的广播数据。
(3) 节点收到广播数据并把自己的数据传给路由器。
(4) 路由器将终端节点的数据转发给协调器。

实验步骤

1. 协调器与终端节点直接通信

(1) 按照实践 1 介绍的步骤将实践 2.G.1 所需要的程序分别下载至协调器设备、路由器设备和终端节点设备中(实验程序目录为"WSN\CH2\2.G.1")。

(2) 打开 ZigbeeSniffer 程序,将帧类型过滤为数据帧,如图 S2.1 所示。

(3) 打开协调器,为协调器建立一个网络(现象为 LED1、LED2、LED3 和 LED4 亮)。

(4) 打开终端节点,将终端节点加入网络(现象为 LED1、LED2、LED3 和 LED4 亮)。

(5) 按下 SW1 按键,触发协调器向终端节点发送一个数据,终端节点收到数据后,LED1 闪烁并向协调器返回一个数据。利用 ZigbeeSinffer 可捕获数据。图 S2.2 所示为 Zigbee Sniffer 抓到的数据帧。

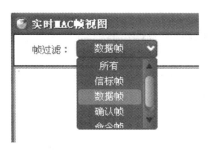

图 S2.1　设置 Sniffer 帧过滤

时间	帧长度	帧控制							帧序号	地址信息				载荷帧		
		帧类型	加密	数据待传	确认请求	网内/网际	目的地址模式	源地址模式		目的PANID	目的地址	源PANID	源地址	00	00	60
19093	39	数据帧	未加密	否	是	网内	16位地址	16位地址	75	0x2103	0x6D6C	无	0x0	12	48	65

时间	帧长度	帧控制							帧序号	地址信息				载荷帧		
		帧类型	加密	数据待传	确认请求	网内/网际	目的地址模式	源地址模式		目的PANID	目的地址	源PANID	源地址	48	00	60
19109	31	数据帧	未加密	否	是	网内	16位地址	16位地址	42	0x2103	0x0	无	0x6D6C	00	08	0F

图 S2.2　Sigbee Sniffer 抓到的数据帧

在 Zigbee 协议中协调器的短地址固定为 0x0000,由图 2.2 可知帧序号为 75 的数据帧的源地址为 0x0,目的地址为 0x6D6C,即帧序号为 75 的数据帧是协调器发往短地址为 0x6D6C 的节点的数据帧。帧序号为 42 的数据帧为节点向协调器发送的数据。其拓扑结构如图 S2.3 所示。

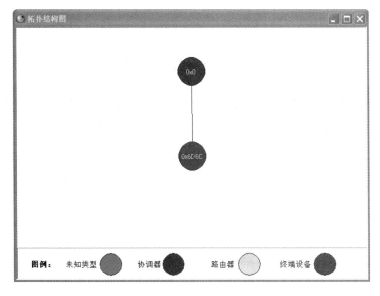

图 S2.3　协调器与节点通信拓扑结构

2. 加入路由器

(1) 将节点与协调器的距离拉远，当距离超过传输距离时，节点将收不到协调器广播的数据(实验室环境下，将设备的天线拿下来，把设备拉开一定的距离也可以达到同样的目的)。

(2) 打开路由器，把路由器放在协调器和终端节点的中间。路由器在中间起中继作用，可以转发协调器与节点之间的通信数据。

(3) 按下 SW1 按键触发协调器向终端节点发送一个数据，此时数据通过路由器转发给终端节点；当终端节点收到协调器发送的数据后，再通过路由器向协调器返回一个数据。

(4) 利用 ZigbeeSniffer 捕获数据，如图 S2.4 所示。

		帧控制					帧序号		地址信息			载荷帧		
帧类型	加密	数据待传	确认请求	网内/网际	目的地址模式	源地址模式		目的PANID	目的地址	源PANID	源地址		48 00 58 DB 00 00 1E	
数据帧	未加密	否	是	网内	16位地址	16位地址	214	0x7B5B	0x3BA4	无	0x0		10 08 48 65 6C 6C 6F	

		帧控制					帧序号		地址信息			载荷帧		
帧类型	加密	数据待传	确认请求	网内/网际	目的地址模式	源地址模式		目的PANID	目的地址	源PANID	源地址		09 10 FC FF A4 38 01	
数据帧	未加密	否	是	网内	16位地址	16位地址	14	0x7B5B	0xFFFF	无	0x3BA4		02 D0 48 12 00 08 61	

		帧控制					帧序号		地址信息			载荷帧		
帧类型	加密	数据待传	确认请求	网内/网际	目的地址模式	源地址模式		目的PANID	目的地址	源PANID	源地址		08 00 58 DB 00 00 1E	
数据帧	未加密	否	是	网内	16位地址	16位地址	15	0x7B5B	0xDB5B	无	0x3BA4		10 D8 48 65 6C 6C 6F	

图 S2.4　路由器转发协调器的数据过程

图 S2.所示为路由器转发协调器的广播数据过程。其中，帧序号为 214 的数据帧是协调器发送给短地址为 0xDB58 的终端节点的数据，由于协调器与终端节点距离太远，需要经过短地址为 0x38A4 的路由器转发，所以帧序号为 214 的数据帧源地址为 0x0，目的地址为路由器的短地址 0x38A4。

帧序号为 15 的数据帧为路由器转发协调器的数据。源地址为路由器的短地址，目的地址为终端设备的地址。

终端节点向协调器发送数据同样需要路由器在中间转发，如图 S2.5 所示。

帧长度			帧控制					帧序号		地址信息			载荷帧	
	帧类型	加密	数据待传	确认请求	网内/网际	目的地址模式	源地址模式		目的PANID	目的地址	源PANID	源地址		48 00 00 00 58 DB 1E
37	数据帧	未加密	否	是	网内	16位地址	16位地址	239	0x7B5B	0x3BA4	无	0xDB5B		10 09 00 01 00 01 00

帧长度			帧控制					帧序号		地址信息			载荷帧	
	帧类型	加密	数据待传	确认请求	网内/网际	目的地址模式	源地址模式		目的PANID	目的地址	源PANID	源地址		48 00 00 00 58 DB 1D
37	数据帧	未加密	否	否	网内	16位地址	16位地址	21	0x7B5B	0x0	无	0x3BA4		10 09 00 01 00 01 00

图 S2.5　路由器转发节点数据过程

转发过程如下：

(1) 终端节点将数据发送给路由器，如帧序号为 239 的数据帧所示。

(2) 路由器将数据转发给协调器，如帧序号为 21 的数据帧所示。

利用 ZigbeeSniffer 观察其路由转发数据的拓扑结构，如图 S2.6 所示。

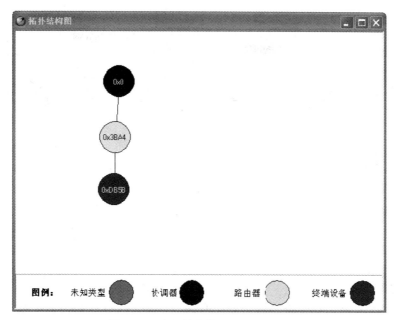

图 S2.6　路由转发数据的拓扑结构

➢ 实践 2.G.2

基于 Zigbee 的 Z-AODV 路由协议实验。

实验目的

理解 Z-AODV 协议的特点。

实验分析

AODV 使得移动节点能快速获得通向新的目的节点的路由，并且节点仅需要维护通向它信号所及范围内的节点的路由，更远的节点的路由信息则不需要维护。

网络中节点的连接、断开和移动会使网络拓扑结构发生变化，AODV 协议使得移动节点能适时对这种变化作出响应。

实验步骤

1. 协调器建立网络

(1) 按照实践 1 介绍的步骤打开实践 2.G.2 所需要的程序(实验程序目录为"WSN\CH2\2.G.2")，分别将协调器、路由器和终端节点的程序下载到相应的设备中(其中协调器设备 1 个、路由器设备 2 个、终端节点设备 4 个)。

(2) 开启协调器，对网络进行初始化，协调器会自动选择一个合适的 PANID 来建立网络。协调器建立起网络之后会定时向网络发送数据帧，此数据帧的帧载荷携带了自己的地址信息，如图 S2.7 所示。

图 S2.7　协调器建立网络的过程

2．路由器和终端节点加入网络

(1) 开启路由器，路由器会对网络中的信道自动扫描比较，选择一个合适的信道进行网络的搜寻，此时协调器定时地向网络中广播信标帧，当路由器收到信标帧之后，会发送一个带有自己 IEEE 地址的命令帧，当路由器收到确认帧之后，路由器加入到网络中，协调器自动赋予路由器一个 16 位地址作为通信地址。

(2) 当路由器拥有自己的 16 位地址后，路由器会向网络中广播一个数据帧，这个数据帧的负载带有自己的 64 位地址。

(3) 协调器收到路由器数据帧后也会向网络中广播一个帧载荷带有路由器 64 位地址的数据帧，以便于通知网络中的其他设备有新设备的加入，如图 S2.8 所示。此时路由器加入协调器所建立的网络。

帧类型	加密	数据待传	确认请求	网内/网际	目的地址模式	源地址模式	帧序号	目的PANID	目的地址	源PANID	源地址	载荷帧
命令帧	未加密	否	否	网际	16位地址	无地址	157	0xFFFF	0xFFFF	无	无	07
信标帧	未加密	否	否	网际	无地址	16位地址	170	无	无	0xB3BA	0x0	FF CF 00 00
数据帧	未加密	否	否	网内	16位地址	16位地址	187	0xB3BA	0xFFFF	无	0x0	09 10 02 00
命令帧	未加密	否	否	网际	16位地址	无地址	158	0xFFFF	0xFFFF	无	无	07
信标帧	未加密	否	否	网际	无地址	16位地址	171	无	无	0xB3BA	0x0	FF CF 00 00
数据帧	未加密	否	否	网际	16位地址	无地址	159	0xFFFF	0xFFFF	无	无	07
信标帧	未加密	否	否	网际	无地址	16位地址	172	无	无	0xB3BA	0x0	FF CF 00 00
命令帧	未加密	否	否	网内	64位地址	16位地址	160	0xB3BA	0x0	0xFFFF	0x23306B3	01 86
确认帧	未加密	否	否	网际	无地址	无地址	160					LQI 49

图 S2.8　路由器加入网络的过程

（4）打开终端节点，终端节点加入网络的过程同路由器加入网络的过程相同。

3. 观察拓扑结构

（1）网络建立起来后，用 ZigbeeSniffer 观察其拓扑结构，如图 S2.9 所示。

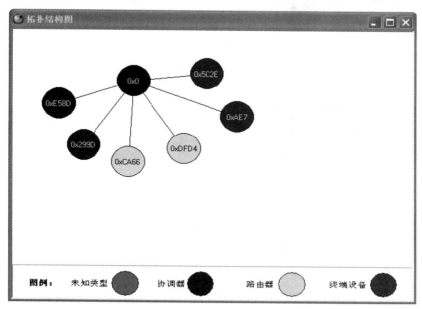

图 S2.9　网络建立初拓扑结构

（2）将其中的一个终端设备节点移开一段距离，网络拓扑结构会动态发生变化，其变化后的拓扑结构如图 S2.10 所示。

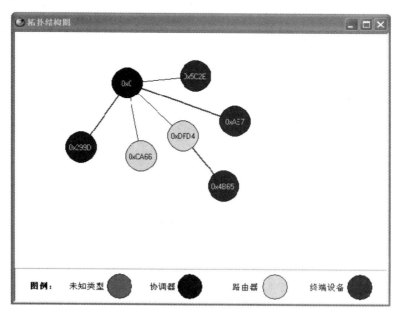

图 S2.10　终端节点移动拓扑变化

(3) 将路由器节点移动一段距离后，网络拓扑结构发生的变化如图 S2.11 所示。

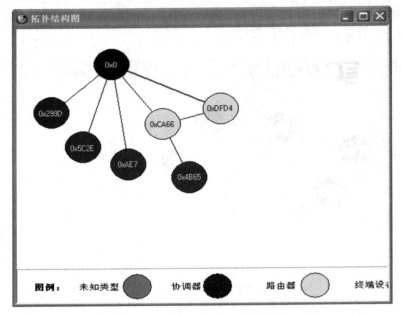

图 S2.11 路由节点移动引起的拓扑结构变化

实践 3　Zigbee 网络技术

 实践指导

本章实验包括 Zigbee 的网络技术基础实验和基于 Zigbee 的环境监测实验。实验设备继续使用与教材配套的 "Zigbee 开发套件"。

➢ 实践 3.G.1

Zigbee 网络技术基础实验。

实验目的

认识 Zstack 协议栈设备类型配置、网络类型配置、信道配置和 PANID 的设置。

实验分析

Zigbee 网络中的设备按照不同的功能可以分为协调器节点、路由器节点和终端设备节点。协调器是整个网络的控制中心；路由器节点起到转发数据的作用；终端设备负责采集信息数据信息。要建立一个 Zigbee 网络必须由协调器选择一个合适的信道和 PANID。

Zigbee 网络支持三种拓扑结构：星型、树型和网状型结构。

◆　在星型拓扑结构中，所有的终端设备和一个协调器之间进行通信；星型 Zigbee 网络中一般不支持 Zigbee 路由器功能。

◆　树型网络由一个协调器和多个星型结构连接而成，设备除了能与自己的父节点或子节点互相通信外，其他只能通过网络中的树型路由完成通信。

◆　网状型网络是在树型网络的基础上实现的。与树型网络不同的是，它允许网络中所有具有路由功能的节点互相通信，由路由器中的路由表进行路由通信。

在 Zigbee 协议栈中要进行相关配置，具体包括：

◆　设备类型的配置。

◆　网络类型的配置，用以选择星型网络、树型网络或者网状型网络。

◆　信道的配置。

◆　PANID 的配置。

此实验需要一个协调器、三个路由器和两个终端节点。

实验步骤

由于在 Zigbee 网络中用的最多的拓扑结构为网状型网络，因此本例以网状型网络为例来讲解 Zigbee 网络的配置。打开所需要的程序(实验程序目录为"WSN\CH3\3.G.1")，对 Zigbee 的各种参数进行配置。

1. 设备类型配置

设备类型配置在协议栈 Tools 中定义，由 IAR 配置生成，如图 S3.1 所示。

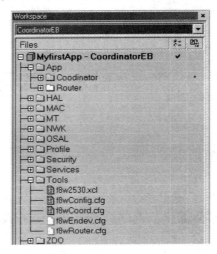

图 S3.1　Tool 配置文件

在工程文件的 Workspace 区域选择设备类型，如图 S3.2 所示，分别选择协调器类型、路由器类型及终端设备类型，并进行如下配置：

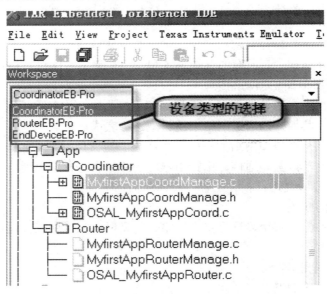

图 S3.2　设备类型的选择

✧　当选择协调器 CoordinatorEB-Pro 时，Tools 中选择编译 f8wCoord.cfg，即协调器。

✧　当选择路由器 RouterEB-Pro 时，Tools 中选择编译 f8wRouter.cfg，即路由器。

✧　当选择终端设备 EndDeviceEB-Pro 时，Tools 中选择编译 f8wEndev.cfg，即终端设备。

2. 网络类型配置和网络参数配置

网络类型和网络参数的配置可在 nwk_globals.h 文件中进行，如图 S3.3 所示。

网状网络设置

```
/************ 网络类型定义************/
#define NWK_MODE_STAR          0    //星型网定义
#define NWK_MODE_TREE          1    //树型网定义
#define NWK_MODE_MESH          2    //网状网定义
/********** 各类协议栈控制参数定义**************/
#define NETWORK_SPECIFIC       0
#define HOME_CONTROLS          1
#define ZIGBEEPRO_PROFILE      2
#define GENERIC_STAR           3
#define GENERIC_TREE           4

/* ***************信道频率定义************/
#define MAX_CHANNELS_868MHZ      0x00000001    //868MHz频率
#define MAX_CHANNELS_915MHZ      0x000007FE    //975MHz频率
#define MAX_CHANNELS_24GHZ       0x07FFF800    //2.4GHz频率
/*************网络类型设置*************/
#if defined ( ZIGBEEPRO )
  #define STACK_PROFILE_ID       ZIGBEEPRO_PROFILE
#else
  #define STACK_PROFILE_ID       HOME_CONTROLS
#endif
#if ( STACK_PROFILE_ID == ZIGBEEPRO_PROFILE )
    #define MAX_NODE_DEPTH       20  //路由深度定义
    #define NWK_MODE             NWK_MODE_MESH
    #define SECURITY_MODE        SECURITY_COMMERCIAL
  #if   ( SECURE != 0  )
    #define USE_NWK_SECURITY     1   // 网络安全定义
    #define SECURITY_LEVEL       5
  #else
    #define USE_NWK_SECURITY     0   // 网络安全定义
    #define SECURITY_LEVEL       0
  #endif
```

图 S3.3　网络参数设定

各参数的定义如下：

✧ 网络类型参数：Zigbee 网络类型分为星型网、树型网和网状型网。

✧ 信道频率设定参数：IEEE802.15.4 物理层共有三个频段，分别是 868 MHz、915 MHz 和 2.4 GHz，其中欧洲使用 868 MHz 频率，美国使用 915 MHz 频率，中国使用 2.4 GHz 频率。

3. 信道的设置

信道的设置在配置文件 Tools 的 f8wConfig.cfg 中，IEEE802.15.4 标准的三个频段上共有 27 个信道。27 个信道的中心频率和对应的信道编号定义如下：

$$f_c = \begin{cases} 868.8\ \text{MHz} & k = 0 \\ [906 + 2(k-1)]\ \text{MHz} & k = 1,\ 2,\ \cdots,\ 10 \\ [2405 + 5(k-11)]\ \text{MHz} & k = 11,\ 12,\ \cdots,\ 26 \end{cases}$$

Zigbee 网络在 2.4GHz 频段上，该频段共有 16 个信道，即第 11～26 信道，信道的选择在 Tools 文件下的配置文件 fw8Config.h 中选择。如图 S3.4 所示，当前选择信道 25。

```
//-DMAX_CHANNELS_868MHZ        0x00000001
//-DMAX_CHANNELS_915MHZ        0x000007FE
//-DMAX_CHANNELS_24GHZ         0x07FFF800
//-DDEFAULT_CHANLIST=0x04000000    // 26 - 0x1A
-DDEFAULT_CHANLIST=0x02000000     // 25 - 0x19
//-DDEFAULT_CHANLIST=0x01000000    // 24 - 0x18
//-DDEFAULT_CHANLIST=0x00800000    // 23 - 0x17
//-DDEFAULT_CHANLIST=0x00400000    // 22 - 0x16
//-DDEFAULT_CHANLIST=0x00200000    // 21 - 0x15
//-DDEFAULT_CHANLIST=0x00100000    // 20 - 0x14
//-DDEFAULT_CHANLIST=0x00080000    // 19 - 0x13
//-DDEFAULT_CHANLIST=0x00040000    // 18 - 0x12
//-DDEFAULT_CHANLIST=0x00020000    // 17 - 0x11
//-DDEFAULT_CHANLIST=0x00010000    // 16 - 0x10
//-DDEFAULT_CHANLIST=0x00008000    // 15 - 0x0F
//-DDEFAULT_CHANLIST=0x00004000    // 14 - 0x0E
//-DDEFAULT_CHANLIST=0x00002000    // 13 - 0x0D
//-DDEFAULT_CHANLIST=0x00001000    // 12 - 0x0C
//-DDEFAULT_CHANLIST=0x00000800    // 11 - 0x0B
```

图 S3.4 信道选择

4．PANID 的设置

PANID 的设置在配置文件 fw8Config.h 中进行，PANID 可以设置为 0～0xFFFF 之间的一个值，协调器使用这个值作为启动网络的 PANID，如果 PANID 设置为 0xFFFF，协调器将会随机选择一个 0～0xFFFF 之间的值作为自己的 PANID 来启动建立网络，如图 S3.5 所示。

```
/* Define the default PAN ID.
 *
 * Setting this to a value other than 0xFFFF causes
 * ZDO_COORD to use this value as its PAN ID and
 * Routers and end devices to join PAN with this ID
 */
-DZDAPP_CONFIG_PAN_ID=0xFFFF          //uint16 zgConfigPANID = ZDAPP_CONFIG_PAN_ID;

/* Minimum number of milliseconds to hold off the start of the device
 * in the network and the minimum delay between joining cycles.
 */
```
PANID 设置

图 S3.5 PANID 设置

如果将 PANID 设置为一个 0～0xFFFF 之间固定的值，协调器将会选择这个固定的值作为自己的 PANID 来启动建立网络。例如将 PANID 设置为固定值 0x1234，如图 S3.6 所示

```
/* Define the default PAN ID.
 *
 * Setting this to a value other than 0xFFFF causes
 * ZDO_COORD to use this value as its PAN ID and
 * Routers and end devices to join PAN with this ID
 */
-DZDAPP_CONFIG_PAN_ID=0x1234          //uint16 zgConfigPANID = ZDAPP_CONFIG_PAN_ID;
```

图 S3.6 PANID 设置为固定值

5．程序下载

将相应的程序分别下载到协调器、路由器和终端节点设备中，操作步骤如下：

(1) 将 ZigbeeSniffer 设备与计算机连接，并打开 ZigbeeSniffer 程序，准备进行捕获 Zigbee 网络的数据和拓扑结构。

(2) 开启协调器，使协调器建立网络。

(3) 开启路由器和终端设备节点，并加入到网络中。

(4) 按下协调器的 SW1 按键，使协调器可以向网络中广播数据。

(5) 移动路由器和终端设备，查看拓扑结构的变化，如图 S3.7 所示。

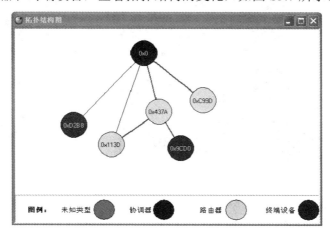

图 S3.7　网状网拓扑结构

由图中可以看出短地址为 0x113D 的路由器除了可以直接和协调器通信外，还可以通过短地址为 0x437A 的路由器和协调器通信。

查看数据帧结构可以看出网络中的 PANID 是 0~0xFFFF 中间的一个数值，如图 S3.8 所示。

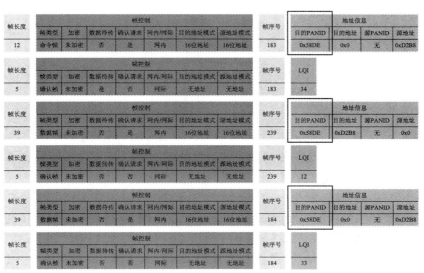

图 S3.8　观察网络中的 PANID

6. 修改 PANID 为固定值

按照图 S3.6 中的代码所示,将网络中的 PANID 改为固定值 0x1234,将程序重新下载,建立一个新的网络以捕获数据帧,如图 S3.9 所示。

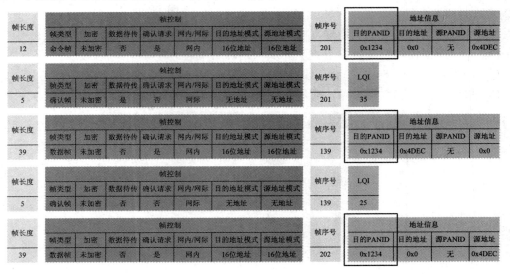

图 S3.9 固定的 PANID

由图中可以观察到,当固定 PANID 的值时,网络中的 PANID 为固定的值 0x1234。

➢ 实践 3.G.2

Zigbee 环境温度监测应用实验。

实验目的

(1) 理解 Zigbee 的应用。
(2) 了解 Zigbee 应用场景。

实验分析

Zigbee 技术主要应用在短距离范围内以及数据传输速率不高的各种电子设备之间,特别适用于家电和小型电子设备的无线控制指令传输。

环境监测应用范围比较广,可以监测一个工业区的环境、农业环境以及城市环境和小区环境,根据应用场合不同而采用不同的传感设备。Zigbee 环境监测是在终端或者路由器节点上安装不同的传感器,这些传感器采集的数据通过 Zigbee 网络传输给协调器,协调器将数据传输给服务器或应用中心控制计算机。

以居民小区环境温度监测为例做一个简单的应用:Zigbee 终端利用温度传感器采集温度,而后将数据传输到 Zigbee 协调器,Zigbee 通过协调器将采集的温度值传送给 PC 机,以方便用户可以直观地看到。

本实验使用一个 Zigbee 协调器和六个 Zigbee 路由器/终端设备,并使用配套的 ZigbeeLab 程序观察实验结果。

实验步骤

1．硬件连接

将协调器底板串口与"USB 转串口"线的串口端相连，"USB 转串口"线的另外一端与电脑的 USB 接口相连。图 S3.10 所示为协调器串口连接图。

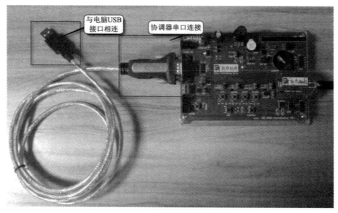

图 S3.10　协调器串口连接图

2．软件配置

(1) 双击 ZigbeeLab 文件，如图 S3.11 所示。ZigbeeLab 文件所在路径为"WSN\CH3\3.G.2\ZigbeeLab"。

(2) 启动 Zigbeelab 文件后，会产生一个相应的 ZigbeeLab 配置文件，如图 S3.12 所示。

图 S3.11　ZigbeeLab

图 S3.12　ZigbeeLab 配置文件

(3) 打开 ZigbeeLab 配置文件，如图 S3.13 所示，准备修改程序所用的串口(即文件里面的"PORT"的值)。

图 S3.13　修改 ZigbeeLab 配置文件

(4) "PORT"的值为"USB 转串口"的 COM 号，可以通过右击"我的电脑"选择"设备管理器"，打开"设备管理器"后，点击"端口"，可以看到"USB Serial Port"为"COM27"，如图 S3.14 所示。

(5) 将 ZigbeeLab 配置文件的"PORT"改为 27(COM 号根据个人计算机端口不同而不

同)，如图 S3.15 所示，并保存。

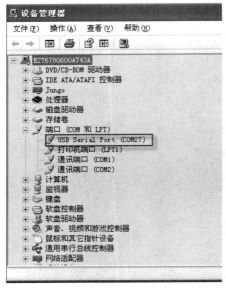

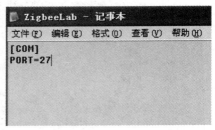

图 S3.14　查看端口　　　　　　　　　　　图 S3.15　修改"PORT"值

3．程序下载

打开实践 3.G.2 所需要的程序(实验程序目录为"WSN\CH3\3.G.2\Zigbee")，根据第 4 章介绍的设备类型选择，将协调器程序下载至协调器设备中；此实验可以将其余 6 个节点全部写为路由器程序。在下载路由器程序时，需要设置 ID 号，此 ID 号的设置为 1～6。设置过程如下：

(1) 打开路由器程序，设备类型选择"RouterEB-Pro"，双击打开"MyfirstAppRouterManage.c"，如图 S3.16 所示。

(2) 将程序中的 myID 号分别修改为 1～6 号，然后将程序分别下载至 6 个路由器设备中，如图 S3.17 所示。

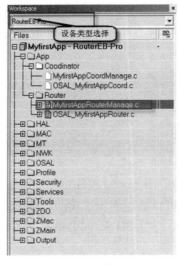

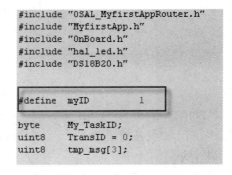

图 S3.16　打开路由器程序　　　　　　　　图 S3.17　修改 myID

4．观察数据

(1) 打开协调器建立网络。

(2) 打开路由器并加入到网络中。

(3) 将路由器分布在不同的区域。

(4) 双击打开 ZigbeeLab，并点击"启动"按钮，可以观察各节点的温度值，如图 S3.18 所示。

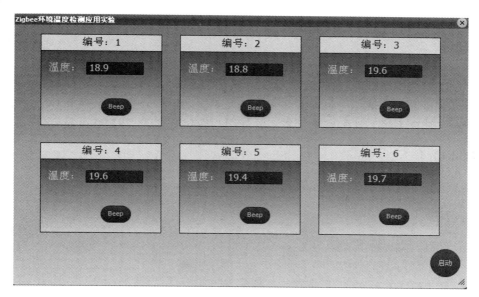

图 S3.18　观察温度值

图中编号 1~6，即路由器 myID 为 1~6 对应的路由器节点。由于节点所在区域不同，温度值也不同。

 拓展练习

➤ 练习 3.E.1

将 PANID 固定，利用同一个 PANID 建立两个 Zigbee 网络，用 ZigbeeSniffer 观察会出现什么现象。

实践 4　RFID 技术

实践指导

由于 RFID 在日常应用中以高频为主，因此本实践以"公交/地铁乘车卡消费系统"为例进行高频 RFID 系统的认知实验。本实验使用与教材配套的"RFID 开发套件"。

> **实践 4.G.1**

RFID 的公交/地铁乘车卡消费系统。

实验目的

(1) 认知读写器基本构成。

(2) 了解射频标签的分类。

(3) 认知 RFID 的公交/地铁乘车卡消费系统。

实验分析

公交/地铁乘车卡消费系统是一个典型的小额支付系统，由于是行进中的支付行为，乘车卡的余额必须存在卡片中。本实验使用的是高频 RFID，其实验的功能要求如下：

◇　通过按键 1 可以将读写器置为注册模式。

◇　通过按键 2 可以将读写器置为充值模式，可以实现充值 10 元的功能。

◇　已注册并充值的卡片可以在读写器上进行扣款消费(一次扣 1 元)，并且液晶屏显示卡号和余额，一旦余额不足，发出报警提示。

◇　通过复位+按键 4 实现卡注销模式。

以上每一个操作都通过 12864 液晶显示屏做相应的显示。

高频 RFID 系统采用典型的 13.56MHz 频段，读写器射频前端采用 MFRC522 与高频电子标签 Mifare one 配合使用，应用于一卡通、公交消费、考勤等。高频 RFID 系统由读写器和标签组成。

1．读写器基本构成认知

读写器射频前端的读写模块采用 MFRC522 射频芯片，MFRC522 是高度集成的非接触式 13.56MHz 读写芯片。读写器主要由单片机、RFID 读写器、显示指示部分、串口通信部分、时钟电路和电源部分组成，如图 S4.1 所示。

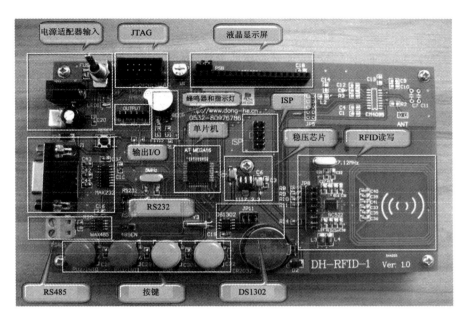

图 S4.1　高频读写器

各部分主要功能如下：

◇　单片机：型号为 AT Mega16，用于对读卡、显示、通信等其他功能模块进行控制。

◇　RFID 读写器：由 MFRC522 读写 IC 和外部电路以及天线电路组成，用于对 RFID 射频标签进行读写。

◇　显示、指示部分：包括 12864 显示屏、LED 和蜂鸣器，用于显示图文、指示和报警。

◇　串行通信电路：包括 MAX232 及 MAX485 以及相关外围元件和接口，用于对外的 RS232/RS485 通信。

◇　DS1302 时钟电路：用于为系统提供年、月、日实时时钟。

◇　稳压芯片、复位和 JTAG 电路：用于各个模块的稳压供电、复位和仿真调试。

2．射频标签的分类

射频标签采用的 Mifare one IC 卡为 A 类型卡，该卡的通信频率必须是 13.56 MHz。射频标签根据不同的分类标准，有各种不同的分类形式。高频读写器所使用的 13.56 MHz 无源电子标签(例如 Mifare)，根据应用场合的不同可分为两大类：

(1) 卡型标签：外形尺寸与银行卡相同，主要用于各种小额消费、身份认证、考勤登记等应用，卡片上可以印刷各种不同的图案、文字或者商标、广告等。如图 S4.2 中分别为普通白卡片、二代身份证、乘车卡、居民小区门禁卡。

图 S4.2　各种 RFID 卡片

(2) 其他外形的标签：此类标签主要用在物品的识别、商品防伪、物流跟踪、畜牧业等，根据不同的环境要求，有不同的外形及环境适应能力，主要有以下几种：

◇ 微型标签：体积很小，适合嵌入到狭小的空间内，如图 S4.3 所示。

◇ 防水 RFID 钱币卡：此类标签可以防水，并且强度很大，适合工业等恶劣环境使用，如图 S4.4 所示。

图 S4.3　微型 RFID 标签　　　　　　　图 S4.4　防水 RFID 钱币卡

◇ 不干胶标签：此种标签很薄，并且贴有不干胶，适合用于物流行业的货物跟踪，如图 S4.5 所示。

◇ 猪耳标签：此种标签带锁扣，并且可以防水，适合用在畜牧业，扣在猪耳朵上或者牛鼻子上，作为牲畜的"身份识别"，如图 S4.6 所示。

图 S4.5　高频 RFID 不干胶标签　　　　图 S4.6　高频 RFID 猪耳标签

实验步骤

1．硬件的连接

硬件连接如图 S4.7 所示。

(1) 插上 12864 液晶显示屏。

(2) 设置跳线，将 JP8 的 8 个跳线全部短接。如果需要串口，则设置串口 RS232/485 跳线。

(3) 如果需要 RS232 或 RS485 通信，则连接 RS232 电缆或 RS485 电缆。

(4) 如果需要下载程序或进行调试，则连接 AVR 仿真器。

(5) 插上电源适配器。

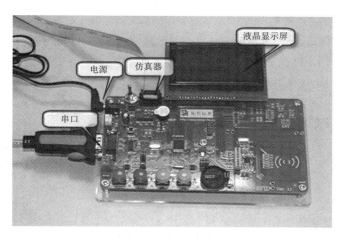

图 S4.7　硬件连接图

2．实验程序的下载

1) 运行 IAR Embedded Workbench

首先打开 IAR for AVR 软件，具体操作是：点击"开始→程序→IAR Systems→IAR Embedded Workbench for Atmal AVR V5→IAR Embedded Workbench"，如图 S4.8 所示。(注：Zigbee 实验程序采用的软件平台为 IAR Embedded Workbench for MCS-51 7.51A Evaluation，而 RFID 程序采用的软件平台为 IAR Embedded Workbench for Atmal AVR V5。)

图 S4.8　打开路径

程序运行后出现如图 S4.9 所示的界面。

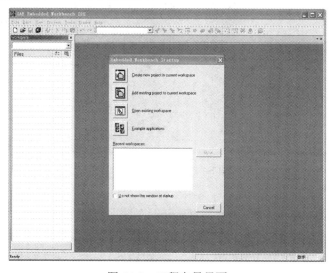

图 S4.9　工程向导界面

2) 打开例程

选择"Open existing workspace",打开已存在的文件(实验程序目录为"WSN\CH4\4.G.1"),打开 HF RFID 文件夹,双击 HF 文件,打开程序,如图 S4.10 所示。

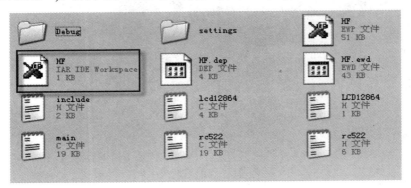

图 S4.10　选择打开的文件

打开 EW 工作界面,如图 S4.11 所示。

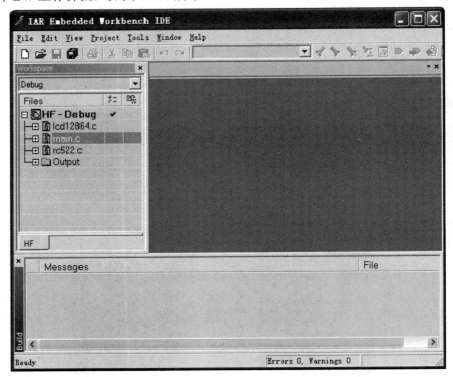

图 S4.11　EW 工作界面

3) 参数设置

如图 S4.12 所示,右击工程,选择"Options"选项进行参数设置。

选择处理器设置,点击"General Options"选项,在"Target"选项卡中将"Processor configuration"的参数设置为"--cpu=m16 ATmega16",如图 S4.13 所示。

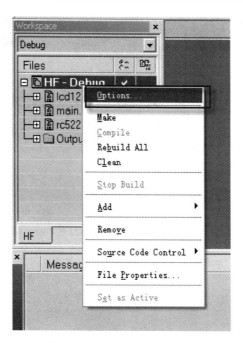

图 S4.12　选择 Options 选项

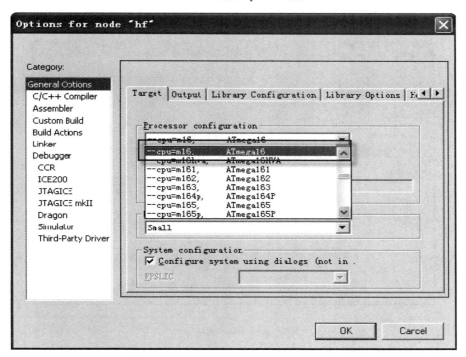

图 S4.13　设置处理器

设置堆栈，在"System"选项卡中，将"Data stack 和 Return address stack"设为 80，如图 S4.14 所示。

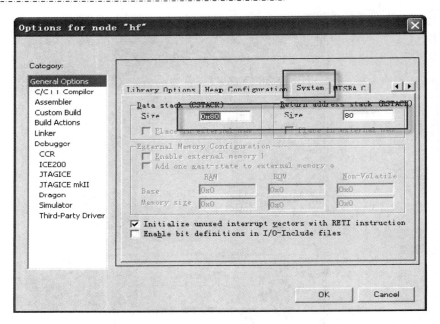

图 S4.14　设置堆栈

设置 JTAG，在"Debugger"选项的"Setup"选项卡中，"Driver"选择"JTAGICE"，勾选"Use UBROF reset vector"，如图 S4.15 所示。

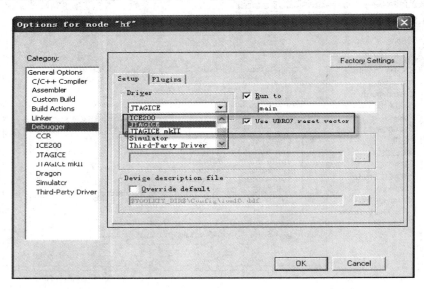

图 S4.15　Debugger 设置

⚠ **注意**　IAR 的 JTAG 指的就是 AVR 仿真器。AVR 仿真器的安装见 2.7 节。

插入 AVR 仿真器后，右键点击"我的电脑→设备管理器"，如图 S4.16 所示。

在端口中，查看"USB-to-Serial Comm Port"，即为分配给 JTAG 的端口号。本例中为 COM3，如图 S4.17 所示。

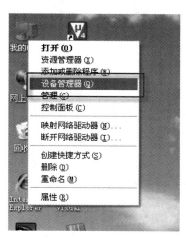

图 S4.16　设备管理器

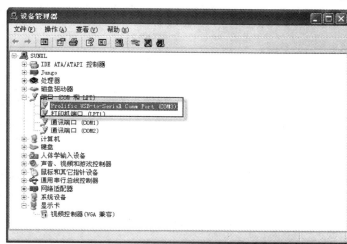

图 S4.17　查看端口号

回到 IRA 软件中，在"Debugger"的"JTAGICE"中设置 JTAG，选择设备管理器中，分配给 JTAG 的端口号，本例中为"COM3"，如图 S4.18 所示。

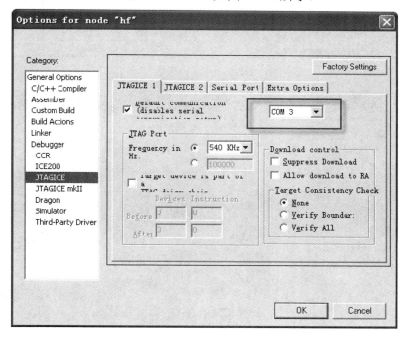

图 S4.18　设置端口号

设置完端口号后点击"OK"按钮保存。

4) 编译程序

点击"Project"菜单中的"Rebuild All"菜单项进行编译，如图 S4.19 所示。

编译过程中，将在主窗体下方的"Messages"窗口内显示编译信息。图 S4.20 所示是编程成功后的显示效果。

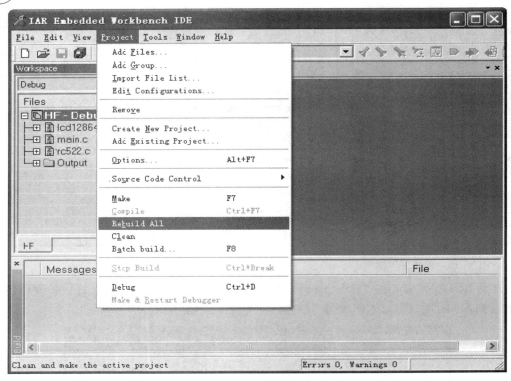

图 S4.19　编译选项

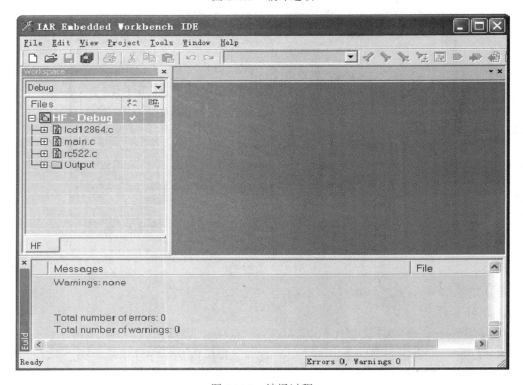

图 S4.20　编译过程

5) 调试程序

点击"Project"菜单中的"Debug"菜单项进行下载调试，如图 S4.21 所示。

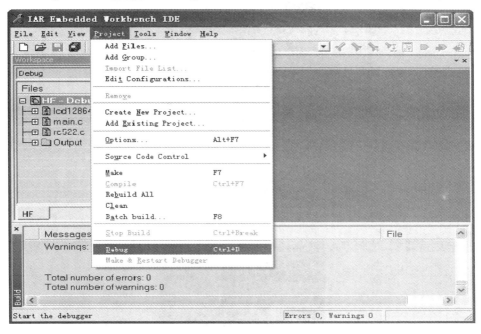

图 S4.21　下载调试

3. 实验操作

将程序下载到设备中，上电复位后，开机界面如图 S4.22 所示。

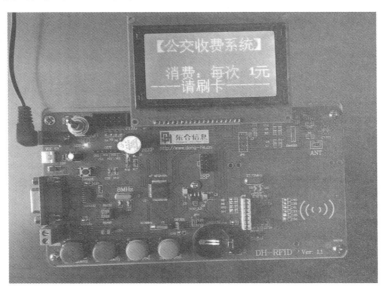

图 S4.22　开机界面

1) 新卡注册

本实验中的射频标签采用卡型标签，以下简称"卡"或"卡片"。按下按键"SW1"，出现如图 S4.23 所示的界面。

图 S4.23　新卡注册界面

如果卡片是新卡，刷卡后，液晶显示屏会出现注册成功界面，如图 S4.24 所示。

图 S4.24　注册成功界面

2) 卡注销

如果卡片不是新卡，刷卡后，液晶显示屏会出现注册失败的界面。此时需要进行注销卡片，然后重新注册。

同时按下复位按键和 SW4，然后先松开复位按键，再松开 SW4，此时会出现注销卡片界面，如图 S4.25 所示。

图 S4.25　卡注销

出现此界面后刷卡，听到一声"滴"响，表明卡片注销成功。此时按照"新卡注册"的步骤按下 SW1 键重新注册卡片。

3) 充值

卡片注册成功后，按下 SW2 按键进行充值，充值界面如图 S4.26 所示。

出现充值界面后刷卡，听到"嘀"一声响后表明充值成功。每次的充值额度为 10 元。

充值成功后，大约 5 秒钟后，系统会自动跳入消费系统，然后刷卡消费，如图 S4.27 所示。

图 S4.26　充值界面

图 S4.27　消费界面

 拓展知识

射频标签的数据存储结构

了解射频标签的存储数据结构对以后的 RFID 应用开发，起到至关重要的作用。只有正确地对射频标签进行操作，才能完成相应功能，否则极有可能造成严重的后果(比如锁卡、消费余额丢失等)。

以 Mifare 1 S50 射频标签为例，图 S4.28 所示的是其内部数据存储结构。

扇区0	块0　(厂商标志与ID号码，只读块)
	块1　(用户可用)
	块2　(用户可用)
	块3　(密码A＋存取控制＋密码B)
扇区1	块0　(用户可用)
	块1　(用户可用)
	块2　(用户可用)
	块3　(用户可用)
⋮	⋮
扇区16	块0　(用户可用)
	块1　(用户可用)
	块2　(用户可用)
	块3　(密码A＋存取控制＋密码B)

图 S4.28　内部数据存储结构

　　Mifare 1 S50 射频标签的存储介质是 EEPROM，数据保存寿命为 10 年，容量是 1024×8 bit，即 1 KB，共分为 16 个扇区，每个扇区分为四个块(block)，每块 16 B，其中扇区 0 的块 0 较为特殊，其内保存有厂商标志、标签类型、ID 号码等数据，此块为只读，不可修改。每个扇区的块 4 是用来保存本扇区的密码 A、密码 B 以及存取控制字节。剩下的每个扇区的块 1(扇区 0 除外)、块 2、块 3 都可以存储用户数据。每个扇区的密码 A、存取控制、密码 B 都是独立的，可以分别设置，特别适合一卡多用。对扇区的任何读写操作都必须先验证对应扇区的的密码，否则无效。

实践 5 蜂窝移动通信

实践指导

本章实验的主要目的是了解和熟悉与教材配套的"GPRS 开发套件"的系统构成和使用。

> ## 实践 5.G.1

GPRS 系统认知实验。

实验目的

(1) 了解 GPRS 硬件的构成。

(3) 了解 GPRS 软件平台。

实验分析

GPRS 是一种以全球手机系统(GSM)为基础的数据传输技术,是 GSM 的延续。GPRS 通过在 GSM 数字移动通信网络中引入分组交换的功能实体,以完成用分组方式进行的数据传输。GPRS 开发套件硬件核心部分采用华为的 MG323。MG323 模块是华为推出的一款 4 频段的 GPRS 模块,配合外围辅助电路部分可以实现打电话、接电话、发短信、通过 GPRS 上网的功能。

实验步骤

1. 硬件资源介绍

硬件资源包括:GPRS 系统板,12V 稳压电源,串口线,光盘、SIM 卡、耳机、咪头以及电池。其中 SIM 卡、耳机、咪头以及电池需客户自己购买。

1) GPRS 系统板主板

GPRS 系统板主板的外观如图 S5.1 所示。系统板主要由供电模块、串口通信模块、MG323 核心以及 MG323 外围的辅助电路部分(包括按键、语音、SIM 卡插座和时钟电路)等

图 S5.1 GPRS 系统板实物图

组成。

◇　MG323 模块：这是一款 4 频段的 GPRS 模块，接口与 CDMA 模块和 MC323 模块兼容。工作频段支持 GSM850MHz、GSM900MHz、GSM1800MHz 和 GSM1900MHz，支持 GPRS 业务。

◇　供电模块：GPRS 开发套件主板采用 DC12V 供电，与其他系统板 DC5V 不同，为了防止误操作，故采用小口径电源座。MG323 模块工作电压是 3.3～4.8 V(推荐值是 3.8 V)，工作瞬间电流最大可能达到 2 A。

◇　串口通信部分：GPRS 开发套件主板的串口芯片采用 SP3238，采用宽电压 3.0～5.5 V 供电，使用 9 针插头(俗称公头)的串口线连接与主板相连，串口线连接的另一端是 9 孔插头(俗称母头)与 PC 机通信连接。其通信速率可通过 AT 指令调节，波特率为 600 b/s～230 400 b/s，默认为 115.2 kb/s，在 1200 b/s～115.2 kb/s 之间支持自适应波特率。

◇　GPRS 开发套件：主板有两个按键，即开关按键和复位按键。左边 Power 按键为开关按键，用于实现开/关机功能；右边 RESET 管脚用于实现模块硬件复位，当模块出现软件死机的情况时，可使用此键使硬件复位。

◇　语音部分：分为耳机插头和咪头，耳机用于听，咪头用于说。

◇　SIM 卡座：用于安装 SIMK。用左手向里推黄色的弹簧帽，右手向外拉出 SIM 卡抽屉盖，根据抽屉盖中的"缺口标志"即可装卡，而后将抽屉盖轻轻推入插槽；需要卸卡时重复以上步骤。

◇　MG323 模块：带有实时时钟功能，在装有纽扣备用电池下，可长久性提供实时时钟。

2) 硬件连接

GPRS 硬件的连接如图 S5.2 所示，连接 12V 电源为其供电，连接串口与 PC 机通信。本实验采用中国移动 2G 手机卡，将手机卡插入卡槽中。

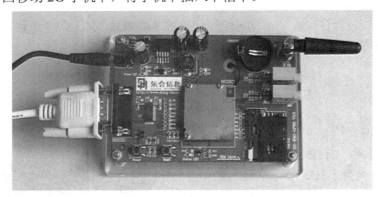

图 S5.2　GPRS 硬件连接图

2. 软件资源介绍

GPRS 软件平台采用串口调试。串口调试可选用开发套件自带的串口调试软件，也可以用 Windows 操作系统自带的超级终端。

在 WindowsXP 中，"超级终端程序"按以下顺序打开："开始→程序→附件→通讯→超级终端"，如图 S5.3 所示。

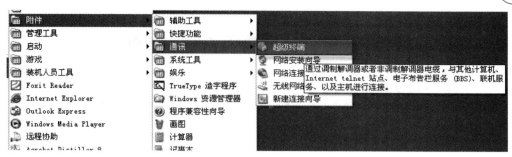

图 S5.3 打开超级终端

打开后随意起个名字，例如"MyGPRS"，如图 S5.4 所示。单击"确定"按钮后进入下一界面。

设定要使用的串口，单击"确定"按钮(如果使用的是"USB 转串口"，则需要确定 USB 转换后所用的 COM 号)，单击"确定"按钮，如图 S5.5 所示。

图 S5.4 输入连接名称　　　　　　　　　　图 S5.5 设定串口

在新界面的端口设置中选择"还原为默认值"按钮后，再选择相应的波特率，例如 38400 或 115200。最后单击"应用"和"确定"按钮进入应用界面，如图 S5.6 所示。

图 S5.6 设置波特率

点击确定按钮，软件将自动连接到串口，接收到数据后，界面内将显示信息，需要交互时，直接在窗口按下键盘上的字符按键即可，如图 S5.7 所示。

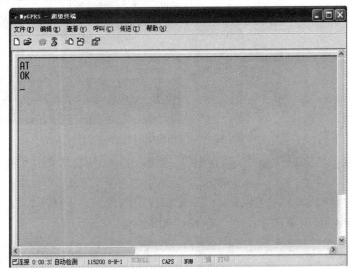

图 S5.7 使用超级终端

➤ 实践 5.G.2

GPRS AT 命令集实验。

实验目的

(1) MG323 模块的初始化。
(2) 通过 AT 指令实现收发短信。
(3) 通过 AT 指令实现语音通话。
(4) 通过 AT 指令实现 TCP/UDP 网络通信。

实验分析

AT 命令是用来控制 TE(Terminal Equipment)(如 PC 等用户终端)和 MT(Mobile Terminal)(如移动台等移动终端)之间交互的规则。关于 AT 命令的使用需要注意以下事项：

◇　每个命令行中只能包含一条 AT 命令，一行以回车作为结尾。

◇　对于不可中断的 AT 命令，TE 在每一条 AT 命令下发后，必须要等待 MT 对于这条 AT 命令响应后，才能再次下发第二条 AT 命令；否则下发的第二条 AT 命令将不被执行。

◇　AT 指令不区分大小写，无论是大写还是小写都可以识别，推荐用大写。

实验步骤

1. MG323 模块的初始化

推荐在超级串口交互界面输入以下模块初始化流程：

　　AT　　　　　　　　　　// 确认串口正常，模块出厂默认波特率＝115200，

	// 默认不带有硬件流控。
OK	
AT+CPIN?	// 读取 SIM 当前的鉴权状态
+CPIN: READY	// 当为 READY 时，PIN 码已经输入，SIM 卡已完成 PIN 鉴权
OK	
AT+CREG=1	// 设置模块网络注册提示，当模块从 GSM 网络中掉线后，会自动
	// 上报+CREG: 1,0
OK	
AT+CREG?	// 检查 GSM 网络注册情况
+CREG: 1,1	
OK	
AT+CSQ	// 检查当地的网络信号强度，31 最大，0 最小。建议该命令空闲时，
	// 循环发送，了解网络信号状态
+CSQ: 24,99	
OK	
AT+CGREG=1	// 设置模块 GPRS 网络注册提示，当模块从 GPRS 网络中掉线后，
	// 会自动上报+CGREG: 1,0
OK	
AT+CGREG?	// 检查 GPRS 网络注册情况。建议该命令空闲时，循环发送，
	// 了解模块注册网络状态
+CGREG: 1,1	
OK	
AT+COPS?	// 网络运营商注册查询
+COPS: 0,0,"CHINA MOBILE	// 已注册中国移动
OK	
AT+CGATT?	// GPRS 网络注册查询
+CGREG: 1	// 收到 GPRS 网络注册消息=1，已注册本网

2．通过 AT 指令实现收发短信

一般情况下通过 GPRS 模块发送短消息分为两种方式：

◇　以文本方式发送短信(只能发送字母英文)。

◇　以 PDU 模式发送短信(中英文都可以发送)。

这里就两种模式分别做简单陈述。先将 MG323 按上面步骤初始化，确保模块正常工作。

1) 文本模式下发送短信流程

文本模式下发送信息基本分为三个步骤：

(1) 设置发送模式：AT+CMGF=1 <回车>。CMGF 为 0 是以 PDU 模式发送，为 1 则是以文本方式发送。

(2) 接收方电话号码：AT+CMGS=138XXXXxxxx <回车>。

(3) 输入内容：>Hello world！ <Ctrl+Z 组合键>。

一般情况下，每输入完一条指令都要按回车键，直到返回"＞"后才可开始输入信息，但是在输入完短信内容后不能按回车键而应该按 Ctrl+Z 组合键作为结束符。

具体的英文短信发送例程如下：

AT	// 确认串口正常，模块出厂默认波特率＝115200,
	// 默认不带有硬件流控
OK	
AT+CMGF=1	// 设置为文本格式
OK	
AT+CMGS=1380189xxxx	// 发送号码
＞hello word！	// Ctrl+z 结束并发送短信，转换为 0x1A

读取英文短信：

AT+CNMI=2,1	// 将短信存储到 ME 或 SIM 卡后，再给出新短信指示
OK	
AT+CMGR=1	// 读取 SM 卡中的第一条短信
+CMGR:"RECUNREAD","86139022880	// 短信信息
01",,"07/04/19,22:43:52+32",145,4,0,0,"	
8613912345500",145,10	
TEST IN SM	// 短信内容
OK	
AT+CMGD=1	// 删除第一条短信
OK	

2) PDU 模式下发送短信流程

PDU 模式下可发送中英文信息，发送过程步骤如下：

(1) AT+CMGF = 0，设置为 PDU 模式，用来发送中文编码短信。

(2) AT+CMGS=信息长度。

(3) TE 等待 MT 回复"＞"后，下发 PDU 数据包，以 Ctrl+Z 组合键结束。

(4) 在 PDU 模式下发送的信息内容是以 unicode 方式编码的。比如发送四个汉字"青岛东合"，编码后为"97525C9B4E1C5408FF01"(PDU 模式下发送信息内容的具体讲解详见下面的拓展知识)。

以下示例发送了四个汉字"青岛东合"：

AT	
OK	
AT+CMGF=0	// 设置短信为 PDU 模式
OK	
AT+CMGS=25	// 信息长度
＞0891683108502305F011000D91685110906474F90A97525C9B4E1C5408FF01	//发送信息内容
	// 最后发送 Ctrl+Z 组合键

3. 通过 AT 指令实现语音通话

(1) 语音通话初始化流程：

AT^SWSPATH?	// 查询当前语音通道
^SWSPATH: 0	// 返回 0 表示采用默认通道 1
OK	
AT^ECHO?	// 回声抑制功能
^ECHO: 1	// 默认为 1，打开回声抑制
OK	
AT+CLVL=4	// 设置扬声器音量，采用默认值 4
OK	
AT+CMIC=0	// 设置麦克增益，采用默认值 0
OK	

(2) 模块主叫流程：

ATD10086;	// 拨打服务电话 10086，一定要加(;)
OK	
AT+CHUP	// 主动挂断电话
OK	
NO CARRIER	// 未接通或对方挂断

(3) 模块被叫流程：

AT+CLIP=1	// 设置来电显示
OK	
RING	
+CLIP: "13999999999",129,"",,"LEE",0	// 13999999999 为来电号码, LEE 为存储在电话簿中
	// 该号码的姓名
OK	
AT+CLIP=0	// 关闭来电显示
RING	// 每 4 秒上报提醒一次
AT+VTS=1	// 播放数字 1 的 DTMF 音调
OK	

4. 通过 AT 指令实现 TCP/UDP 网络通信

建立网络流程：

AT	// 确认串口正常，模块出厂默认波特率＝115200,
OK	// 默认不带有硬件流控
AT+CPIN?	// 读取 SIM 当前的鉴权状态
+CPIN:READY	// 返回参数 READY 被 PIN 码通过
OK	
AT+CSQ	// 查看信号强度
+CSQ:21,99	

```
OK
AT+CGDCONT=1,"IP","CMNET"        // 设置 GPRS 接入网关为移动梦网
OK
AT+CGACT=1,1                      // 命令激活 GPRS 功能
OK                               // 如果返回 OK，则 GPRS 连接成功
AT+CGATT=1                       // 将 MT(MobileTerminal)附着 GPRS 业务
OK
AT+CGREG=1                       // 设置 GPRS 注册状态改变时自动上报
OK
AT+CGREG?                        // 检查 GPRS 网络注册情况。建议该命令空闲时，
                                 // 循环发送，了解模块注册网络状态
+CGREG:1,1
OK
AT^SICS=0,CONTYPE,GPRS0          // 用于标示连接 Profile
OK
AT^SICS=0，APN,CMNET             // 设置接入点域名
OK
AT^SISS=0,CONID,0                // 设置 CONID 通道为 0
OK
AT^SISS=0，SRVTYPE,SOCKET        // 设置 0 通道服务类型
OK
AT^SISS=0,address,"socktcp://060.209.094.246:7081"
OK                               // 用于写 IP 及端口地址，根据服务端配置
AT^SISO=0                        // 打开端口 0
OK


AT^SISW =0,10                    // 发送 10 个数据
^SISW:0,10,10
                                 // 输入 QWERTYUIOP,不显示
OK
^SISW:0,1                        // 发送成功
^SISR:0,1                        // 接收数据


AT^SISR=0,10                     // 读取数据长度为 10
^SISR:0,10                       // 收到 10 个数据
QWERTYUIOP                       // 收到的内容
OK


AT^SISC = 0                      // 关闭端口 0
OK
```

拓展知识

1. AT 指令

AT 指令可以执行十种命令：一般命令、呼叫控制命令、网络服务命令、安全命令、电话簿命令、短消息命令、追加服务命令、数据命令、配置命令和特殊指令 AT 命令。具体说明如表 S5.1 所示。

表 S5.1 AT 指令说明

名称	说　　明
一般命令	
AT+CGMI	给出模块厂商的标识
AT+CGMM	获得模块标识，用来得到支持的频带(GSM900 MHz、DCS1800 MHz 或 PCS1900 MHz)。当模块有多频带时，回应可能是不同频带的结合
AT+CGMR	查询模块版本
AT+CGSN	获得 GSM 模块的 IMEI(国际移动设备标识)序列号
AT+CSCS	选择 TE 特征设定，用来发送、读取或者撰写短信
AT+CIMI	用来读取或者识别 SIM 卡的 IMSI(国际移动签署者标识)。在读取 IMSI 之前应该先输入 PIN(如果需要 PIN 的话)
AT+GCAP	获得能力表
A/	重复上次命令：重复前一个执行的命令(只有 A/命令不能重复)
AT+CPOF	关机。停止 GSM 软件堆栈和硬件层
AT+CFUN	设定电话机能。这个命令选择移动站点的机能水平
AT+CMEE	报告移动设备的错误
AT+CCLK	时钟管理。此命令用来设置或者获得 ME 真实时钟的当前日期和时间
AT+CALA	警报管理。此命令用来设定在 ME 中的警报日期/时间
呼叫控制命令	
ATD	拨号命令。此命令用来设置通话、数据或传真呼叫
ATH	挂机命令
ATA	接电话
AT+VTS	给用户提供应用 GSM 网络发送 DTMF 双音频。此命令允许传送双音频
ATDL	重拨上次电话号码
AT%Dn	数据终端就绪(DTR)时自动拨号
ATS0	自动应答
AT+CMUT	麦克风静音控制
AT+SPEAKER	喇叭/麦克风选择。此特殊命令用来选择喇叭和麦克风
AT+ECHO	回音取消
AT+RUI	接收附加用户信息

续表一

名称	说 明
网络服务命令	
AT+CSQ	信号质量
AT+COPS	服务商选择
AT+CREG	网络注册：获得手机的注册状态
AT+COPN	查询运营商名称命令
AT+CPOL	设置优先运营商命令
AT+CNUM	查询用户号码命令
安全命令	
AT+CPIN	输入 PIN
AT+CLCK	设备锁
AT+CPWD	改变密码
电话簿命令	
AT+CPBS	选择电话簿记忆存储
AT+CPBR	读取电话簿表目
AT+CPBF	查找电话簿表目
AT+CPBW	写电话簿表目
AT+CPBP	电话簿电话查询
短消息命令	
AT+CSMS	选择消息服务。支持的服务有 GSM-MO、SMS-MT、SMS-CB
AT+CNMA	新信息确认应答
AT+CPMS	优先信息存储：此命令定义用来读写信息的存储区域
AT+CMGF	优先信息格式：执行格式有 TEXT 方式和 PDU 方式
AT+CSAS	保存设置
AT+CRES	恢复设置
AT+CSDH	显示文本方式的参数
AT+CNMI	新信息指示：此命令选择如何从网络上接收短信息
AT+CMGR	读短信
AT+CMGL	列出存储的信息
AT+CMGS	发送信息
AT+CMGW	写短信息并存储
AT+CMSS	从存储器中发送信息
AT+CSMP	设置文本模式的参数
AT+CMGD	删除一个或多个短信息
AT+CSCA	短信服务中心地址
AT+CSCB	选择单元广播信息类型
追加服务命令	
AT+CLCK	呼叫禁止
AT+CPWD	改变追加服务密码
AT+CLIP	呼叫线确认陈述

名　称	说　　明
数据命令	
AT+CBST	信差类型选择
AT+CR	服务报告控制：此命令允许更为详细的服务报告
AT+CRC	划分的结果代码：此命令在呼叫到来时允许更为详细的铃声指示
AT+CRLP	无线电通信线路协议参数
配置命令	
AT+IPR	确定 DTE 速率
AT+ICF	确定 DTE-DCE 特征结构
AT+IFC	控制 DTE-DCE 本地流量
AT&C	设置 DCD(数据携带检测)信号
AT&D	设置 DTR(数据终端就绪)信号
AT&S	设置 DST(数据设置就绪)信号
ATO	回到联机模式
ATZ	恢复为缺省设置
AT&W	保存设置
AT&T	自动测试
ATE	决定是否回显字符
AT&F	回到出厂时的设定
AT&V	显示模块设置情况
ATI	要求确认信息：此命令使 GSM 模块传送一行或多行特定的信息文字
AT+WMUX	数据/命令多路复用
AT+CFUN	设置工作模式命令
AT^SMSO	启动系统关机命令
AT+GCAT	查询 MS 支持的传输能力域命令
AT+CMEE	设置终端报错命令
AT+CSCS	设置 TE 字符集命令
AT^SCFG	设置配置项扩展命令
^SYSSTART	模块启动主动上报命令
^SHUTDOWN	模块关机主动上报命令
特殊 AT 命令	
AT+CMER	移动设备事件报告：此命令决定是否允许在键按下时主动发送结果代码
AT+CIND	控制指示事件命令
AT^SIND	控制指示事件扩展命令
AT+WS46	选择无线网络命令
+CIEV	状态变化指示命令
AT+CPHS	设置 CPHS 命令

2. PDU 模式下发送信息内容分析

1) 发送信息步骤

PDU 模式下发送信息步骤分为三步：

(1) 设置发送模式为 PDU 模式。

(2) 设置发送信息长度，其中信息长度=(发送的信息−中心号码)/2。

(3) 设置发送信息。

2) 发送信息内容分析

以实践 5.G.2 为例讲解发送信息的内容。其中信息发送内容包括三部分：中心号码段、收信方号码段和信息段。

(1) 中心号码段。中心号码段也可以分为三部分：中心号码长度、国际化标准前缀和实际中心号码。其中各部分内容如下：

◇ 中心号码长度：中心号码长度的计算方法为"中心号码长度=(国际化标准前缀+实际中心号码)长度/2"，最后以十六进制的表示方式加在前端。

◇ 国际化标准前缀：国际化标准前缀为固定值 91。

◇ 实际中心号码：实际中心号码为"国家区号+城市中心号码"。以中国青岛移动为例，中国的区号为 86，青岛移动中心号码为 13800532500，由于国际规定中心号码必须为偶数位，如果不足偶数位，将以"F"补足，因此在国际上青岛中国青岛移动的实际号码为 8613800532500F。最后按照编码原则要将相邻的奇偶位交换位置，比如"123456"交换位置后为"214365"。所以实际中心号码为"683108502305F0"。

按照以上中心号码长度的计算方法，可以计算出中心号码长度为 08。最后实践 5.G.2 中心号码显示为"中心号码长度+国际化标准前缀+实际中心号码"，即"0891683108502305F0"。

(2) 收信方号码。收信方号码段分为四部分：固定前缀和固定后缀、收信方手机号码长度、设备类型、接收方实际手机号码。

◇ 固定前缀和固定后缀：收信方号码固定前缀为 1100，放在收信方号码的最前端；固定后缀为 000800，放在收信方号码的最末端。

◇ 收信方手机号码长度：收信方手机号码长度=实际手机号码长度，以实践 5.G.2 中收信方手机号码 8615010946479 为例，那么其长度为 13 位，十六进制显示为 0D。

◇ 设备类型："91"代表设备类型为手机；"81"代表设备类型为小灵通。

◇ 接收方实际手机号码：采用与"中心号码段"一样的编码方式，以实践 5.G.2 中收信方号码"8615010946479"为例，编码后号码为"685110906474F9"。

最后实践 5.G.2 收信方号码显示为"固定前缀+收信方号码长度+设备类型+接收方实际手机号码"，即为"11000D91685110906474F9000800"。

(3) 信息段。信息段分为两部分：信息段长度、信息段。以实践 5.G.2 中信息段发送汉字"青岛东合"为例，分析如下：

◇ 信息段长度：信息段长度=信息段 unicode 编码后的长度/2。以"青岛东合"为例，编码后长度为 20，所以信息段长度=20/2=10，十六进制显示为 0A。

◇ 信息段：信息段"青岛东合"以 unicode 的方式编码后为"97525C9B4E1C5408FF01"。

最后信息段的显示为"信息段长度+信息段"，即"0A97525C9B4E1C5408FF01"。

(4) 组合。最后发送信息内容为"中心号码段+收信方号码+信息段"，实践 5.G.2 中发送"青岛东合"编码后的信息为"0891683108502305F011000D91685110906474F900080097525C9B4E1C5408FF01"。

编码后信息长度为 68，其中中心号码段长度为 18，所以设置的发送信息长度=(发送的信息−中心号码)/2 = (68−18)/2 = 25，即 AT + CMGS = 25。

实践 6 网关技术

 实践指导

本章主要是实现无线传感器网络的应用，本章实验使用与教材配套的"Zigbee 开发套件"和"Cortex 开发套件"，以温度采集为例来认识网关在无线传感器网络中的作用。其中 Cortex 开发套件在本实验中作为无线传感器网关设备，Zigbee 套件作为无线传感器网络节点。

➤ **实践 6.G.1**

网关软硬件的设置。

实验目的

(1) 认知网关的硬件平台。
(2) 认知网关的软件平台。
(3) 认知网关程序下载调试过程。

实验分析

无线传感器网络网关属于协议网关的一种，可以转换不同的协议。在无线传感器网络中汇聚节点用于连接传感器网络、互联网和 Internet 等外部网络。本章实验采用的网关硬件平台以 STM32F107VCT6 为核心处理器，外部集成了串口、USB、CC2530 插槽、SD 卡插槽、蜂鸣器、以太网等，可以实现"Zigbee→以太网"协议的转换。

实验步骤

1. 硬件资源介绍

网关硬件平台主要是由网关开发板、仿真器(J-LINK)、显示屏、CC2530 核心板、串口线和电源组成，如图 S6.1 所示。网关开发板以 STM32F107VCT6 为核心处理器，外部集成了串口、USB、CC2530 插槽、SD 卡插槽、蜂鸣器、以太网等。

2. 硬件的连接

网关硬件的连接按照以下步骤进行：

✧ 将电源适配器插入 Cortex 开发板电源插口。

✧ 将 J-LINK 的 JTAG 插头插入 Cortex 开发板的 JTAG 接口。

◇ 将 J-LINK 的 USB 接口通过附件中的 USB 数据线与电脑相连。

◇ 打开电源后，可通过电脑对开发板进行调试、下载等操作。

硬件连接图如图 S6.2 所示。

 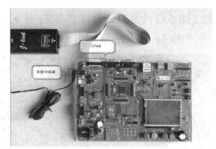

图 S6.1 网关硬件组成   图 S6.2 硬件连接图

3. 软件资源的介绍

STM32F107 基于 CM3 内核，所以很多支持该内核的嵌入式开发环境都可以用于 STM32F107 开发平台。目前，STM32F107MCU 在开发中常用的开发工具有 ARM 公司的 MDK-ARM 和 IAR 公司的 EWARM 两种。

MDK-ARM(Microcontroller Development Kit)开发工具源自德国 Keil 公司(2005 年被 ARM 公司收购)，是 ARM 公司目前最新推出的针对各种嵌入式处理器的软件开发工具。 MDK-ARM 包括 uVision4 IDE(Intergrated Development 集成开发环境)与 Real View 编译器。 支持 ARM7、ARM9 和最新的 CM3/M1/M0 内核处理器，自动配置启动代码，集成 FLASH 烧写模块，设备模拟，性能分析等功能。与 ARM 之前的工具包 ADS 等比，RealView 编译器的最新版本可将性能改善超过 20%。MDK-ARM 工作界面如图 S6.3 所示。

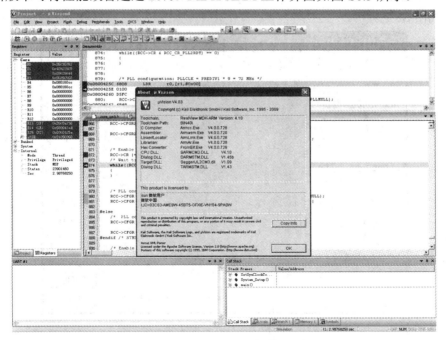

图 S6.3 MDK-ARM 工作界面

4. 网关程序的下载调试

1) 打开例程

待软件开发平台安装完成且硬件连接正确，可以进行程序的下载调试(实验程序目录为"WSN\CH6\6.G.1\ETH")。首先打开 Kell uVision4 开发环境，如图 S6.4 所示，然后在菜单中选择"Project→Open Project"，打开一个工程文件，如图 S6.5 所示。

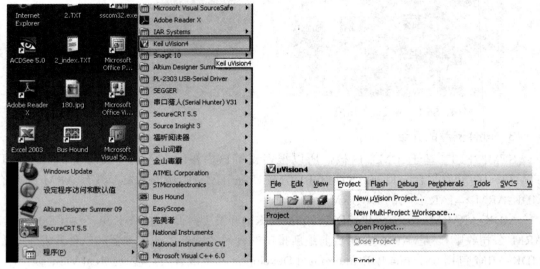

图 S6.4　打开 MDK　　　　　　　　　　　　图 S6.5　打开工程

以网关程序 STM32F107_GATEWAY_ETH.uvproj 为例，在"project"文件夹下，选择并打开"STM32F107_GATEWAY_ETH.uvproj"文件，如图 S6.6 所示。打开后的工程界面及源程序如图 S6.7 所示。

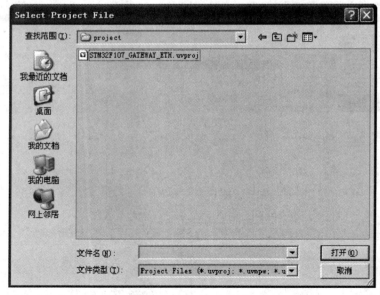

图 S6.6　打开工程文件

图 S6.7　用户界面

2) 编译例程

如工程需要编译，则点击 Rebuild 按键进行重新编译，如图 S6.8 所示。

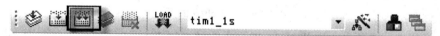

图 S6.8　编译按钮

Build Output 窗口将显示编译情况，若出现的提示中无错误和警告，则说明程序编译结束，并且程序符合语法要求，如图 S6.9 所示。

```
Build Output
compiling main.c...
assembling startup_stm32f10x_cl.s...
compiling stm32f10x_it.c...
compiling system_stm32f10x.c...
compiling stm32f10x_rcc.c...
compiling misc.c...
compiling stm32f10x_exti.c...
compiling stm32f10x_gpio.c...
compiling stm32f10x_tim.c...
linking...
Program Size: Code=7016 RO-data=368 RW-data=60 ZI-data=1644
FromELF: creating hex file...
".\output\tim1_led.axf" - 0 Error(s), 0 Warning(s).
```

图 S6.9　编译窗口

3) 调试和下载配置

点击 Target Options 按键，对 J-LINK 进行配置，以便能够正常调试和下载程序，如图 S6.10 所示。

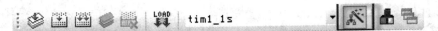

图 S6.10　Target 配置

点击"Debug"选项卡，选择"Use"下的"Cortex-M3 J-LINK"，如图 S6.11 所示。

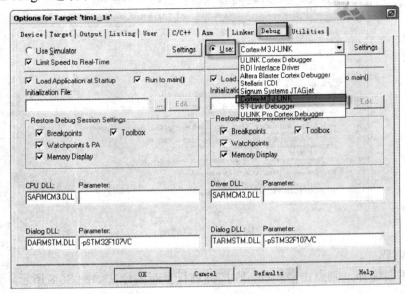

图 S6.11　Debug 配置

在"Utilities"选项卡中选择"Use Target Driver for Flash Programming"为"Cortex-M3 J-LINK"，并点击"Settings"按钮，如图 S6.12 所示。

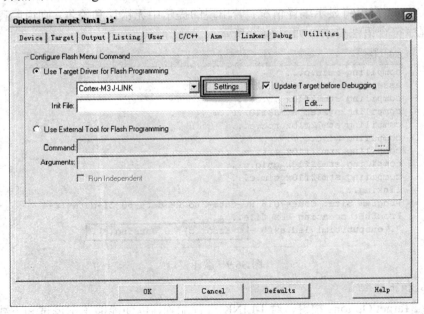

图 S6.12　J-LINK 配置

在"Flash Download"选项卡中点击"Add"按钮，新增"STM32F10x Connecttivity Line Flash"，如图 S6.13 所示。增加后点击"OK"按钮进行确认，如图 S6.14 所示。

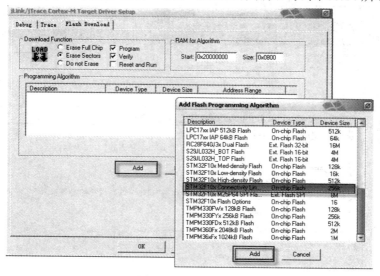

图 S6.13　芯片选型

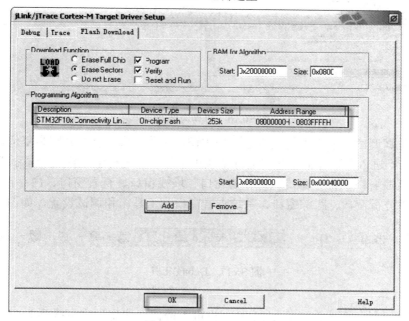

图 S6.14　FLASH 配置

4) 调试

如果需要仿真调试，则点击  Debug 按钮，如图 S6.15 所示。

图 S6.15　Debug 按钮

仿真调试界面如图 S6.16 所示。

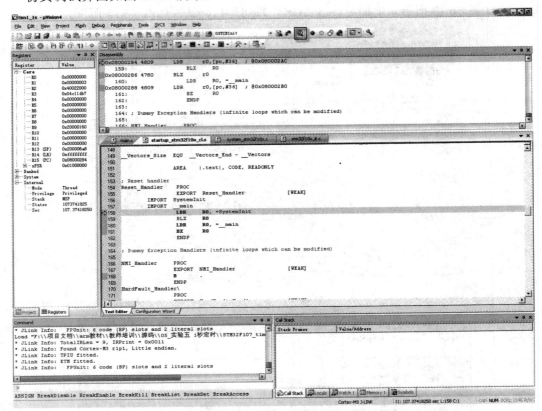

图 S6.16　仿真调试界面

可点击仿真调试菜单栏中的按钮进行相关调试工作，从左至右分别为复位、全速运行、停止、单步、不进入子程序的单步、运行至跳出子程序、运行至光标处、显示下一处状态、命令窗口、汇编窗口、符号窗口、寄存器窗口、堆栈窗口、查看窗口、内存窗口、串口数据窗口、逻辑分析窗口、跟踪窗口、系统查看窗口、工具箱和调试设置，如图 S6.17 所示。

图 S6.17　Debug 工具

5）下载程序

在调试时程序已经下载到了 MCU 中。也可不调试直接将程序下载到 MCU 中，则需要点击 Load 按钮，如图 S6.18 所示。

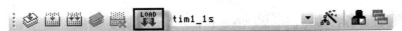

图 S6.18　下载按键

当 "Build Output" 窗口中出现擦写和编程成功的字样后，程序已经顺利写入 MCU 中，如图 S6.19 所示。

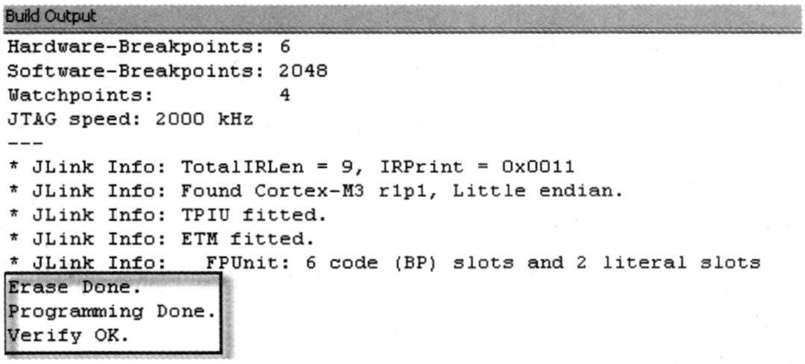

```
Build Output
Hardware-Breakpoints: 6
Software-Breakpoints: 2048
Watchpoints:          4
JTAG speed: 2000 kHz
---
* JLink Info: TotalIRLen = 9, IRPrint = 0x0011
* JLink Info: Found Cortex-M3 r1p1, Little endian.
* JLink Info: TPIU fitted.
* JLink Info: ETM fitted.
* JLink Info:     FPUnit: 6 code (BP) slots and 2 literal slots
Erase Done.
Programming Done.
Verify OK.
```

图 S6.19　写入状态

需要注意的是，在默认配置中，下载结束后不会立刻执行程序，需要按下开发板的 Reset 按键进行复位后才会运行，如图 S6.20 所示。

图 S6.20　复位按键

> ## 实践 6.G.2

无线传感器网络网关综合实验。

实验目的

(1) 网关接入 Zigbee 网络。

(2) 实现网关对整个网络的控制。

(3) 通过网关实现 Zigbee 协议与以太网的转换。

实验分析

网关通过串口与 Zigbee 模块通信，获取终端节点数据并打印在 lcd 液晶屏上。同时经过网关的协议转换，Zigbee 采集的数据可以通过以太网在 PC 上显示，以实现"Zigbee 协议→以太网"的转换。

实验步骤

1. 程序的下载

程序的下载分为两部分：Zigbee 程序的下载和网关程序的下载。

✧　Zigbee 程序的下载(实验程序目录为："WSN\CH6\6.G.2\Zigbee")，分别下载协调器程序和路由器程序。在下载路由器程序时参照<实践 3.G.2>设置 myID 号，此 myID 号的设置为 1~6。

✧ 网关程序的下载：打开<实践 6.G.2>所需要的网关程序(实验程序目录为 "WSN\CH6\6.G.2\ETH")，按照程序下载的步骤将程序下载到网关设备中。

2. Zigbee 网络建立

Zigbee 网络建立的操作步骤如下：

✧ 将烧写有 Zigbee 协调器程序的核心板插到网关设备的 CC2530 插槽内。

✧ 网关设备复位，Zigbee 协调器建立网络。

✧ Zigbee 路由器节点加入到网络。

3. 实现现象的观察

1) 网关 LCD 显示

当 Zigbee 协调器建立网络且路由器加入网络后，网关 LCD 显示如图 S6.21 所示。

图 S6.21 网关 LCD 显示

2) PC 机显示

网关可以通过以太网在 PC 机上显示 Zigbee 节点采集的温度值。其操作过程如下：

✧ 连接串口线，使用网关上的串口 COM2，串口线的另一端与电脑相连。

✧ 打开串口调试助手，配置相应的串口号和波特率(115200)，点击打开串口按钮，观察串口调试助手，如图 S6.22 所示。

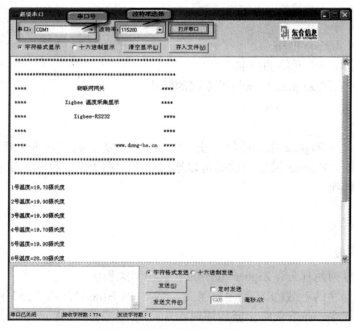

图 S6.22 串口调试助手显示

✧ 打开浏览器，在浏览器网址栏输入"192.168.1.8"，通过网页观察温度变化，如图 S6.23 所示。可以点击蜂鸣器控制框来控制蜂鸣器的开关。

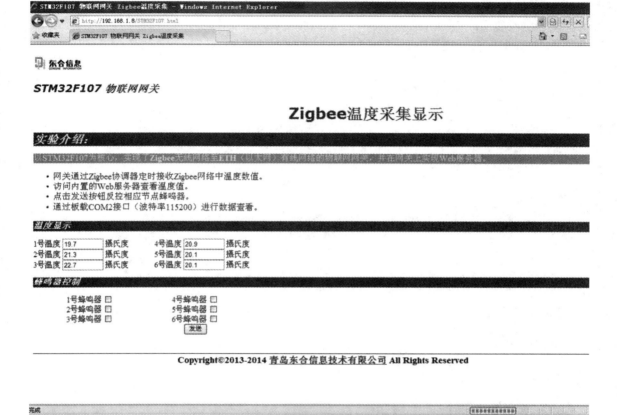

图 S6.23 以太网网页显示温度